ROB HUME

Vögel entdecken und bestimmen

ROB HUME

Vögel entdecken und bestimmen

Die Vögel Europas
in ihren Lebensräumen

Aus dem Englischen übertragen
von Christoph Arndt

C. Bertelsmann

Andrew, Mel und meiner Frau Marcella
für ihren Zuspruch und ihre Unterstützung
gewidmet.

Die Originalausgabe ist 1992 unter dem Titel
»Discovering Birds« bei Duncan Petersen
Publishing Ltd, London, erschienen.
Die deutsche Ausgabe ist um den Bestimmungsteil
(Seite 234 bis 313) ergänzt worden.

Illustrationen: Ian Wallace, Darren Rees,
John Busby, Peter Partington.

1. Auflage

Umschlaggestaltung: Klaus Renner
Satz: Max Vornehm GmbH, München
Druck und Bindung: Mondadori, Verona
Printed in Italy
ISBN 3-570-12016-3

Bildnachweis

AA Picture library: 47, 137, 207, 231 – Barrie Smith: 179; Hansgeorg Arndt: 210 (unten); **Aquila** – Abraham Cardwell: 33 – E. A. James: 171 – Alan Richards: 55, 111 – Jim Sowerby: 59 – J. Mathieson: 79; L. Campbell: 13, 31, 183, 205, 211, 213, 217; D. Garner: 15, 80 (oben), 103, 105, 161, 175; J. V. & G. R. Harrison: 139, 151, 177; R. A. Hume: 29, 71, 201, 225, 233; E. A. Janes: 19, 23, 69, 135, 143, 147, 163; Gordon Langsbury: 57, 116 (oben), 152 (mitte); Joy Langsbury: 93, 141; Richard T. Mills: 145; A. T. Moffett: 1, 116 (unten), 152 (oben und unten), 153, 210 (oben); **NHPA** – L. Campbell: 41 – J. S. Gifford: 43 – Brian Hawkes: 49 – David Woodfall: 2, 73, 119, 127, 165, 169, 195, 199 – Stephen Dalton: 109 – E. Murtomäki: 155 – N.A. Callow: 223 – Pierre Petit: 227; **Oxford Scientific Films** – Tony Bomford: 83; R. K. Packwood: 107; Jonathan Plant: 37, 67, 77, 125, 209, 229; Richard Revels: 14, 21, 22, 25, 39, 61, 123, 187, 191, 193, 197; **RSPB**: 167, 189; M. Edwards: 219 – C. H. Gomersall: 3, 7, 11, 14 (unten), 16, 17 (oben und unten), 18, 27, 45, 51, 65, 75, 80 (unten), 85, 95, 97, 99, 115, 117, 121, 129, 149, 157, 180, 181, 203, 215, 314 – Michael W. Richards: 63, 101, 113, 173 – A. C. Clay: 131; Colin Varndell: 89, 91, 133, 159, 185

Inhalt

Bitte beachten:
Die Vögel in diesem Buch sind nicht maßstabsgetreu zueinander gezeichnet.

Vögel entdecken

Dieses Buch stellt in einzigartiger Weise den so wichtigen Zusammenhang zwischen Vögeln und den Plätzen her, wo man sie zu Gesicht bekommen kann. Nicht minder wichtig sind die nützlichen Hinweise, an welchen Orten eher nicht mit vielen Arten zu rechnen sein dürfte.

Vögel zu entdecken macht nur halb soviel Spaß, wie sie zu beobachten. Man lernt alle möglichen wundervollen Orte kennen und kann dabei den einsamen Liebreiz eines Sternhyazinthenwäldchens im Frühling bis zur brüchigen Pracht nördlicher Klippen genießen. Vögel und Landschaftsformen gehören untrennbar zusammen. Wo sonst ist ein Papageitaucher in seinem Element, wenn nicht auf einem schmalen Sims aus rotem Sandstein, umgeben von zartrosa Grasnelken? Könnte eine Ruine je so malerisch sein ohne das Geplapper von Dohlen? Oder eine Kathedrale eine solche Atmosphäre ausstrahlen ohne das vertraute Krächzen von Saatkrähen aus den Kronen der Linden über dem Kreuzgang? Vögel zu bestimmen und sie zu verstehen bereitet einem gleichermaßen Freude wie Genugtuung. Sie zu finden ist jedoch noch wichtiger. Und genau hierbei möchte Ihnen dieses Buch ein kundiger Führer sein.

Heringsmöwen in reizvollem Seitenlicht.

Benutzerhinweise

Jede Doppelseite im Hauptteil dieses Buchs zeigt einen bestimmten Landschaftstyp, wie er in Europa nach Norden bis zum Polarkreis, im Süden bis Spanien, im Osten bis Deutschland und im Westen bis zur Westküste Irlands vorkommt.
Die meisten der abgebildeten Lebensräume sind zahlreich und weit verbreitet. Einige sind indes nur in bestimmten Breiten typisch. Andere wiederum sind regional begrenzte Sonderfälle und beschränken sich auf wenige Orte: Manchmal kommen sie sogar nur ein einziges Mal in ganz Europa vor. Die Einleitung (meist in der linken oberen Ecke jeder Doppelseite) erläutert, zu welcher Kategorie das jeweilige Habitat gehört.
Falls nicht ausdrücklich anders angegeben, zeigen die Fotos typische und geläufige Beispiele des betreffenden Habitats, wo immer in Europa Sie sich aufhalten mögen.

Aufbau: Die in diesem Buch besprochenen und gezeigten Habitate folgen einer Route, welche an der Küste beginnt und immer höher hinaufsteigt. Sie verläuft im allgemeinen von Westen und Norden in Richtung Süden und Osten: von kühl und feucht nach warm und sonnig.
In Wirklichkeit sind die natürlichen Habitate Europas jedoch nicht ganz so einfach angeordnet. Die Durchschnittstemperaturen nehmen nach Norden hin ab, weshalb man dort Vögel der südlicheren Gipfelregionen in tieferen Höhenlagen antreffen kann. Dies ist selbst auf ganz kurze Distanzen augenfällig. Das Alpenschneehuhn, dem man auf den Hochebenen von Cairngorm in den ostschottischen Highlands in über 900 Meter Höhe begegnet, kann man nahe Cape Wrath im sturmumtosten Nordwestzipfel des schottischen Festlands in 300 Meter Höhe über dem Meeresspiegel oder noch darunter beobachten. Seltene Brutgäste in Schottland wie Schneeammer und Ohrenlerche sind in Skandinavien in weit tieferen Lagen anzutreffen.
Zugleich wird das Klima, je weiter man von der Küste aus ins europäische Festland vordringt, kontinentaler, mit heißeren Sommern und kälteren Wintern. Aufgrund des warmen Golfstroms sind die Sommer im Bereich der Westküste feuchter und kühler als im Landesinneren, dafür sind die Winter nicht so rauh. Die relativ warmen Mündungen der britischen Flüsse frieren nicht so leicht zu wie die Ostsee (die weniger salzhaltig ist) oder das recht flache, von Land umschlossene Ijsselmeer in Holland.
Wir haben uns bemüht, Fotos auszuwählen, die nicht nur das Habitat wirklichkeitsnah zeigen, sondern auch als solche hervorragend sind, wodurch sie der Faszination und Schönheit der Landschaften gerecht werden. Die Vogelillustrationen am Rand sind das Werk begabter Tierzeichner.

WÄLDER

Waldbach

Ein Bach macht einen Wald nicht nur erheblich attraktiver für Vögel, er schafft auch freien Raum, auf den sich das Augenmerk des Vogelbeobachters richtet.

Hohe Kiefern dienen manchmal Sperb auf dem Festland auch Habichten, als bäume. Vielerorts brüten auch zunehm Fichtenkreuzschnäbel und Erlenzeisig

Gebirgsstelze (Bergstelze) *Weibchen* *Männchen* *Jungvogel*

Stocke *Erpel*

Teichhuhn

Gebirgs- und Trauerbachstelzen such Ufer nach Insekten ab. Stockenten nis Riedgras nahe am Bach. Teichhühner seltsame Brutplätze, sogar hoch in Bü

Bachläufe in Wäldern dienen auf dem Festland einigen Schwarzstörchen als Futterplatz; in England trifft man dort eher Graureiher an. Trauerschnäpper nisten in Kästen an insektenreichen Bachufern.

Trauerschnäpper, Männchen im Frühjahrskleid

Eisvögel kann man auf so engem Rau schwer studieren. Am Bach trinken u baden die unterschiedlichsten Vögel, Wintergoldhähnchen bis zum Sperber Mäusebussard.

An solchen Bächen mit klarem, oft str dem Wasser, vielen Steinen und halb ü spülten Baumstämmen fühlen sich W amseln wohl.

Sumpf- und Weidenmeisen begegnet man hier, allerdings selten beiden am selben Ort.

160

Der Lauf der Jahreszeiten: Beachten Sie beim Gebrauch dieses Buchs einige natürliche Faktoren, insbesondere den Wechsel der Jahreszeiten.
Ein Wald im Frühling hallt wider vom Gesang des Fitis, der Mönchs- und Gartengrasmücke, des Kuckucks und der Nachtigall; im Winter aber sind sie alle fort, und statt dessen finden wir vielleicht

WÄLDER

Sperber

Eisvogel

Wasseramsel

161

Bergfink, Erlenzeisig, Wacholder- und Rotdrossel.

Die Überschriften geben Auskunft, welche Vogelarten im betreffenden Habitat zu sehen sein dürften. Wo die Fotos gemacht wurden, ist bis auf wenige interessante Ausnahmen unerheblich: Sie repräsentieren einen bestimmten Habitattypus, und die in den Überschriften erwähnten Vögel sind dort zu finden und hierfür typisch. Sollte es von Belang sein, daß eine Aufnahme an einem bestimmten Ort entstand, so wird in Überschrift und Einleitung darauf hingewiesen.

Die Vogelwelt Westeuropas

Die Vogelfauna Nord- und Westeuropas, mit der sich dieses Buch befaßt, ist in jeder Hinsicht bemerkenswert und mannigfaltig. Zwar befinden sich hier einige der größten Ballungsgebiete der Erde, doch die hektischen Städte, die verstopften Straßen, riesigen Industrieanlagen und verdreckten Meere grenzen oft unmittelbar an wundervolle Vogelhabitate.

Wanderrouten im Herbst

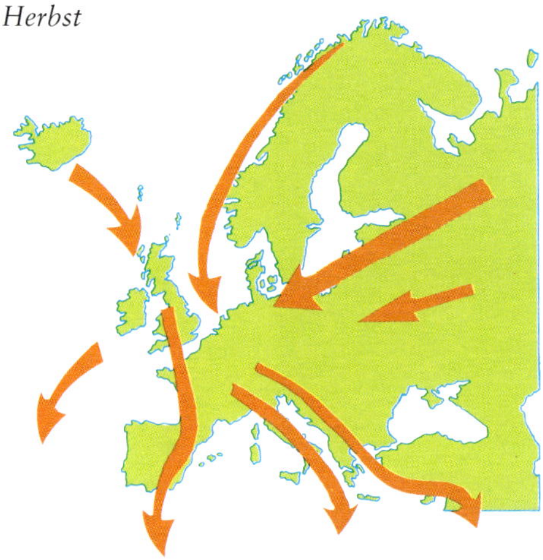

Großbritannien, Irland und die Anrainerländer der Nordsee sind begünstigt, weil sie auf der großen östlichen Atlantikroute liegen, auf der Millionen Vögel in jedem Herbst nach Süden ziehen und im Frühjahr wieder in den Norden zurückkehren. Millionen rings um die Arktis brütender Wat- und Wildvögel sind bei ihren Reisen auf die Feuchtgebiete und vor allem die Flußmündungen an der Nordsee angewiesen, wo sie rasten können und Futter finden. Tatsächlich kommen selbst aus Nordasien Wat- und Wildvögel und ziehen entlang der westeuropäischen Küste südwärts, während andere von Grönland und Island aus ostwärts fliegen und sich demselben Wanderzug anschließen.

Das Mittelmeer stellt – zum Vorteil der Vogelbeobachter – auch eine natürliche Falle für Vögel dar. Es ist ein Hindernis für die Millionen Zugvögel, die es auf dem Weg zu ihren Winterquartieren in Afrika überqueren müssen. Die kleineren Arten legen an den Nordhängen noch eine Ruhepause vor dem Überflug ein; größere Vögel wie etwa Störche kann man dabei beobachten, wie sie sich von warmen Aufwinden emportragen lassen, bevor sie die Reise übers Meer wagen. Dramatische Ansammlungen kreisender Störche, Geier, Milane, Bussarde und Adler sind alljährlich an Engstellen wie Gibraltar zu sehen.

Die europäischen Küsten haben mit die schönsten Brutvogelkolonien der Welt. Die Klippen im Nor-

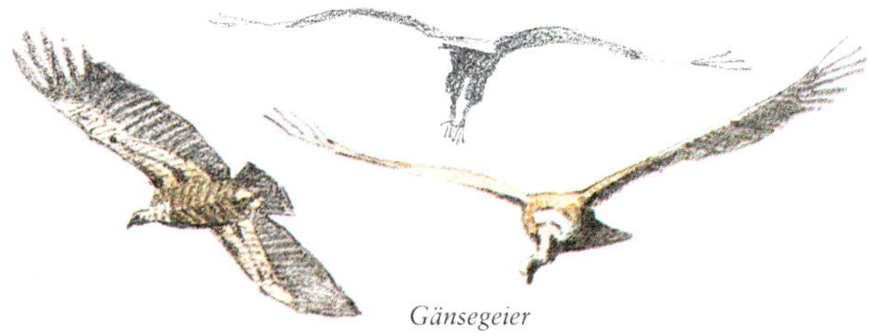

Gänsegeier

Steinadler

Kornweihe

Alpenbraunelle

Baßtölpel

Seevogelklippen bieten prächtige Ausblicke für den Vogelbeobachter.

den und Westen Großbritanniens und Irlands beherbergen unbestritten einige der bedeutendsten Vogelreviere und bieten dem Beobachter viele eindrucksvolle Vogelerlebnisse: die blühenden Seevogelstädte, wo tausende Tölpel, Alken und Möwen sich auf jäh abfallenden Klippen drängen. Zudem werden die Klippen und Inseln nachts von Hunderttausenden von Sturmtauchern und Sturmschwalben besucht.
Landeinwärts haben die Hochlande Großbritanniens und Nordeuropas ihre eigene, faszinierende Vogelfauna, vom Moorschneehuhn und Goldregenpfeifer bis zur Kornweihe und zum Steinadler. Die Hochgebirgsregionen sind nicht nur schön, sondern auch gute Vogelreviere: von den rauhen, ungeschützten Kammlagen der schottischen Highlands mit ihren Adlern und Alpenschneehühnern bis zu den Alpen, wo man hoffen darf, Schneefinken, Mauerläufer und Bergdohlen zu Gesicht zu bekommen, und den Pyrenäen, wo sich zu Vögeln der Hochlagen wie den Alpenbraunellen auch Gänse- und Bartgeier auf ihren ausgedehnten Nahrungsflügen gesellen.
Diese hohen Gipfel bilden inselartige Lebensräume, welche der Tundra des hohen Nordens ähneln. In Nordskandinavien sind echte Tundra und borealer Wald zu finden; dort brüten in vollkommener Abgeschiedenheit ganz bestimmte Wat- und Wildvögel, Taucher und Eulen. Die Wälder weiter südlich besitzen eine eigene, reiche Vogelfauna, doch haben sich viele waldlebende Arten gut an ähnliche, teilweise sogar bessere Habitate in Städten und Dörfern angepaßt.
Von den kühlen, feuchten Wiesen des hohen Nordens mit ihren brütenden Küstenvögeln und den sehr schwach vertretenen kleinen Singvögeln zu den heißen Trockensteppen und mediterranen Hängen des Südens ist Westeuropa mit einer erfreulich bunten Vogelvielfalt gesegnet. Viele Habitate, insbesondere empfindliche Feuchtgebiete und natürliche Wälder, sind durch den Menschen stark bedroht – konkret heißt das, daß es etliche schon längst nicht mehr gibt. Was noch übrig ist, erfordert unsere größten Anstrengungen, damit gewährleistet wird, daß kommende Generationen ebenso wie wir die beglückende Erfahrung machen dürfen, Vögel in ihrer natürlichen Umgebung zu entdecken.

Lebensräume verstehen

Nach draußen zu gehen und Vögel in freier Wildbahn zu beobachten, ist ja ganz schön, wenn die Begeisterung eben erwacht ist. Doch wie fängt man das an? Alltägliche Vögel bereiten keine Schwierigkeiten, doch viele Arten sind eine Herausforderung – und diese anzunehmen ist Teil des Vergnügens.

Braunkehlchen

Es gibt verschiedene Möglichkeiten, Vögel zu finden und zu bestimmen. Eine besteht darin, sich ein fundiertes Wissen über den von ihnen benötigten Lebensraum anzueignen. Dieses Buch hilft Ihnen dabei in idealer Weise.
Die doppelseitigen Fotoporträts, die den Hauptteil ausmachen, werden Ihnen besser als alles andere helfen, Landschaften zu »lesen« und zu verstehen, in welchen Habitaten welche Vogelarten leben. Die meisten brauchen in der Tat spezifische Lebensräume und wählen sich diese keineswegs bewußt aus. Sie haben sich über lange Zeiträume hinweg entwickelt und ganz bestimmte Nischen in der Umwelt besetzt. Ist ihr Lebensraum bedroht, so sind sie es auch.
Dies ist die Grundlage der modernen Naturschutzarbeit. Es ist sinnlos, ein Gesetz zum Schutz einer Vogelart zu erlassen, wenn deren Habitat nicht ebenfalls geschützt wird. Wichtig ist, daß man das den dafür Verantwortlichen begreiflich macht, weil Vögel ohne ihre spezielle Nahrung, ihre Nist- und Schlafplätze und selbst so unscheinbare Besonderheiten wie geeignete Sitzpflöcke einfach nicht überleben können. So können wir lernen, die Landschaft mit neuen Augen zu sehen, und versuchen, die für uns sichtbaren Merkmale zu den Bedürfnissen der Vögel in Bezug zu setzen.

Ein weites Areal mit gleichmäßig hohem Gras, das sich in der Brise wiegt, scheint auf den ersten Blick genau richtig zu sein für eine »Graslandart« wie das Braunkehlchen; in Wirklichkeit trifft das Gegenteil zu. Braunkehlchen brauchen zwar Grasland, doch auch verstreute, erhöhte Beobachtungsposten – junge Bäume, lange Stengel von Pflanzen wie Ampfer oder Doldengewächsen, vielleicht auch Zaunpfähle. Ihr Futter finden sie, indem sie von erhöhter Warte aus nach Insekten spähen. Im hohen, wogenden Gras gibt es für die Braunkehlchen keine Sitzpfosten, die ihnen einen ausreichenden Überblick ermöglichen würden. Sie können weder wie die Turmfalken auf der Stelle stehend rütteln noch wie die Lerchen durchs Gras laufen. Daher können sie nicht im gleichmäßig hohen Gras leben, und deshalb ist es sinnlos, ein solches Habitat für das Braunkehlchen zu schützen oder darauf zu warten, daß sich hier eines zeigt.

Der Trauerschnäpper benötigt einen besonderen Waldtyp. Ein Eichenwald als solcher reicht ihm nicht. Eichen in Parks, dichte Eichenbestände in einer Tieflandebene oder schöne, wuchtig-knorrige Rieseneichen, die zusammen mit Stechpalmen, Holunder und Hainbuchen auf schweren Tonböden wachsen, sind für einen Trauerschnäpper ziemlich ungeeignet. Er braucht hohe, aufrechte Eichen, die oft auf kargen Böden stehen, wo starker Verbiß durch Rehwild,

Je abwechslungsreicher eine Landschaft ist, desto mehr Arten stellen sich ein.

Kaninchen und Schafe sowie der tiefe Schatten unter dem hohen Kronendach das Unterholz kurzhalten. Wie der Waldlaubsänger braucht der Trauerschnäpper Wälder mit einer geschlossenen Kronendecke und fast kahlem Untergrund, die ihm viel offenen Raum für seine Aktionen als Fliegenfänger bieten. Suchen Sie nach ihm im falschen Wald, werden Sie lange warten müssen.

Links: Eine Sumpfschnepfe auf ihrem Singpfosten.

Desgleichen wird man auch an einer Küste mit weichen Erdböschungen keine brütenden Trottellummen und neben breiten, gemächlich dahinfließenden Flüssen im Flachland keine nistenden Gebirgsstelzen finden. Der Säbelschnäbler braucht weichen Schlamm mit seichtem Oberflächenwasser, das er mit seinem aufwärts gebogenen Schnabel durchseihen kann; die Sumpfschnepfe ist auf weichen Schlick angewiesen, wo sie mit ihrem feinfühlenden, geraden Schnabel herumstochern kann. Keinen von beiden trifft man auf Felsen an der Uferlinie oder auf trockenem, ausgedörrtem Lehm an. Vögel haben alle ihre artspezifischen

Unten: Ein Säbelschnäbler in der typischen Balancierhaltung bei der Futtersuche.

Bedürfnisse, und indem wir diese verstehen, lernen wir, wo man sie finden kann – und wo sich die Suche nicht lohnt.
Gewiß, manche Vögel sind sehr anpassungsfähig – der Haussperling und der Star etwa. Für andere gilt das genaue Gegenteil. Selten einmal sieht man einen Baumläufer nicht auf der Rinde eines Baumes; nur wenige Vögel sind das ganze Jahr über so streng auf denselben Lebensraum beschränkt. Überall auf der Welt bringt der Baumläufer fast sein ganzes Leben damit zu, eng an den Stamm gepreßt an Bäumen rauf- und runterzulaufen, und wird so seinem Namen gerecht. Weder huscht er im Laub umher, noch stößt er hervor, um eine Fliege zu erbeuten.
Wasseramseln wiederum halten sich stets in Wassernähe auf, obgleich manche ihre Gebirgsbäche im Winter verlassen und zu breiteren, tieferen Gewässern (mitunter den Rändern großer Seen oder Stauseen, die nicht so leicht zufrieren) übersiedeln.
Der Schilfrohrsänger ist stets in dichter, aufrechter Vegetation in mehr oder minder feuchter Umgebung zu suchen, während der Teichrohrsänger in noch stärkerem Maß an Uferpflanzen, vor allem Binsen, gebunden ist, wenngleich er in nahen Weiden seine Nahrung findet. Dennoch können beide, vor allem im Herbst auf ihrem Wanderzug, an merkwürdigen Plätzen auftau-

chen. Da mag es schon zu seltsamen Begebenheiten kommen. Doch das Wissen um die Beziehung zwischen einem Vogel und dem von ihm bevorzugten Gebüsch ist für den Vogelbeobachter von grundlegender Bedeutung.

Tips zur Vogelbeobachtung

Selbst wenn man das Habitat genau kennt, in dem mit einer Art zu rechnen ist, heißt das noch nicht, daß man sie auch tatsächlich zu Gesicht bekommt. In freier Natur sehen Vögel nur selten so aus, wie sie in den Büchern abgebildet sind. In den Wipfeln hoher Bäume lassen kleine Vögel nicht alle ihre Farben und Muster bis ins Detail erkennen. Oft genug sind sie lediglich als dunkle Flecken vor einem hellen Himmel auszumachen. Mancher Neuling unter den Vogelbeobachtern erholt sich von dieser frustrierenden Erkenntnis nie. Watvögel am Rande eines Tümpels sind selten so entgegenkommend und bleiben so lange stehen, bis man die Farbe ihrer Beine und Schnäbel oder die Größe ihrer Flügelstreifen geprüft hat; vielmehr fliegen sie meist auf und davon, sobald ein Mensch in ihre Nähe kommt.

Optische Ausrüstung: Ein Fernglas ist, außer bei Beobachtungen in Gärten und Parks, ganz wichtig.

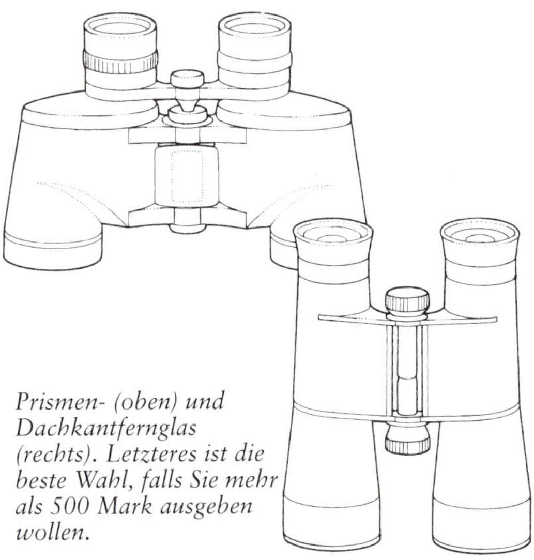

Prismen- (oben) und Dachkantfernglas (rechts). Letzteres ist die beste Wahl, falls Sie mehr als 500 Mark ausgeben wollen.

Kaufen Sie das beste, das Sie sich leisten können, mit einer 7- bis 10fachen Vergrößerung – lassen Sie sich nicht von höheren Werten blenden. Wählen Sie ein Modell 7x50, 8x40, 10x40 oder 10x50. Die zweite Zahl gibt den Durchmesser der Frontlinsen in Millimetern an. Größere Linsen sind zwar lichtstärker, machen das Glas jedoch schwerer. Stärkere Vergrößerungen brauchen mehr Licht für ein helles Bild, haben ein kleineres Sehfeld und lassen sich im allgemeinen nicht optimal scharfstellen – dies sollten Sie bedenken, wenn Sie zum Beispiel Vögel im Wald beobachten wollen. Die Wahl des für Sie besten Glases wird stets ein Kompromiß sein. Nehmen Sie sich die Zeit, die Okulare präzise auf Ihre Augen einzustellen, und üben Sie die Handhabung, damit Ihnen das Scharfstellen in Fleisch und Blut übergeht. Ein unscharf oder mangelhaft eingestelltes Glas liefert ein verschwommenes Bild auf einem oder beiden Augen. Erstaunlich viele Menschen benutzen ihr Glas unbeirrt auf diese fehlerhafte Weise, ohne zu bemerken, was ihnen dabei entgeht. Erst ein korrekt fokussiertes Qualitätsglas macht Freude beim Gebrauch.
Ein Teleskop (vorzugsweise auf einem Stativ) leistet eine viel stärkere Vergrößerung als ein Fernglas, allerdings auf Kosten des Sehfelds. Es ist natürlich auch weniger handlich. Ein Teleskop ist dort sehr von Nutzen, wo Vögel weit entfernt sind – an Flußmündungen, Stauseen usw. –, jedoch völlig unsinnig in der Beengtheit eines Waldes; hier läßt man es am besten zu Hause.

Bekleidung: Tragen Sie stets nur bequeme Sachen. Trockenheit und Wärme oder – je nach Wetterlage – Kühle und Bewegungsfreiheit sind weitaus wichtiger, als eine Garderobe auszuführen, die dem »Image« eines Vogelbeobachters entspricht. Dicke Öljacken, Wollhut und schwere Stiefel kann man auf einem Sommerspaziergang im Park getrost entbehren.
Weiße oder grelle Farben können Vögel auf Ihre Anwesenheit aufmerksam machen; trotzdem sind

Schweigen ist Gold, selbst hinter einer Sichtschutzwand.

Ein optimal plaziertes Beobachtungsversteck.

gedeckte Farben nicht so wichtig wie lautloses Ausharren. Für die tägliche Beobachtung ist ein gewisser Komfort anzuraten; nützlich sind zudem viele Taschen für Notiz- und Bestimmungsbücher, Karten und Proviant.

Still sein . . . : Beim Beobachten von Vögeln ist Stillsein oberstes Gebot. Vögel haben ein ausgezeichnetes Gehör, und wenn sie Ihre nahenden Schritte hören, stehlen sie sich oft davon, lange bevor Sie sie entdeckt haben. Selbst in Verstecken in Naturreservaten ist Stillsein ganz wichtig, will man Vögel von nahem sehen (und es ist anderen Vogelbeobachtern gegenüber nur fair). Denken Sie daran, daß auch gepreßtes Flüstern weit trägt – am besten spricht man mit leiser, gedämpfter Stimme.

. . . und nicht bewegen: Vögel reagieren unglaublich sensibel auf Bewegungen. Häufig kommt man an einen Vogel näher heran, wenn man direkt auf ihn zugeht anstatt seitlich herum: Die Bewegung erscheint dann weniger ausgeprägt. Doch für ruhiges Ausharren gibt es einfach keinen Ersatz, vor allem, wenn man dicht heranwill. Seltsamerweise kann man bisweilen langsam und ruhig mit dem Auto oder Fahrrad an einem Vogel vorbeifahren, und er fliegt erst auf, wenn man anhält. Offenbar fühlen sich die meisten Vögel durch abrupte Veränderungen gestört.
Selbst in großer Entfernung reagieren manche Vögel auf das plötzliche Auftauchen eines Menschen. Besonders Wildvögel fliegen häufig auf, sobald plötzlich jemand oben auf der Deichkrone an einem See oder einer Feuchtwiese erscheint. Ducken Sie sich, bleiben Sie außer Sicht, und seien Sie mucksmäuschenstill.
Fuchteln Sie in einem Versteck nicht mit den Händen herum, wenn Sie andere auf einen Vogel hinweisen möchten. Machen Sie Richtungsangaben mit dem Zifferblattsystem, etwa »vier Uhr von der Spitze der großen Kiefer«.

Das Licht nutzen: Sonnenschein kann hilfreich, aber auch hinderlich sein. Im Gegenlicht erscheinen Vögel zumeist als dunkle Silhouetten. Sie sehen vielleicht schwarz aus, sind es aber nicht – sie zeigen gerade nicht die Farben, die in Ihrem Buch abgebildet sind. Zugleich sehen die Vögel *Sie* im hellen Licht. Besser, man stellt sich also möglichst mit dem Rücken zur Sonne.

Wenn man einen See oder Stausee oder ein großes Reservat besucht, läßt es sich häufig einrichten, daß man morgens auf der richtigen Seite ist und am Nachmittag im Bogen herumläuft, um zu jeder Zeit optimales Licht zu haben.

Andererseits kann man auch einen weiten, hellen Himmel nutzen, um einen in einer Hecke sitzenden Vogel als Silhouette zu entdecken. Dann empfiehlt sich natürlich zwecks besserer Lichtverhältnisse ein Standortwechsel.

Den Rufen lauschen: Vogelrufe sind für den Vogelbeobachter von immenser Wichtigkeit. Mit ihrer Hilfe läßt sich nicht nur ein Vogel bestimmen, bevor man ihn entdeckt hat; sie weisen einen auch auf viele Vögel hin, deren Anwesenheit man sonst gar nicht vermutet hätte. Die meisten Vögel in Wäldern oder im Buschland sind eher zu hören als zu sehen und könnten, wenn sie nicht riefen, völlig übersehen werden.

Auch falls Sie nicht wissen, welcher Vogel da ruft – gehen Sie den Rufen wenigstens nach. So wird man am ehesten mit ihnen vertraut. Wenn Sie auf einem Baum nach einem Vogel suchen, der seit fünfzehn Minuten seltsame Geräusche von sich gibt, und er entpuppt sich (wie es oft der Fall ist) als eine Kohlmeise, dann wissen Sie immerhin beim nächstenmal Bescheid.

Die Rufe sind auch in anderer Hinsicht wertvoll. Das plötzliche, scharfe »Tik, Tik« eines Stars macht andere Stare – und somit auch Sie – auf einen nahenden Sperber aufmerksam. Das laute, aufgeregte Gezeter von Schwalben kündet vom Auftauchen eines Baumfalken. Mit dünnem, hohem Piepsen warnen Blau- oder Kohlmeisen ihre Artgenossen vor einem streunenden Beutejäger. Oft wird eine schlafende Eule von Kleinvögeln aufgeschreckt, worauf diese einen Radau veranstalten, was man als »Anhassen« bezeichnet. Der kundige Vogelbeobachter wird die verborgene Ursache für den Lärm finden.

Auf Bewegungen achten: Erfahrenen Vogelbeobachtern wird oft bescheinigt, ihre Sehkraft müsse ausgezeichnet oder ihr Fernglas von hervorragender Qualität sein. In Wahrheit haben sie meist einfach »nur« einen Blick für Vögel und achten genau auf Bewegungen. Auf einem Baum, wo tausende Blätter im Wind wehen, fällt ein in der »verkehrten« Richtung hüpfender Vogel eben auf. Manchmal können Vögel sogar aufgrund ihres Schattens oder ihrer Reflexion entdeckt werden.
Gewöhnlich registriert das geübte Auge – oft aus dem äußersten Blickwinkel – jede Bewegung, und damit ist der erfahrene Vogelbeobachter anderen um Nasenlängen voraus. Schon ein wippender Schwanz oder ein Hüpfer im Gezweig kann zum Erfolg führen.

Berücksichtigen Sie, daß das Sonnenlicht Ihren optischen Eindruck von Vögeln stark verändert. Diese beiden Fotos sind Extrembeispiele hierfür.

Sperber

Star

Anpirschen: Wie nahe man herankommt, hängt vom Habitat ab. Bei einem Schilfgürtel bleibt einem natürlich nichts anderes übrig, als sich am Ufer in Stellung zu begeben und abzuwarten. Vielleicht finden Sie ja eine Lücke im Röhricht, einen Graben oder eine kleine, schlammige Lichtung und hoffen, daß die Vögel aus dem Dickicht kommen. Ihnen nachzusteigen ist zwecklos und schädigt die Natur.

In Büschen und dichtem Strauchwerk kann durchaus dieselbe Taktik der Lautlosigkeit angebracht sein. Sie dürfen sich jedoch leise und vorsichtig bewegen, um den besten Blickwinkel zu bekommen. Manchmal, wenn ein Vogel in einen Busch fliegt, können Sie auf die andere Seite schleichen und dort warten, bis er wieder zum Vorschein kommt. Bedrängen Sie ihn keinesfalls: Er wird sich am Boden verstecken oder entwischen, ohne daß Sie auch nur einen Blick von ihm erhaschen. Davon abgesehen zerstören Sie möglicherweise sein Nest. *Geduld ist der Schlüssel zum Erfolg.*

Suchen Sie Wälder zeitig im Frühjahr (wenn das Laub noch spärlich ist) und früh am Tag auf. Im Spätsommer erschwert das dichte, dunkle Blattwerk die Vogelbeobachtung, und die Vögel singen jetzt nicht mehr. Im Herbst und im Winter sammeln sie sich in Scharen und durchstreifen gemeinsam die Wälder; deshalb sieht man lange Zeit nichts und dann plötzlich mehr Vögel, als einem lieb ist. Halten Sie Augen und Ohren nach einem Schwarm offen, und Sie werden am Waldrand jede Menge interessanter Beobachtungen machen können.

Man kann Zeit und Ort der Ankunft von Watvögeln an ihrem Flutruheplatz vorhersagen und sich im voraus dort einfinden. Beziehen Sie unsichtbar Posten unterhalb der Horizontlinie, und lassen Sie sich von der steigenden Flut die Vögel bringen. Und denken Sie daran: Sie sollten die Tiere nicht gerade dann stören, wenn sie ihre Ruhe am nötigsten brauchen. Das kann bedeuten, daß Sie erst mit Einsetzen der Ebbe aufstehen und weggehen dürfen.

Die Bedeutung der Randzonen: Kompaktes Schilf, dichte Wälder, die Mitte eines Sees oder einer Schlammebene – sie alle können Vögel beherbergen; am wertvollsten aber sind meist die Habitatränder oder die Grenzzonen zweier oder mehrerer Habitate. Hier ist die Natur vielseitiger und die Chance größer, daß sich »Ihr« Vogel zeigt.

Viele Waldvögel sind im Grunde Waldrandbewohner. Doch oft haben sich diese Arten erfolgreich auf ein Leben in Vorstadtgärten umgestellt. Grauschnäpper sitzen gern auf Bäumen, brauchen aber auch freien Raum, wo sie Insekten im Flug erbeuten können – etwa solche, die sich im Sonnenlicht glänzend von einem dunklen Hintergrund abheben. Baumpieper sitzen und singen im Gezweig, brüten und fressen aber in nahem, offenem Gelände am Boden.

Eisvogel

Grauschnäpper

Man kann auch den Grenzbereich zweier Habitate nutzen. Wenn Sie an einen Waldrand gelangen, blicken Sie sich stets aufmerksam nach links und rechts um, damit Ihnen nicht entgeht, wer bei Ihrem Näherkommen in die Bäume huscht. Tun Sie dasselbe, wenn Sie an einen Graben, Fluß oder Pfad kommen, der Ihren Weg kreuzt – dies ist oft die beste Gelegenheit, eine Wasserralle, einen Eisvogel oder ein Rebhuhn aufzuspüren. Machen Sie es sich zur Regel, am Rand von Hecken, ja sogar von Landstraßen »um die Ecke zu schauen«. Jeder Bruch in einer ansonsten einheitlichen Landschaft bietet die Gewähr, Vögel zu entdecken.

Der Wert des Wassers: Ein Großteil der Vogelbeobachtung ist an Gewässer in der einen oder anderen Form geknüpft. Watvögel und Enten sind eindeutig Wasservögel; zu bestimmten Zeiten im Jahr sind das auch Stelzen, Pieper, Ammern, Schwalben, ja sogar Grasmücken und Finken.
Der Versuch, Vögel in einem Wald zu finden oder gut in den Blick zu bekommen, kann ermüdend sein. Besser, man sucht einen Trinktümpel: Bleiben Sie still sitzen, und warten Sie, wer sich einstellt. Überraschungen sind nicht ausgeschlossen: Einem scheuen Vogel beim Trinken und Baden unbemerkt Gesellschaft zu leisten ist ein besonderes Erlebnis. Wenn es in Ihrem »Hauswald« oder auch in Ihrem Garten keinen geeigneten Teich gibt – legen Sie doch einen an. Und bei Hitze lockt selbst ein dünnes Rinnsal aus einem Wasserrohr eine bunte Vogelschar zum Trinken an.
Vögel füttern: Neben Wasser brauchen Vögel natürlich auch Futter, und man kann sie an feste Futterplätze wie Vogeltische locken. Haben Sie Zugang zu einem abgelegenen Wald, probieren Sie es auch dort mit Futterplätzen. Vielleicht gelingt es Ihnen, Vögel auf eine sonnige Lichtung neben einem Kiefernwald oder eine Freifläche vor einem Dauerversteck zu locken.
Bedenken Sie aber, daß solche Plätze meist viel natürliche Nahrung bieten und die Vögel von Ihren Gaben nicht unbedingt groß Notiz nehmen. Tun sie es doch, müssen Sie berücksichtigen, daß die Vögel von Ihrer Fütterung abhängig werden können. Allgemein dürfte wahlloses Ausstreuen von Futter in einem Wald wohl nicht viel bringen.

Unten: Für Vogelfreunde ideal: der Grenzbereich zweier Habitate.

Küstenregionen

Zum Brüten suchen Seevögel sichere Plätze an der Küste auf. Krähenscharben (links), gewaltige Baßtölpelschwärme (rechte Seite) und riesige Kolonien lärmender Dreizehenmöwen (linke Seite, unten) bilden dann eindrucksvolle Seevogelstädte.

Eine Inseloase im Nordwesten

Die Küsten und Inseln Nordwesteuropas bieten überraschend freundliche, geschützte Plätze mit seerosenbedeckten Seen und Schilf- und Seggengürteln: Oasen für zahllose Vögel.

Wachtelkönig (Wiesenralle)

Altvögel

Farmland ist ideal geeignet für Berghänflinge, Schwarzkehlchen, Steinschmätzer, Rohr- und Grauammern sowie Feldsperlinge. In alten Heuwiesen und Irisbeeten kommt der Wachtelkönig immer seltener vor.

Auf den Hebriden kann man selbst in den tiefgelegenen Hügeln noch Steinadler sehen.

Berghänfling

Männchen

Austernfischer

Schilfrohrsänger

Schilfrohrsänger bevorzugen hohes, feuchtes Gestrüpp aus Seggen, Binsen und krautigen Pflanzen.

Jungvogel

Altvogel

Flußseeschwalbe

Singschwäne finden sich im Winter ein und bleiben sehr selten den Sommer über. Graugänse brüten hier regelmäßig, doch nur strichweise.

Flußseeschwalben nisten auf felsigen Inselchen: auch Austernfischer, Stock- und Trauerenten.

Flache Seen mit Seerosen und Binsen beherbergen einzelne Bleßhuhn- und Höckerschwanpaare. Sehr selten nisten Odinshühnchen im Sumpfland; ihr Futter finden sie im oder am Wasser.

Graugans

Höckerschwan

Ungeschützte Insel im Nordwesten

Die Küstenmoore im Nordwesten sind kalt, windig, naß und haben alpinen oder borealen Charakter. Trotz weniger echter Tundravögel ist die Artenvielfalt bemerkenswert.

Zu den herrlichen brütenden Watvögeln gehören die Goldregenpfeifer, die Alpenstrandläufer in feuchteren Teilen, der Regenbrachvogel, der Große Brachvogel, der Austernfischer, die Sumpfschnepfe und der Kiebitz. Das Odinshühnchen ist an bestimmten Sümpfen zu sehen; es frißt auf offenen Seen.

Regenbrachvogel

Sommerkleid

Winterkleid

Odinshühnchen

Sterntaucher im Sommerkleid

Sterntaucher nisten an winzigen Moortümpeln und fliegen geräuschvoll zum Fressen aufs Meer hinaus und wieder zurück. Sturm- und Heringsmöwen brüten mitunter neben kleinen Bächen.

Küstenseeschwalben nisten an den Hängen des Heidemoors und auf den Felsen an der Gezeitenlinie.

Küstenseeschwalbe

Kornweihe

Heideartige Böschungen oberhalb von Feuchttälern mit Binsenbewuchs werden von Merlinen (schwer zu sehen) und Kornweihen (oft auffälliger) genutzt. Mangels Bäumen brüten Turmfalken im Heidekraut.

Im offenen Moor leben außer Wiesenpiepern nur wenige Kleinvögel. Berghänflinge bevorzugen Randlagen von Kulturland oder hohes Heidekraut in Wiesennähe. Zaunkönig und Felsenpieper leben dicht am Ufer.

Schnee-Eule (sehr selten) in kahlen, felsigen Mooren, oft in der Ferne als weißer Punkt auf einem Felsgrat sichtbar. Große und Schmarotzerraubmöwe brüten an langgezogenen, torfigen Hängen und Hügelkämmen.

Zaunkönig

Schnee-Eule Männchen

Große Raubmöwe

Eine Insel der Seevögel

An der Westküste von Frankreich, England und Wales haben mehrere Inseln rote Sandsteinklippen über klarblauen Buchten, gekrönt von natürlichen Steingärten aus Küstenblumen: ein Idyll für Seevögel.

Sturmschwalbe

Trottellummen und Tordalken legen Eier auf Felssimsen, Dreizehenmöwen in Tangnestern auf nackten Klippen. Sturmschwalben nutzen kleine Hohlräume zwischen Felsblöcken und trockenen Steinwänden aus.

Trottellumme

Tordalk

Dreizehenmöwe

Papageitaucher sammeln sich im Frühjahr und an Sommernachmittagen in geschützten Buchten. Grasbewachsene Geröllhalden und Felsabstürze sind typische Brutplätze des Papageitauchers.

Papageitaucher

Heringsmöwe

Schwarzschnabel-Sturmtaucher

Mantelmöwen sitzen auf Felsvorsprüngen und jagen Papageitaucher. In mondhellen Nächten greifen Möwen auch Sturmtaucher an, die sich hierherwagen.

Alpenkrähe

Zwischen den Felsen leben kleine Eulen, die nachts Sturmschwalben erbeuten. Die Sumpfohreule jagt bei Tag; sie sucht im rauhen Bewuchs aus Glockenblumen, Gras- und Lichtnelken nach Wühlmäusen.

Löcher in Grashügeln sind von Schwarzschnabel-Sturmtauchern besetzt: Hier verbergen sie sich tagsüber, während ihr Partner erst nachts vom Meer zurückkehrt. An den Inselhängen nisten Heringsmöwen.

Auf Klippen mit niedrigem Heidekraut oder kurzgeschorenem Rasen in der Nähe findet man Alpenkrähen. Die Felsen hallen wider von ihren gellenden, freudigen Rufen. Im Herbst sammeln sie sich in Schwärmen.

Küstenweide, äußerster Nordwesten

Jeden Herbst treffen im milden, aber windgepeitschten Nordwesten die Wildgänse ein. Solange das Gras grün ist, kommen die größten Schwärme auf eigens hierzu ertragsgesteigerte Weiden.

Ohrentaucher

Kiebitz im Winterkleid

Im Winter trifft man im Wattenmeer Eider- und Bergenten, Mittelsäger, gelegentlich auch Eisenten, Eis-, Stern- und Ohrentaucher sowie vereinzelt den Tordalk an.

Bergente, Männchen im Winterkleid

Bei Ebbe kommen Kiebitz, Rotschenkel, Großer Brachvogel, Austernfischer, Alpenstrandläufer und Pfuhlschnepfe an den Strand. Bei Flut ruhen sie auf den Feldern oder den höchsten Erhebungen der Salzmarschen.

Bleßgans

Altvogel

Jugendkleid

Flache Wiesen mit saftigem Gras sind ein Magnet für Nonnen- und Bleßgänse. Letztere bevorzugen oft Winkel mit Binsen neben Steinmauern.

Sumpfschnepfe

Im Frühjahr erwachen die Weiden durch das Wummern der Sumpfschnepfen und die Gesänge der Großen Brachvögel, Kiebitze und Feldlerchen zum Leben. Birkhühner suchen die Binsenäcker zur Balz auf.

Feldlerche

Nonnengans, Altvogel

Kornweihen jagen an Feldrainen und Gräben, Mauern und Wasserrinnen; Merline, Turmfalken, Weihen, Bussarde und Steinadler über offenem Gelände.

Zerklüftete Küste im Nordwesten

Westschottland und Teile der skandinavischen Küste sind ungeschützt, kalt und naß, andererseits auch ruhig und sonnig. Felsen, karge, dünne Böden und blaue, von Kies- und feinen Sandstränden gesäumte Meeresbuchten beherrschen das Landschaftsbild.

Der alte, erhöhte Küstenabschnitt ist teils kultiviert, teils Weide mit Farnbewuchs; viele Trauerbachstelzen, Stare und Dohlen sitzen bei den Schafen, Braunkehlchen im Farn.

Trauerbachstelze, Männchen

Dohle

Gryllteiste

Eiderente

Auf dem Meer fressen Prachttaucher in kleinen Gruppen, Sterntaucher einzeln oder zu zweit. Grylltеisten sind zahlreich. Eiderenten sind oft bei den tangbewachsenen Felsen zu sehen.

Eine steinige Sturmküste bietet bisweilen Futter für Felsenpieper, Alpenstrandläufer, Steinwälzer, Austernfischer und Großen Brachvogel. Bei einem Sandstrand gesellen sich Sanderling, Knutt, mitunter auch Pfuhlschnepfen hinzu.

Im oberen Strandabschnitt brüten Austernfischer und Sandregenpfeifer; in den Felsen nisten Sturmmöwen. Fluß- und Küstenseeschwalben wählen den Strand oder Inselchen vor der Küste.

Austernfischer

Felsenpieper (Strandpieper)

Sturmmöwe im Sommerkleid

Auf den Hügeln mit kurzem Gras und losen Steinen findet man Steinschmätzer, mitunter Ringdrosseln, Wiesenpieper und Krähen, in der üppigeren Vegetation am Fuße sehr selten Wachtelkönige.

Kolkraben brüten auf Hügeln im Landesinneren und streunen überall umher. Auf freien Felsplateaus höherer Hügel trifft man das Alpenschneehuhn; Steinadler lieben dieses Mischland, doch Futter ist kanpp.

Flache ungeschützte Küste im Nordwesten

Diese rauhe Umgebung ist oft dank geschützter Buchten und Fjorde bewohnbar und wird durch die nahe gelegenen Dörfchen und Bauernhöfe aufgelockert.

In den Buchten kann man Eiderenten und Mittelsäger entdecken. Im Winter bekommt man Berg- und Schellenten zu Gesicht; vereinzelt rasten hier auch Eis- oder Sterntaucher vor der Weiterreise.

Felsenpieper (Strandpieper)

Zaunkönig

Eismöwe

Mantelmöwe im Sommerkleid

Möwen sind das ganze Jahr über zu sehen. Im Winter lohnt sich in den kleinen Hafenorten unter den Silber- und Mantelmöwen die Suche nach Gästen wie Eis- und Polarmöwen.

Eine so offene, baumlose Landschaft beherbergt wenige Kleinvögel – außer vielleicht Wiesen- und Felsenpieper, Feldlerche und Zaunkönig im niedrigen Gestrüpp und vorübergehend Stare. Felsentauben sind häufig.

Rotschenkel

Felsentaube

Krähen suchen die Uferlinie und Felder nach Futter ab. Zwischen tangbewachsenen Steinen findet man Graureiher, Rotschenkel, Austernfischer und den Großen Brachvogel. Mitunter tut sich eine Singdrossel in der Nähe gütlich.

Weibchen
Männchen
Eiderente

Eistaucher im Sommerkleid

Im Frühjahr sichtet man Ringdrosseln und Steinschmätzer; im Heidemoor landeinwärts vernimmt man oft den Gesang der Goldregenpfeifer und des Großen Brachvogels.

Graureiher

Seeadler

Gryllteiste

Gryllteisten fühlen sich an den geschützten Felsufern zerklüfteter Nordküsten zu Hause. Kormorane fischen oft am Ende der Bucht oder in großen Häfen.

Seeadler sind rar und ortsfest, brüten an Felsküsten und suchen deren Buchten manchmal zum Fischen auf.

Kiesstrand im Nordwesten

Kiesstrände im Westen und Norden umfrieden oft von rauhen Weiden gesäumte Brackwasserlagunen. See- und Ufervögel kommen hier zahlreich vor.

Lagunen hinter dem Kiesstrand bieten im Sommer für Zwerg-, Brand- und Flußseeschwalben ausreichend Schutz zum Trinken und Baden.

Auf kurzgemähten, küstennahen Wiesen mit Kaninchenbauen oder verfallenen Steinmauern lebt oft ein Steinschmätzerpaar.

Sandregenpfeifer verstecken ihr Gelege im Kies. Austernfischer brüten auf dem nackten Kies oder zwischen Steinen und Gras.

In der Bucht trifft man auf Eiderenten, Mittelsäger und fischende Seeschwalben. Eine Stunde sollte man sich gönnen, um fischende Baßtölpel, vorbeiziehende Eissturmvögel, Seeschwalben, Dreizehenmöwen und Schwarzschnabel-Sturmtaucher zu beobachten.

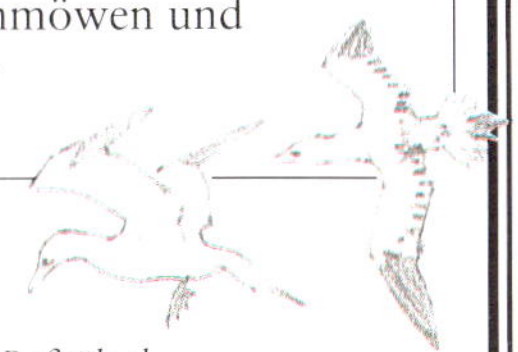

Die Mischung aus Gras, ungeschütztem Sand, Farn und Stechginster lockt bisweilen ein Schwarzkehlchenpaar an.

Einsamer Fjord im Nordwesten

An der felsigen Westküste Skandinaviens und Schottlands liegen tief eingeschnittene Buchten und geschützte Schlupfwinkel; dort überschneiden sich die Habitate von Ufer-, See- und Landvögeln.

KÜSTENSEESCHWALBE

Küsten- und Flußseeschwalbe ähneln sich stark. Bei der letzteren: Scharlachroter Schnabel mit schwarzer Spitze und dunkle Streifen auf den Flügelenden; erstere: vollständig roter Schnabel.

Am Ufer suchen brütende und ziehende Uferläufer sowie wandernde Große Brachvögel, Rotschenkel, Grünschenkel und Steinwälzer nach Futter.

Austernfischer pfeifen laut an Stein- und Grasufern, so daß die Berge an stillen Abenden von ihren Rufen widerhallen. Sie nisten auf steinigen Plätzen nahe der Gezeitenlinie.

Bei Ebbe holen Singdrosseln Strandschnecken aus dem Seetang und knacken sie an den Felsen. An der zerklüfteten, felsigen Küstenlinie sind Felsenpieper häufig.

Birkenzeisige zwitschern auf ihren schleifenförmigen Singflügen über Küstenwäldern, und Fichtenkreuzschnäbel besuchen die samentragenden Kiefern.

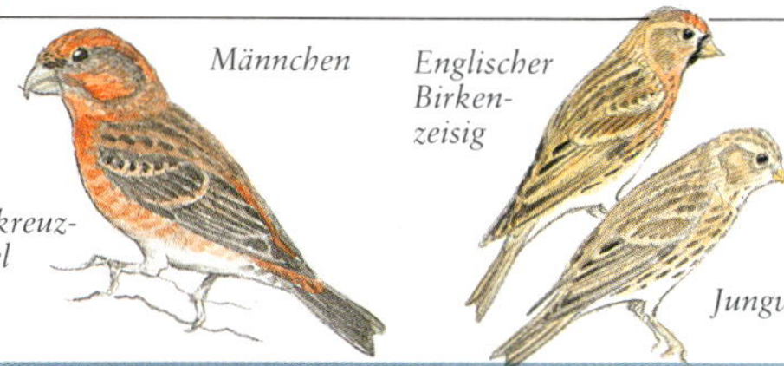

An einsamen Fjorden brüten Eiderenten: Familien gründeln in den algigen Buchten, Erpel halten sich weiter vom Ufer entfernt in Gruppen auf. Mittelsänger nisten in Salzgräsern an der Uferlinie und fischen in den klaren Buchten.

Sanfte felsige oder grasbewachsene Hügel sind typische Jagdreviere für Mäusebussarde, Turmfalken und Steinadler. Inseln mit hohen Kiefern locken manchmal Fischadler an.

Eiderente

Mäusebussard

Förde im Norden

Mit herrlichen Landzungen, sanften Flußmündungen und weiten, flachen, sandigen Buchten gehören die großen, geschützten Meeresarme im Nordwesten Großbritanniens und Skandinaviens zu den besten Vogelrevieren Europas.

Enten steigen in der Dünung auf oder fliegen weit draußen dicht über dem Wasser. Trauerentenschwärme kann man hier ebenso beobachten wie die weißen Flecken der Samtente beim Flügelschlagen.

Eistaucher im Winterkleid

Samtente

Männchen im Winterkleid

Weibchen

Flache, sandige Buchten sind im Winter für Eistaucher, im Sommer für einige Nichtbrüter ideal. Schwärme von Meerenten fressen hier: Eis- und Eiderenten, Mittelsäger, Trauer- und Samtenten.

Trauerente

Eisente

Am Sandstrand findet man Sanderlinge vom Frühherbst bis zum Spätfrühjahr, ebenso andere Watvögel wie Alpenstrandläufer. Die Flutmarke bietet Futter für Schneeammern und – selten – Ohrenlerchen.

Sanderling im Winterkleid

Brandseeschwalbe

Frühjahrskleid

In den Dünen findet man oft Rebhühner. Brandenten nisten in Erdhöhlen der Dünen und fressen auf nassem Strand. Vereinzelt sichtet man Brandseeschwalbenkolonien auf weitläufigen Dünen.

Die Landspitze ist optimal für vorüberziehende Seeschwalben, Baßtölpel, Raubmöwen, Sturmtaucher und Eissturmvögel. Ein stürmischer Tag mit starkem auflandigen Wind eignet sich zur Beobachtung am besten.

Baßtölpel

Im Strandgras der Dünen leben brütende Brandenten, Wiesenpieper, Feldlerchen. Der Herbst ist die Zeit der Zugvögel wie Wintergoldhähnchen, Gartenrotschwanz, Trauerschnäpper und Steinschmätzer.

Brandente

Seevogelklippe im Norden

Die alten Basalt- und Granitwände der Küsten Nordwesteuropas bilden steile Klippen über kalten, fischreichen Gewässern. Wo durch Verwitterung Vorsprünge oder Höhlen im Fels entstehen, finden Seevögel sichere Nistplätze.

Eissturmvogel

Eissturmvögel bevorzugen Erdkanten dicht am Abgrund und fliegen sehr nahe an die Felsvorsprünge. Vor der Küste ziehen Sturmtaucher, Raubmöwen und Baßtölpel.

Tordalk *Gryllteiste* *Trottellumme*

Baßtölpel nisten auf den breitesten Vorsprüngen der Steilwände oder über Felsnasen, Kormorane auf breiteren Simsen dicht unterhalb der Abbruchkante; Krähenscharben bevorzugen die tiefen Aushöhlungen weiter unten.

PAPAGEITAUCHER

brütend und nichtbrütend

Jungvogel *Altvogel*

Altvogel im typischen Sommerkleid; bei Winter- oder Jungtieren ist das Gesicht dunkelgrau, der Schnabel kleiner und blaß.

Der Wanderfalke ist ein Beutejäger der Klippen. Mit Glück sieht man einen kreisenden Seeadler. Auch der Steinadler brütet an Küsten. Große oder Schmarotzerraubmöwen schnappen Jungvögel von Felssimsen.

Brütende Dreizehenmöwe

Wanderfalke

Silbermöwen drängen sich auf hohen Simsen oder in steinigen Mulden; einzelne Mantelmöwenpaare hocken auf vorspringenden Graten, Heringsmöwen auf flacherem Grund darüber.

Der Anblick und das Gekreisch der Seevogelkolonien sind unvergleichlich. Ganz unten bevölkern Dreizehenmöwen die Felssimse, auf den schmalen weiter oben hausen Trottellummen.

Hohl- oder Felsentauben (im hohen Norden) sammeln sich auf windigen Klippen und in tiefen Höhlen, oft mit Dohlen. Alpenkrähen auf rauhen Klippen mit weichem Gras sind meist selten.

Baßtölpel

Tordalken bevorzugen tiefe Spalten. Papageitaucher graben Höhlen in Grashänge oder Gesteinsschutt. Dreizehenmöwen sammeln sich oft auf ausgewaschenen Terrassen unterhalb der Klippen.

Gryllteisten nisten in Geröll und Schutt am Fuß der Klippen oder auf geschützten Inseln vor der Küste. Alken tummeln sich in gemischten Gruppen auf dem Wasser im Schatten.

Landzunge und Strand im Westen

Die westlichen Ausläufer des europäischen Festlands und die Britischen Inseln haben beneidenswerte Strände mit sauberem weißen Sand und felsige Landzungen, von wo aus man bei auflandigem Wind besonders im Herbst ziehende Seevögel studieren kann.

Steinwälzer im Sommerkleid

Jungvogel

Klippenstrandläufer (Meerstrandläufer) im Winterkleid

Männchen

Hausrotschwanz

Ein Steilanstieg am Strandende mit rauhem, zerklüftetem Grund und einzelnen Gebäuden ist oft ein Revier für einen überwinternden Hausrotschwanz oder Standvögel wie den Felsenpieper.

Falls sie nicht durch Spaziergänger oder Reiter gestört werden, nutzen die Möwen den Strand für ihre langen Ruhephasen. Eine Rarität sind die Schwarzkopf- und Eismöwen.

An einem reinen Sandstrand findet man sicher eher Sanderlinge als andere Watvögel, doch können auch Alpenstrandläufer, Großer Brachvogel oder mal eine Pfuhlschnepfe auftauchen.

Sanderling im Winterkleid

Tordalken halten sich häufiger in Ufernähe auf als Trottellummen, falls diese nicht ein Sturm in eine geschützte Bucht verschlagen hat.

Tordalk im Winterkleid

Trottellumme im Winterkleid

Sterntaucher (Nordseetaucher) im Winterkleid

Wo Felsen, Buhnen oder Piere bis ans Meer reichen, sind Steinwälzer, Rotschenkel und Klippenstrandläufer nicht weit. Steinwälzer stechen ins Auge, Klippenstrandläufer sind dagegen unauffällig.

Eine markante Landspitze eignet sich ideal zur herbstlichen Vogelbeobachtung. Manchmal bringen die Windböen Eissturmvögel, Sturmtaucher, Sturmschwalben, Baßtölpel, Raubmöwen und Möwen dicht ans Ufer.

Eissturmvogel

Schwarzschnabel-Sturmtaucher

Seetaucher fliegen flach und knapp über den Wellen oder treiben fast vom Meer überspült auf dem Wasser. Auch durch ihre langen Tauchgänge entziehen sie sich dem Blick des Beobachters; an der Oberfläche erscheinen sie nur kurz.

Ostseeküste

Die Ostseeküsten der nordeuropäischen Ebenen bieten eine einzigartige Mischung: nordische und Küstenvögel, dazu einige Arten, die man gemeinhin mit südlichen Regionen verbindet. Das Meer selbst erscheint in satten Farben.

Jugendkleid

Seggenrohrsänger

Kranich

Wespenbussarde und vereinzelte Schwarzstörche bewohnen alte Wälder im Landesinneren. Habichte spähen über die Lichtungen; Baumfalken fliegen aus, um über Äckern zu jagen.

In Feuchtgebieten leben noch Knäk-, Moor- und Schnatterenten, Graugänse, vereinzelt auch Kranich, Große Rohrdommel, Weiß- und Schwarzstorch und der rückläufige Seggenrohrsänger.

Mit Fisch- und Seeadlern ist zu rechnen. Rote und Schwarze Milane sowie Mäusebussarde sind entlang des Küstenstreifens zu sehen.

Fischadler

Seeadler

KAMPFLÄUFER

Männchen im Prachtkleid

Winterkleid

Jungvogel

Weibchen und Jungtiere ähnlich; Beine meist oliv bis gelblich; Schnabel gedrungen, recht kurz; kleiner runder Kopf; Jungvögel hellbraun. Männchen unterschiedlich gefärbt; im Sommer Kopf oft weiß, Schnabel und Beine rot bis rosa.

Raubseeschwalbe

Eisente

Eiderente

In Strandreservaten findet man brütende Säbelschnäbler auf schlammigen Lagunen, Kampfläufer und Rotschenkel in Feuchtwiesen und Zwerg-, Brand- und Raubseeschwalben auf Kiesbänken und Inseln.

Im Herbst und Frühjahr tummeln sich auf dem (im Winter oft zugefrorenen) Meer riesige Schwärme von Eider-, Trauer-, Samt- und Eisenten, Mittel- und Zwergsägern.

Dünen, Grashügel und Sandstrand

An Küstenlinien des Atlantiks, der Nord- und Ostsee, wo Sanddünen, aus dem Boden ragende Felsen und ein ausgedehntes Wattenmeer mit Sandbänken zusammenkommen, halten sich Küstenvögel besonders gern auf. Durch die Gezeiten wird die Flußmündung ein einzigartiges Habitat von hohem Wert.

In Sanddünen trifft man außer Feldlerchen und Piepern kaum andere Vögel an. In Waldstücken rasten im Herbst Zugvögel nach ihren Nachtflügen.

Feldlerche

Ringelgans

Sanderling im Winterkleid

Am Sandstrand sind Sanderlinge und Sandregenpfeifer zu sehen. Harte, glitschige Steine im oberen Bereich bieten Futter für Steinwälzer und Große Brachvögel, aber auch für Alpen- und Klippenstrandläufer.

Trockener Sand, Muschelschalen und Kiesel sind ideal für brütende Sandregenpfeifer und Zwergseeschwalben; manchmal lassen sich Küstenseeschwalben blicken.

An windungsreichen Bächen halten sich Eiderenten, Brandenten und im Winter Lappentaucher, Eisenten, Mittelsäger, bei hereinströmender Flut mitunter auch Seetaucher auf.

Küstenseeschwalbe

Singschwan

Ringelgänse fressen bei Ebbe auf dem nassen, unteren Strand oder »reiten« bei einsetzender Flut auf den Wellen.

Sandregenpfeifer, Altvogel

Eisente

Pfeifente

Zwergseeschwalbe

Jungvogel

Auf Weiden und Salzmarschen fressen Schwärme von Graugänsen, Pfeifenten und Singschwänen. Im oberen Strandbereich und in der Marsch jagen Kornweihe und Merlin.

Mündungsarm und Polderlandschaft

Bei vielen Flußmündungen grenzen Industrieanlagen, Docks, Brücken und städtische Außenbezirke an Zonen, die für Vögel von überlebenswichtiger Bedeutung sind. Manche Arten gedeihen in den geschaffenen Habitaten, andere werden durch Störungen vertrieben.

Schellente, Männchen

Kormoran

Schleiereule

An Abwasserrohren, Pieren, Brückenpfeilern und anderen Punkten, wo die Flut Futter aufwirbeln kann, finden sich Möwen, im Winter gelegentlich auch Kormorane und Sterntaucher ein.

Im Mündungsschlamm suchen bei Ebbe Watvögel und Möwen nach Futter; auch Alpenstrandläufer, Rotschenkel, Austernfischer und Lachmöwen halten sich hier auf. Ihre Zahl ist rückläufig, wenn sie bei Flut in der Nähe keinen sicheren Ruheplatz vorfinden.

Rauhes Grasland bietet gute Jagdmöglichkeiten für Schleiereulen, Turmfalken und bisweilen Merline im Herbst und Winter.

Gezeitenlinie und Deiche locken Schneeammern, Feldlerchen, zuweilen Ohrenlerchen, Felsenpieper und Finken im Winter an. An den Samen der Disteln und Karden tun sich Stieglitze gütlich.

LACHMÖWE

Sommer- und Winterkleid

Winterkleid

Sommerkleid

Nur im Brutgefieder hat die Lachmöwe eine dunkelbraune Kopfmaske. Bei Winter-/Jungvögeln ist der Kopf weiß, mit schwarzem Ohrenfleck, weißer Flügelbug.

Tafelente, Männchen

Baggerseen, Lehm- oder Kiesgruben in Küstennähe dienen Wild- und Watvögeln bei Flut als Ruheplätze; auch Tafel-, Reiher- und Schellenten sowie Zwergsäger (selten) oder vereinzelte Lappentaucher finden sich mitunter ein.

Reiherente, Männchen

Feldlerche

Im Herbst sind solche Gewässer ein bevorzugter Aufenthaltsort von ziehenden Kampfläufern, Grünschenkeln, Waldwasserläufern und anderen Watvögeln, aber auch von Trauer- und Flußseeschwalben und Zwergmöwen.

Kampfläufer, Jungvogel

Zugroute entlang der Küste (Herbst)

Der Herbst ist eine bewegte Jahreszeit: Ein neuer Jahrgang unerfahrener Jungvögel läßt die Vogelpopulationen anwachsen, und die Massenwanderungen beginnen. Betroffen sind vor allem jene Küsten, denen Vögel auf ihrem Flug nach Süden folgen.

Raubwürger jagen kleine Zugvögel, Wühlmäuse und Käfer. Wacholder- und Rotdrosseln sind oft zu sehen. Auch Amseln und Singdrosseln überqueren zuweilen das Meer.

Sperbergrasmücke, Altvogel

Wendehals

In Weidengruppen auf den Dünen sitzt im Herbst eine bunte Schar. Wendehals, Sperbergrasmücke, Blaukehlchen und Gelbbrauenlaubsänger sichtet man nach Ostwind.

Müde Wiesen- und Baumpieper rasten im Gras oder fressen in offenerem Gelände; Braunkehlchen, Steinschmätzer und Gartenrotschwanz rasten an ähnlichen Plätzen, oft hocken sie auf Zäunen.

An kleinen Tümpeln in den Dünen oder hinterm Strand halten sich kurzweilig Watvögel auf, besonders Sumpfschnepfe, Bruch- und Waldwasserläufer, Kampfläufer und Zwergstrandläufer.

Schlammige Ränder brackiger Tümpel sind Lieblingsplätze von Trauerbachstelzen und Grünköpfigen Schafstelzen, ziehenden Felsenpiepern, (Blut-)Hänflingen, Rohrammern sowie manchmal Ohrenlerchen und auch Spornammern.

Felsenpieper

Raubwürger, Altvogel

Wacholderdrossel

Kiefernwäldchen mit Holunder und Brombeeren bieten allen Zugvogelarten, vom Wintergoldhähnchen bis zum Fichtenkreuzschnabel und Bergfinken, willkommene Nahrung und Schutz.

Gartenrotschwanz, Männchen

Landepunkt für Zugvögel (England)

Die Küsten Englands und Irlands bieten allherbstlich eine außergewöhnliche Vielfalt an Zugvögeln. Am Rand des europäischen Kontinents gelegen, werden sie von Gästen von überallher besucht. Die besten Gegenden sind meist höher gelegene Landzungen oder vorspringende Küstenlinien, die von den erschöpften Vögeln nach ihrem anstrengenden Meerüberflug als erstes erreicht werden.

Trauerschnäpper, Weibchen

Eine gemischte Landschaft mit Flußmündungen, Sanddünen, Stränden und Waldland garantiert einen spannenden Herbst. Im Mündungsbereich tummeln sich Watvögel und Möwen, über dem Meer kreisen Raubmöwen.

Sperbergrasmücke

Jugendkleid

Altvogel

Gelbspötter

Sanddünen, sonst von brütenden Seeschwalben, Brandenten, Piepern und Feldlerchen genutzt, werden jetzt von Zugvögeln wie jungen Mornellregenpfeifern, Trauerschnäppern, Steinschmätzern und Spornpiepern bevölkert.

Spornpieper

Sperbergrasmücke, Wendehals, Zwergschnäpper, Blaukehlchen und Gelbspötter sowie seltene Gäste aus Sibirien erfreuen den Vogelfreund im Herbst.

Zum Vogelzug gehören Tausende von Staren, die tagsüber die Küste erreichen. Erschöpfte Wald- und Sumpfohreulen kommen übers Meer herein und gesellen sich zu den bereits in Dünen und Küstenwaldland hausenden Waldschnepfen.

Wacholderdrossel

Nach dem langen Flug übers Meer machen sich hungrige Amseln, Sing-, Rot- und Wacholderdrosseln gierig über Brombeeren und wilde Ligusterbeeren her.

Wintergold-hähnchen

Weidengehölze bieten Schutz für erschöpfte Wintergoldhähnchen, Fitisse, Zilpzalpe, Grauschnäpper und seltene Gäste wie Gelbbrauen- und Grüne Laubsänger.

Rotdrossel (Weindrossel)

Scilly: Paradies für Zugvögel

Die abwechslungsreichen Landstriche der Scilly-Inseln geben das ganze Jahr über prächtige Vogelhabitate ab. Vor allem im Herbst sind sie ein Mekka für Vogelbeobachter, die nach seltenen Vögeln suchen.

Goldregenpfeifer im Winterkleid

Dreizehenmöwe im ersten Winterkleid

Krähenscharbe

Auf den flachen Kanälen zwischen den Inseln halten sich riesige Schwärme von Krähenscharben und nur wenige Flußseeschwalben auf. Bei Sturm suchen hier oft Dreizehenmöwen Zuflucht.

Granitfelsen in Ufernähe sorgen für eine veränderte Geländestruktur, wie Zaunkönige sie lieben; dazwischen und drum herum brüten Felsenpieper. Klippenstrandläufer picken an den steinigen Ufern nach Nahrung.

Klippenstrandläufer im Winterkleid

Zu den herbstlichen Zugvögeln zählen eine Menge aufregender Vagabunden wie Gelbbrauenlaubsänger, Brachpieper, Zwergschnäpper, Sommergoldhähnchen, Grasläufer und Kleiner Goldregenpfeifer.

Brachpieper

Altvogel

Jungvogel

Zwergschnäpper im Jugendkleid

Sommergoldhähnchen

Altvogel

Weiden und Golfplätze locken Pieper, Bachstelzen und Watvögel, die wie der Goldregenpfeifer trockenen Grund bevorzugen, an, desgleichen in jedem Herbst eine beachtliche Anzahl seltener Vögel.

Hohe, dichte Hecken schützen die Feldfrüchte und geben ideale Reviere für Zaunkönige, Rotkehlchen, Heckenbraunellen und Singdrosseln ab. Im Herbst beherbergen sie vorübergehend nahezu jeden Kleinvogel.

Flache Sandstrände eignen sich bestens für Sanderlinge, während die Uferlinie von Steinwälzern, Alpenstrandläufern, Großen Brachvögeln und Sandregenpfeifern abgesucht wird; letztere nisten hier auch.

Kreideklippen, rauhe Grasdecke

Die Kreideklippen an der Südküste Englands besitzen trotz des Untergangs ihrer einstmals blühenden Seevogelkolonien eine besondere Anziehungskraft.

Felsentaube

Wiedehopf

Grauammer

Im Herbst folgen Zugvögel der Küste: Schwalben in langgezogenen Scharen, Hänflinge und Buchfinken in kleinen Gruppen, Stare in schlangenförmigen Linien; vielleicht ist auch mal ein Turm- oder Baumfalke dabei.

Felsentauben kommen inzwischen nur noch an den Küsten Nordschottlands und Skandinaviens vor; dafür sind verwilderte Haustauben sehr zahlreich. Der häufigste Falke ist der über dem Klippenrand jagende Turmfalke.

Die kalkigen Böden dicht vor dem Abgrund sind gut für Rothühner und Feldlerchen; auch Grauammern finden sich ein.

Turmfalke

Rothuhn

DREIZEHENMÖWE

Ausgewachsener Vogel im reinen Sommerkleid, graue Maske im Winter; Jungvogel mit auffälligem schwarzen Zickzackmuster auf den Flügeldecken.

Zu den Frühjahrsankömmlingen gehören Steinschmätzer auf kurzem Grasbewuchs, Pieper in rauherem Gelände und tieffliegende Schwalben über den Klippen. Der Wiedehopf hat Seltenheitswert.

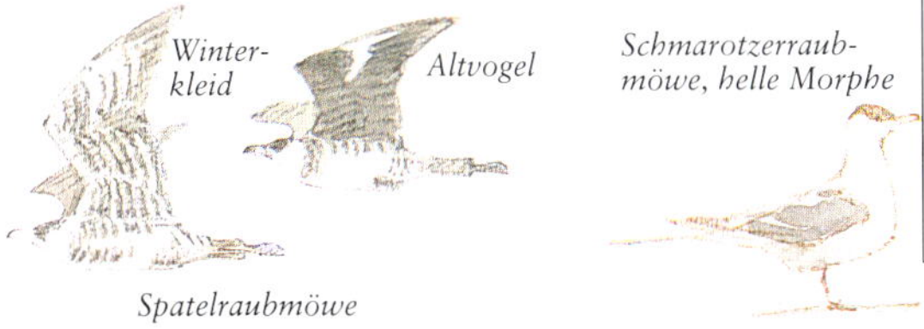

Im Frühjahr tummeln sich draußen vor der Küste Schmarotzer- und Spatelraubmöwen. Trauerenten, Seetaucher, Pfuhlschnepfen und andere Watvögel ziehen in beträchtlicher Zahl vorüber.

Silbermöwen sind häufig, Eissturmvögel und Dreizehenmöwen dagegen auf wenige Kolonien beschränkt.

Auf manchen Klippen lebten früher Trottellummen- und Tordalkenkolonien, die inzwischen stark geschrumpft sind. Der Wanderfalke, durch Pestizide nahezu ausgerottet, kehrt allmählich zurück.

Felsige Landzunge mit Gestrüpp

Naturkräfte suchen die windgepeitschten, ungeschützten Ausläufer im Westen der Britischen Inseln heim. Ihre Vogelwelt ist typisch für felsige Küsten, wird aber durch Vögel, die vom Westwind landwärts getrieben werden, bereichert.

Wellenläufer (Gabelschwänzige Sturmschwalbe)

Eissturmvogel

Kormoran

Krähenscharbe

In flachen Buchten mit Sandböden sammeln sich von Spätsommer bis Winter Trauerenten. Auch Seetaucher, Eiderenten, Kormorane und Krähenscharben finden sich hier ein.

An felsigen Abhängen zeigt sich mitunter der Steinkauz. Er brütet in Felshöhlen, sitzt aber tagsüber oft im Freien.

Steinkauz

Silbermöwen nisten an den meisten Felsküsten. Die Mehlschwalbe brütet auf Klippen, in den engen Höhlen der seltene Mauersegler.

Silbermöwe

Die vom Meer ausgemergelte Terrasse am Fuß der Klippe ist ein idealer Platz für Watvögel, vor allem Steinwälzer, Klippenstrandläufer, Große Brachvögel und Austernfischer.

Alpenkrähe

Auf einigen westlichen Klippen nisten Kolkraben. Dohlen und Wildtauben kommen häufig bis sehr zahlreich vor, Alpenkrähen sind selten und ortsfest, Felsentauben beschränken sich auf den hohen Norden.

Die Landspitze eignet sich optimal zur Beobachtung von Vögeln vor der Küste. Man bekommt Baßtölpel, Eissturmvögel, Sturmtaucher, Seeschwalben und Alken zu Gesicht, bei starkem auflandigen Wind vielleicht auch Sturmschwalben und Wellenläufer.

Bei Stechginster und rauhem Boden oberhalb der Klippe kommen das ganze Jahr über Schwarzkehlchen, im Sommer Hänflinge und Goldammern vor. Steinschmätzer legen im Frühjahr an der Abbruchkante eine Pause ein und brüten manchmal.

(Blut-)Hänfling

Schwarzkehlchen

Küstenreservat: Lagunen und Inseln

Von Naturschützern verwaltete Küstenhabitate gehören zu den schönsten Plätzen für Wildvögel in Europa. Künstlich angelegte Lagunen im Marschland bieten etlichen Vögeln reiche Nahrungsgründe.

Männchen

Schnatterente

Flußseeschwalbe

Jungvogel

In Ostengland und auf dem kontinentalen Flachland sind in abgeschiedenem, von Gras umsäumtem Dickicht oft Nachtigallenpaare anzutreffen.

Im Frühjahr bekommt man am ehesten über dem Röhricht eine Große Rohrdommel zu Gesicht. Ganz selten sieht man eine, die am Rande des Schilfgürtels offenes Gewässer abfischt.

Brandseeschwalbe

Lachmöwe

Krick-, Schnatter-, Löffel- und Stockenten verbergen sich im feuchten Schilf oder bei tieferen Tümpeln. Rohrweihen jagen über Lagunen, nisten aber im Schilfgürtel.

Auf Kiesbänken findet man brütende Flußseeschwalben und Lachmöwen. Durch den schwarzen Schopf, das auffällige weiße Gefieder und den schwarzen Schnabel sticht die Brandseeschwalbe aus der Menge heraus.

Uferschnepfe im Sommerkleid

Jungvogel

Zwergstrandläufer im Winterkleid

Sichelstrandläufer, Jungvogel

Graureiher bleiben meist dicht im Schutz des Schilfs. Die offenen Lagunen und Inseln werden von Kanada- und Graugänsen, Möwen, Brand-, Schnatter- und Löffelenten bevorzugt.

Sommerkleid

Dunkler Wasserläufer (Großer Rotschenkel)

Winterkleid

Sandregenpfeifer brüten auf Kies und suchen Futter am Wasserrand oder auf trockenerem Schlamm. Alpen-, Sichel- und Zwergstrandläufer, Grünschenkel und Kampfläufer sind typische Herbstzieher.

Säbelschnäbler

Säbelschnäbler brüten auf festem Schlamm oder an Steinufern und fressen in den Lagunen. Das etwas tiefere Wasser sagt anderen langbeinigen Watvögeln wie der Uferschnepfe und dem Dunklen Wasserläufer zu.

Küstenlagune mit Kiesbänken

Nur selten finden sich so ausgedehnte Kiesbänke wie an der englischen Kanalküste, wo vielerorts gewaltige Strände und Landzungen entstanden sind. Wo die Küste ausgehöhlt wurde, bilden Süßwasserlagunen vielseitige Habitate für Strandvögel.

Reiher-, Stock-, Tafel- und andere Enten, bei denen im Spätsommer der Gefiederwechsel erfolgt, gesellen sich zu Lachmöwen, Seeschwalben, Kiebitzen, Bleßhühnern und Gänsen.

Lachmöwe im Sommerkleid

Sandregenpfeifer, Altvogel

Flußregenpfeifer, Altvogel

Haubentaucher sind mittlerweile fast ausschließlich auf Kiesgruben beschränkt. Trauerseeschwalben erscheinen im Frühjahr schwarz, im Herbst meist dunkelgrau und weiß.

Flußseeschwalbe

Rosenseeschwalbe (Paradiesseeschwalbe)

Kräuter und blanke Erde begünstigen das Vorkommen von Hänflingen. Die Trauerbachstelze liebt steinigen Grund neben Gewässern aller Art.

HAUBENTAUCHER

Sommer- und Winterkleid

Sommerkleid

Winterkleid

Im Sommer typischer Kragen und Schopf; im Winter weißgesichtig mit dünner schwarzer Kappe; langer Hals und Brust weiß schimmernd.

Mit Glück findet man neben den häufigeren Arten die seltene Rosenseeschwalbe.

Kiesbänke bieten ausgezeichnete Brutplätze für Flußseeschwalben, Sand- und Flußregenpfeifer; Kiesbänke mit Vegetation ziehen Lachmöwen, Grau- und Kanadagänse an.

Kanadagans

Niederländische Küste

Holland und seine Inseln (das Foto wurde auf Texel aufgenommen) haben eine reiche Vogelwelt, vor allem was Arten der Feuchtgebiete und Wälder anbelangt. Trotz Entwässerung und intensiver Landwirtschaft bilden hier Feuchtweiden, Schilfsümpfe und flache Meere zusammen optimale Vogelreviere.

An Schilftümpeln in Dünen leben kleine Löfflerkolonien. Größere Lagunen und Schlammufer locken das ganze Jahr über Säbelschnäbler an, am zahlreichsten sind sie im Sommer.

Löffler

Altvogel

Säbelschnäbler

Im Sommer sind hier Haubentaucher und Knäkenten zu beobachten, im Herbst zuweilen Schwarzhalstaucher, Zwergmöwen und Trauerseeschwalben auf der Durchreise.

Haubentaucher

In Wäldern neben Dünen wohnen der Gartenbaumläufer, die Tannen- und Schwanzmeise, der Kleiber und die schlafende Waldohreule.

Rohrschwirl (Nachtigallrohrsänger)

Schilfrohrsänger

Im Sommer sind Blaukehlchen, Teich- und Schilfrohrsänger zu sehen. Der Rohrschwirl mag die Mischung aus Schilf und Weiden.

Rohrweihen sind im Sommer verbreitet, im Winter jedoch rar; auch Schwalben, Seeadler und Rauhfußbussarde sind dann seltene Gäste.

Kornweihen und Sumpfohreulen fliegen tief über dem Schilfgürtel und den nahen Dünen. Turmfalken erscheinen häufig; Sperber wagen sich bei der Jagd in offenes Gelände.

Rohrweihe

Weibchen

Schwarzkehlchen sind das ganze Jahr über typisch für buschige Dünen. Wacholder- und Rotdrosseln sowie ziehende Rohrsänger finden sich im Herbst ein.

Marsch und schlammiger Priel

Uferlinien haben stets eine magische Anziehungskraft. Einem Strand, einer felsigen Landzunge, einer schlammigen Flußmündung, ja selbst einem Priel mit kleinem Anlegesteg können die gefiederten Besucher, die sich in der Übergangszone zweier Umgebungsformen wohl fühlen, nicht widerstehen.

Wenn die Flut einsetzt und der Priel volläuft, kommen Hauben-, Ohren- und Schwarzhalstaucher näher heran; Kormorane sind regelmäßige, Eiderenten und Mittelsäger mögliche Gäste.

Brandente

Mutter mit Küken

Trauerbachstelzen erkunden die Uferstraßen, Kais und Steindeiche. An rauheren Orten finden sich im Winter manchmal einige Schneeammern und gelegentlich die seltene Spornammer ein.

Regenbrachvogel

Großer Brachvogel

Das Frühjahr erlebt einen kurzen Durchzug von Regenbrachvögeln. Fluß-, Brand- und Zwergseeschwalben fischen im Priel. Brandenten balzen und verteidigen auf dem Schlick ihr Revier.

Jungvogel

Sommerkleid

Uferschnepfe

Im Sommer halten sich am Priel Rotschenkel, Sandregenpfeifer und Lachmöwen auf. Der Herbst bringt Große Brachvögel und Austernfischer, manchmal auch Pfuhl- oder Uferschnepfen.

Schwarzhalstaucher im Winterkleid

Kormoran

Der Rand der Salzmarschen zieht Felsenpieper an, vor allem im Winter. Im Sommer kommen zu den trockeneren Stellen auch Rohrammern, Feldlerchen und Wiesenpieper.

Ringelgans (Rottgans)

Ringelgänse, die zwischen den vertäuten Booten nach Futter suchen, sind oft ganz zahm. Während der Wintermonate hausen in der Nähe Silber-, Sturm- und Mantelmöwen.

Flußmündung mit Sandbänken

Der beste Ort an einer Flußmündung ist der höchste Strandabschnitt, wo sich Watvögel und Möwen bei steigender Flut sammeln. Gibt es dort auch strömendes Gewässer, kommen sie zum Trinken und Baden dorthin.

Zwergmöwe

Zwergseeschwalbe

Alpenstrandläufer

Winterkleid

Sommerkleid

Rotschenkel

Kormorane säumen stehend mit leicht abgespreizten Flügeln den Wasserrand. Rabenkrähen können an trockeneren Stränden zahlreich auftreten. Im Winter lockt die Strandlinie Buchfinken und auch Schneeammern an.

Möwen rasten in Schwärmen bei den Schlammpfützen; wenn die Flut steigt, streben sie den höher gelegenen Sandbänken zu oder fliegen fort, um landeinwärts auf Müllhalden oder an Abwasserrohren herumzustöbern.

Im Frühjahr und Herbst sorgen Schwarzkopf- und Zwergmöwen, Fluß-, Zwerg- und Brandseeschwalben für Vielfalt unter den Sturm-, Herings-, Silber- und Lachmöwen.

Dichtgedrängte Schwärme bestehen überwiegend aus Alpenstrandläufern, aber auch Sanderlinge und Knutts mischen sich bisweilen am Rand unter sie. Wo Schlickgras vordringt, bietet es ein sicheres Plätzchen für Rotschenkel.

STURMMÖWE

Alt- und Jungvogel

Erstes Winterkleid

Altvogel im Sommerkleid

Altvogel wie Silbermöwe, nur kleiner; oberseits dunkler grau, Schnabel grüner, Beine grün, Augen dunkel; Jungvogel: braune Flügel, scharf abgesetzter schwarzer Streifen am Schwanz.

Pfuhlschnepfe im Sommerkleid

Auf dem Wasser erscheinen Hauben- und Ohrentaucher, gelegentlich Seetaucher, Eider- und Trauerenten.

Schwarzkopfmöwe im Sommerkleid

Sandbänke, die nur von starken Fluten überspült werden, bieten ungestörte Ruheplätze. Austernfischer bilden dichte, einheitliche Schwärme; Große Brachvögel und Pfuhlschnepfen mischen sich darunter; Kiebitzregenpfeifer stehen abseits.

Sommerkleid

Jungvogel

Knutt (Isländischer Strandläufer)

Schlammige Flußmündung

Westeuropa ist ausgesprochen reich an Flußmündungen, und bei vielen liegen über Schlick- und Sandflächen verinselte Salzmarschen. Sie gehören zu den ergiebigsten Vogelhabitaten überhaupt, doch selten kommt man in den Genuß einer lohnenden Aussicht.

Weite, offene Schlickebenen sind für Knutts, Pfuhlschnepfen, Alpenstrandläufer und Kiebitzregenpfeifer, die die Marsch zum Schlafen aufsuchen, lebenswichtig. Im Winter leben Felsenpieper in den geschützten Prielen.

Kleinvögel locken Sperber und Merline an. Über der Marsch jagen zuweilen Turm- und Wanderfalken.

PFUHLSCHNEPFEN

Groß, bräunliche Färbung, gerader Schnabel. »Ufer« längere Beine und schlichter graubraun, aber im Flug auffällig weiße Flügelbinden; »Pfuhl« braun gestreift, Schnabel leicht nach oben gekrümmt, Flügel unscheinbar, umgekehrtes V am Rücken.

Modrig riechende Uferlinien auf der oberen Marsch sind reich an Samen und Insekten. Hier trifft man Grün- und Buchfinken an, gelegentlich den Bergfinken, Rohrammern, Hänflinge und eventuell Sperlinge.

Im Winter grasen Pfeif- und Stockenten auf den Wiesen, seltener auch Schnatter- und Löffelenten. Spießenten sind nur in sehr wenigen Mündungsmarschen zahlreich.

Seichte Tümpel in der oberen Marsch kommen ziehenden Watvögeln sehr gelegen. Im Herbst sichtet man Kampfläufer, Dunkle Wasserläufer, Grünschenkel, Sichel- und Zwergstrandläufer.

In weitläufigen Salzmarschwiesen gibt es tückische Priele und Rinnen. Brandenten ruhen in der Marsch, gründeln in schlickhaltigen Prielen und nisten unweit davon in rauhem Gelände mit Dünen und Gestrüpp.

Kräftiges, wadenhohes Gras auf vollgesogenem Boden gibt ein ideales Habitat für Zwergschnepfen ab. Von sehr hohen Springfluten werden Wasserrallen mitunter ins offene Gelände vertrieben.

Flußmündung: Salzmarsch und Watt

Flußmündungen bieten ein ganzes Netz von Nahrungsgründen für Wat- und Wildvögel. Auf ihren beachtlichen Wanderungen und während der Wintermonate brauchen sie sehr viel Futter und ungestörte Ruhe.

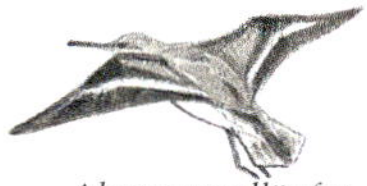

Nasser Schlick bei Ebbe ist eine reichhaltige »Kraftfutter«-Quelle für Alpenstrandläufer, Kiebitzregenpfeifer, Rotschenkel, Pfuhl- und Uferschnepfen. Pfuhlschnepfen und Knutts bevorzugen das offene Watt.

Die untere Salzmarsch mit ihren Rinnen wird von Pfeifentenschwärmen abgeweidet. Ringelgänse stöbern im Schlamm an der Marschgrenze nach Futter. Tiefere Wasserlöcher locken oft Löffel-, Stock- und Spießenten an.

Pfeifente

Hinter Wattstrand und Marsch kann das Meer interessant sein – oder unergiebig. Man sollte auf Ringelgänse, Schell- und Eiderenten, Mittelsäger und Lappentaucher achten.

Schneeammer im Winterkleid

Rabenkrähen sind häufige Strandgäste; sie suchen die Uferlinie ab oder stöbern zwischen Steinen herum. Weiter oben finden sich im Winter Berghänflinge, Ohrenlerchen und Schneeammern ein.

Silbermöwe

Sturmmöwe im ersten Winterkleid

Silber-, Sturm- und Lachmöwen sind den Winter über anzutreffen. Dann kann man auch stets Eismöwen sichten.

Flußmündung: Weiden und Marschen

Nicht immer bilden sich an Flußmündungen flache, grüne Salzmarschen. Bei intensiver Abweidung der Grasnarbe durch Schafe oder Ponys entstehen flache Wiesen, durch die sich schmale Bäche winden.

Rothuhn, Männchen

Steigt man bergan, trifft man zuerst Braunkehlchen, Baumpieper und Rotschwänzchen, dann Wiesenpieper, Feldlerche, Ringdrossel, Rothuhn, Wanderfalke und Merlin an.

Graureiher

Am Flußrand sind manchmal Ufer- und Waldwasserläufer zu sehen. Uferläufer und Grünschenkel bleiben auch den ganzen Winter über. Seidenreiher bekommt man selten zu Gesicht.

Eisvögel zieht es auf der Suche nach milderem Klima im Winter zur Küste. Am Fluß sind Mittelsäger leicht zu sehen, während Graureiher im Flachwasser fischen.

Rotschenkel

Auf dieser üppigen Feuchtmarsch leben im Sommer Sumpfschnepfen und Rotschenkel, im Winter Schwärme von Pfeifenten. Auf dem nahrhaften Gras könnten Bleß- oder Nonnengänse weiden.

Der Große Brachvogel fühlt sich in den trockeneren Binsenfeldern hinter der Salzmarsch wohl.

Großer Brachvogel

Waldlaubsänger

Eichenwälder nahe den Westküsten beherbergen im Frühjahr Rotschwänzchen, Waldlaubsänger und Trauerschnäpper. Den Sommer über balzt und ruft der Mäusebussard.

Sumpfschnepfe (Bekassine)

Männchen

Bleßgans

Gartenrotschwanz

Salinen

Rings um das Mittelmeer bieten flache, zur Salzgewinnung angelegte Küstenlagunen Habitate, die in den ansonsten ausgedörrten Landstrichen sehr wichtig sind.

Die Kurzzehenlerche ist um Salinen herum in Dünen oder trockenem, sandigem Grasland regelmäßig anzutreffen. Wo das Gras höher steht, sollte man auf Singflüge des Zistensängers achten!

An und in den flachen Salzpfannen sind Stelzenläufer häufig; unweit nisten Säbelschnäbler auf festem Salz oder Schlamm. Seidenreiher sind mitunter auch zahlreich.

Kurzzehenlerche

Stelzenläufer

Männchen

Weibchen

Der schönste Salinenvogel, der Flamingo, ist an den vielen flachen Seen in Südspanien und -frankreich zu Hause (einige wenige auch in Griechenland).

Seidenreiher

Trauer- und Weißbartseeschwalben, Lach- und Zwergmöwen kommen regelmäßig; an einigen Plätzen im äußersten Süden sind die Dünnschnäblige wie die seltenere Korallenmöwe zu finden.

Haubenlerchen fühlen sich auf kahlem Sand und offenem Gelände wohl; im grasigen Umland fressen Brachpieper. Grünköpfige Schafstelzen, Trauerbach- oder Bachstelzen sind häufige Zugvögel.

An den Rändern der Pfannen oder an den netzförmigen Deichen brüten See- und Flußregenpfeifer. Im Frühjahr und Herbst treffen Alpen-, Zwerg- und Sichelstrandläufer ein.

Feuchtgebiete

Flache Gewässer und Marschen sind ein Anziehungspunkt für viele Arten. Fischfresser wie Kormorane (oben) und Haubentaucher (unten) brüten dicht am Wasser. Rauhes, verwildertes Grasland bietet Greifvögeln wie dem Turmfalken (rechte Seite) Jagdreviere.

Das Flow Country

Im hohen Norden Schottlands liegt ein einmaliges Habitat: das Flow Country, ein riesiges, von flachen, dunklen Tümpeln aufgelockertes Torfmoor, das mittlerweile durch Baumschulen unwiederbringlich geschädigt ist.

Braunkehlchen

Die gemischten, jungen Baumpflanzungen beherbergen Kleinvögel wie Feldschwirl, Wiesenpieper, Braun- und Schwarzkehlchen. Rohrammern sammeln sich in feuchten Rinnen.

Geduldiges Ausharren in einem Versteck lohnt sich hier. Kornweihen nisten in jungen Nadelgehölzen, doch wenn die Bäume wachsen, ziehen die Vögel weiter. Über dem Moor jagen Sumpfohreulen.

Sumpfohreule

Rohrammer im Frühjahrskleid

Fleckchen mit Heidekraut locken ein, zwei Paare des Schottischen Moorschneehuhns an; mitunter findet sich ein Birkhuhn ein, um in nahen Schonungen zu fressen.

Ferne Gipfel sind die Heimat von Steinadlern und Wanderfalken, die auch das tiefere Gelände weiträumig abfliegen.

Direkt am Wasser brüten Alpenstrandläufer, Sumpfschnepfe, Großer Brachvogel und Grünschenkel; trockenere Stellen locken Goldregenpfeifer an.

Grünschenkel (Heller Wasserläufer), Jungvogel

Alpenstrandläufer

Sommerkleid

Winterkleid

Jungvogel

Schmarotzerraubmöwe

hell

zwei Farbschläge

dunkel

Schmarotzerraubmöwen bringen Aufregung in die feuchte Welt. An den Tümpeln bekommt man Sterntaucher, Trauer- und Pfeifenten zu Gesicht.

Küstenschilfgürtel

Schilfgürtel sind in Europa dünn gesät, aber ausgesprochen reich an Vögeln. Die meisten der noch verbliebenen sind Naturreservate, die übrigen sind von der Vernichtung bedroht. Ihre Vögel und anderen Tiere brauchen besseren Schutz.

Rohrweihen jagen heute über mehr Schilfgürteln als früher. Im Frühjahr bieten ihr Imponiergehabe und die akrobatische Futterübergabe des Männchens an das Weibchen in der Luft einen dramatischen Anblick.

ROHRWEIHE

Männchen und Weibchen

Geschlechter sehr unterschiedlich gefärbt: Männchen braun mit silbergrauen und schwarzen Flügelflecken, Weibchen bis auf beige Kopf- und Schulterpartie ganz dunkelbraun.

Auf kleinen Lichtungen im Schilf oder in Gräben sind Bartmeisen und Große Rohrdommeln zu Hause. Letztere bevorzugen sehr nasses Schilf mit etwas angesammeltem Fallaub, während sie austrocknendes Schilf rasch verlassen.

In Gestrüpp leben Heckenbraunellen, Rotkehlchen und Dorngrasmücken. Teichrohrsänger nisten im Schilf, fressen aber in Salweiden; Schilfrohrsänger bevorzugen Mischhabitate.

Außer den in England vorkommenden Arten gibt es auf dem europäischen Festland noch Blaukehlchen und Seidenrohrsänger (im Weidengestrüpp), Zwergrohrdommeln und Purpurreiher (im Schilf brütend) sowie Löffler (in flachen Lagunen fischend).

Weiß- und Schlehdorndickichte laden zu geduldigem Beobachten ein: Stillsitzen und nicht sprechen – vielleicht bekommt man Nachtigallen und Feldschwirle zu hören oder zu sehen.

Nachtigall

Große Rohrdommel

Weißsterniges Blaukehlchen

Männchen

Bartmeise, Weibchen

Rauhweide in Meernähe

An Deichmauern und alten Baggerseen in Mündungs- oder offenen Küstenhabitaten geht Kulturland oft in verwilderte Weiden und zum Teil aufgelassenes Ackerland über. Hier begegnet man einer interessanten Vogelvielfalt.

Türkentaube

Schutzgürtel und niedrige Wäldchen um Gehöfte ziehen die wenigen Blau-, Kohl- und Tannenmeisen, Wald- und Steinkäuze, Türken- und Hohltauben, Zaunkönige, Rotkehlchen und Heckenbraunellen an, die in diesem Habitat leben.

Starenschwärme unternehmen weite Flüge. Saatkrähen fressen auf vielen Feldern im Bereich ihrer Schlafwälder. Rabenkrähen fehlen zumeist, Fasane sind indes zahlreich.

Auf verwilderten Feldrainen sammeln sich den Winter über Finken- und Sperlingsschwärme und locken so auch Merline, Turmfalken, Kornweihen und Sperber an.

Berghänfling

Stieglitz (Distelfink), Altvogel

Jagdfasan, männlicher Altvogel

Disteln und ähnliches Krautgestrüpp bieten in dieser öden Umgebung Berg- und Bluthänflingen, Stieglitzen und Goldammern nötigen Schutz und Futter.

Auf feuchten Feldern grasen Pfeifenten, Ringelgänse, örtlich auch Bleß-, Kurzschnabel- und Nonnengänse (Weißwangengänse). Eingeführte Kanada-, Grau- und Nilgänse kommen ebenfalls vor.

Schleiereule

Nilgans

Ringelgans (Rottgans)

Alte Scheunen können trotz fehlender Bäume einige Schleiereulen beherbergen, die über dem wilden Grasland und den Rändern der Salzmarschen jagen. Im Herbst kommen Sumpfohreulen.

Europäischer Fluß

Viele Flüsse in Großbritannien und auf dem Kontinent sind durch Eingriffe zur Verbesserung von Entwässerung und Flutschutz nachhaltig verändert worden, doch je natürlicher sie sind, desto besser für die Vögel.

Steinkäuze verlassen ihr Versteck in Bäumen, Kirchen oder alten Gebäuden, um für die Jagd in der Abenddämmerung auf Zaunpfählen oder Erdhügeln Posten zu beziehen.

Teichhuhn

Durch befestigte Flüsse fühlen sich Wildvögel beengt; dennoch brüten hier Stock- und gelegentlich auch Reiherenten. In der Ufervegetation halten sich Teichhühner gut versteckt.

Weidenmeisen lieben feuchte Plätze in Flußnähe, vor allem Erlen- und Weidendickichte. Hier ist damit zu rechnen, daß Schwalben herabstoßen und kurz am Wasser nippen.

Weidenmeise

Stockente, Erpel

(Blut-)Hänfling

Männchen

Weibchen

An Zäunen sieht man (Blut-)Hänflinge, Goldammern, Dorngrasmücken, Bachstelzen. Als Zugvögel stellen sich eventuell Fliegenschnäpper, Braunkehlchen und Steinschmätzer ein.

Goldammer, Männchen

Teichrohrsänger

In Bruch- und Korbweidendickichten, selbst etwas abseits vom Wasser gelegen, finden sich Teich- und Schilfrohrsänger und mitunter auch Fitisse ein.

Wenn Sitzmöglichkeiten fehlen, begnügen sich Eisvögel mit Rütteln. In Grasböschungen suchen Grünköpfige Schafstelzen mit Vorliebe nach Futter. Schlammige Ufer locken Ufer- und Waldwasserläufer auf der Durchreise an.

Eisvogel

Tieflandfluß, natürliche Ufer

Ein Tieflandfluß mit natürlichen Ufern ermöglicht das ganze Jahr über lohnende Vogelbeobachtungen. An Altarmen und abgetrennten Kanälen, Weidengruppen und natürlichen Kies- oder Schlammufern wird man einer sehr reichen Vogelvielfalt begegnen.

Zilpzalp (Weidenlaubsänger)

Graureiher

Altvogel

Bäume am Ufer sind unwiderstehliche Anziehungspunkte für Waldbaumläufer, Weidenmeise, Fitis, Zilpzalp und oft auch Mönchs- und Gartengrasmücken.

Beim Gang an Flußufern muß man weit vorausschauen, denn die bald auftauchenden Teichhühner, Graureiher und Eisvögel verschwinden eilig.

Ein Zaunpfahl ist der beste Ansitz für einen Eisvogel; selten so auffällig, wie man oft meint, mischt er sich am Wasserrand mit Licht und Schatten.

Teichhuhn

Am wahrscheinlichsten sind Stockenten, im Winter aber auch Reiherenten, vereinzelt sogar Gänsesäger zu sehen. Zwergtaucher sind häufig.

Zwergtaucher

Im Winter tauchen hier Bergstelzen (Gebirgsstelzen) auf, im Sommer kommen wegen des zu trägen Gewässers nur Trauerbachstelzen.

Sumpfrohrsänger (Getreidesänger)

Jungvogel

Schilfrohrsänger bewohnen die hohe Vegetation. Sumpfrohrsänger sind hier äußerst selten, sie suchen sich Plätze mit Nesseln. Teichrohrsänger halten sich nur in üppigem Schilfwuchs auf.

Wald-
baumläufer

Eisvogel

Weidenmeise

Flachlandsee oder Stausee

Während die natürlichen Feuchtgebiete großenteils schwinden, sind durch neue Stauseen wichtige Habitate für Vögel entstanden. Flache, nährstoffreiche Seen im Tiefland eignen sich für sie am besten.

Im Mai sind Sanderlinge auf eiliger Durchreise, sie verweilen meist nur kurz an Seeufern. Ein Streifen Spätsommerschlamm zieht Kiebitze, Sumpfschnepfen und Lachmöwen unwiderstehlich an.

Bleßhuhn (Bleßralle)

Haubentaucher im Sommerkleid

Winterkleid

Kampfläufer

Jungvogel

Bleßhühner gründeln fast überall, Teichhühner halten sich dicht am Ufer; Haubentaucher sind am häufigsten auf flachen Seen und Staubecken, oft draußen in der Mitte.

Im Frühjahr und Herbst lohnt die Uferlinie das Absuchen nach Watvögeln. Mit am wahrscheinlichsten wird man Uferläufer, Alpenstrandläufer, Sandregenpfeifer, Kampfläufer und Grünschenkel sehen.

Grünschenkel (Heller Wasserläufer)

Jungvogel

Trauerseeschwalbe, Altvogel im Sommerkleid

An vielen Stauseen leben den Sommer über Flußseeschwalben, besonders aber zur Zeit der Wanderung. Trauerseeschwalben sind äußerst unstet und ziehen meist sehr eilig im Frühjahr durch.

Lachmöwe im Sommerkleid

Herbststürme bringen Überraschungen – zum Beispiel Raub- und Dreizehenmöwen. Letztere ziehen auch im März und April durch, bleiben aber selten länger.

Wenn im Spätsommer der Wasserspiegel fällt und das Unkraut hoch steht, stellen sich große Bluthänflingschwärme ein.

Trauerbachstelze

Männchen

Männchen

Grünköpfige Schafstelze

Die Frühjahrswanderung setzt meist mit gemischten Gruppen aus Wiesenpiepern, Trauerbachstelzen und Rohrammern am Ufer ein; später gesellen sich Grünköpfige Schafstelzen und Bachstelzen dazu.

März und Oktober sind die Zugmonate für Felsenpieper (Strandpieper); im Winter vereinzelt Wasserpieper (Bergpieper), an betonierten Ufern oft Trauerbachstelzen und Grünköpfige Schafstelzen.

Feuchtweide

Weide, die im Winter überschwemmt wird und im Sommer feucht bleibt, ist selten und verschwindet zusehends, hat aber eine reiche Fauna. In diesem Habitat mit seinem weichen Boden, den Gräben und Teichen gedeihen viele Arten.

Sumpfschnepfe (Bekassine)

Am Rand von Gräben stolzieren Graureiher und spähen nach Fischen, Fröschen und Schermäusen. Auf sumpfigen Feldern brüten Sumpfschnepfen im hohen Gras und stochern im Schlamm nach Würmern.

Rauchschwalbe

Graureiher, Altvogel

Fliegen auf Viehweiden locken Rauchschwalben an, die meist dicht über dem Boden fliegen; Mehlschwalben jagen dagegen Insekten bevorzugt in größerer Höhe.

Grünköpfige Schafstelzen erbeuten Insekten unter den Beinen der Kühe. Solche feuchten Rauhweiden sind die letzten Braunkehlchenreviere im englischen Tiefland. Nachts können sich hier durchaus Schleiereulen einfinden.

Grünköpfige Schafstelze, Männchen

Eisvogel

Teichhuhn

Trotz des Brachufers bietet dieser Graben das ganze Jahr über Teichhühnern und im Winter auch Wasserrallen genug Schutz. Bisweilen fischt ein Eisvogel das klare Wasser von einem Sitzplatz im Schilf aus ab.

Teichrohrsänger

Am Rand des Grabens sichtet man ziehende Uferläufer und im Winter Rotschenkel (Gambett-Wasserläufer) und Waldwasserläufer.

Seidenrohrsänger (Bruchrohrsänger)

Wo das Schilf über den Graben wächst, stellt sich gern ein Teichrohrsängerpaar ein. Auf dem Kontinent können selbst schmale Schilfbänder Teich- und Seidenrohrsänger beherbergen.

Tieflandschwemmwiesen

Schwemmwiesen, die Hochwasser von Flüssen aufnehmen, bilden ein spezielles Habitat, das weitgehend auf Nordwesteuropa beschränkt ist. Sie locken tausende Wildvögel an und, sofern sie im Sommer feucht sind, auch etliche Watvögel.

In weitem, offenem Schwemmland trifft man im Winter große Pfeifentenschwärme an. Spießenten zieht es an niedrige Schilfufer und seichte Tümpel. Krickenten verstecken sich oft unter Schilf- oder Grasbüscheln.

Spießente, Erpel

Pfeifente

Selbst sehr karger Baumbestand genügt, um vereinzelte Amseln (Schwarzdrosseln) oder Misteldrosseln durch den Winter zu bringen. Zaunkönige erkunden das niedrige Gestrüpp darunter.

An tieferen Tümpeln finden sich Höckerschwäne, Tafel- und Reiherenten ein. Die Feuchtweiden und flachen Schwemmtümpel sind im Herbst und Winter ideal für Zwerg- und Singschwäne.

Zwergschwan

Singschwan

Stieglitz (Distelfink)

Krickente

Stieglitze sind so leicht und geschickt, daß sie an dünnen Rispen knabbern können. Bluthänflinge, Birkenzeisige und Rohrammern müssen am Boden fressen.

Buchfink, Männchen

Samenpflanzen an Tümpeln oder zugefrorenen Pfützenrändern locken Buch- und Grünfinken, Feldsperlinge und Trauerbachstelzen an. In Schilfufern verstecken sich Wasserrallen, Teichhühner und Sumpfschnepfen.

Sumpfohreule

Sumpfohreulen fliegen beim Jagen tief und schlafen im hohen Gras. Kahle Grasböschungen werden von Wacholderdrosseln (Krammetsvögeln) in Grüppchen erkundet. Rotdrosseln (Weindrosseln) ziehen bei Frost weiter.

Sind die umliegenden Felder trocken oder gefroren, tummeln sich auf den Weiden Kiebitze, Goldregenpfeifer und Sumpfschnepfen. Bald ziehen die Vögel weiter.

Tieflandteich oder -lagune

Flache Lagunen in Tallagen bieten optimale Überwinterungsplätze für Wildvögel, da sie nicht so leicht zufrieren wie Gewässer in höheren, ungeschützten Lagen.

Raubwürger (Grauwürger)

Raubwürger können fast überall im Winter auftauchen; idealerweise bevorzugen sie lockeren Busch- und Baumbestand, von wo aus sie nach Beute wie Wühlmäusen, Käfern und Kleinvögeln spähen.

Männchen

Schellente

Singschwäne schlafen auf kleinen Seen und fressen, sofern sie nicht gestört werden, auf nahen Wiesen. Öde, saure Seen, die sonst wenig zu bieten haben, ziehen im Winter einzelne Schellenten an.

Wühlmäuse in rauhem Grasland locken Sumpfohreulen und Turmfalken an. Wo keine Wühlmäuse sind, da fehlen auch Beutejäger.

Sumpfschnepfe (Bekassine)

Hier ist im Winter wenig los; manchmal finden sich am Schlammufer einzelne Sumpfschnepfen oder Kiebitze ein.

Turmfalke

Weibchen

Singschwan

Sumpfohreule

Binnengewässer mit Schilf

Schilfzonen im Binnenland sind selten und leiden unter unzureichender Pflege. Wo sie von frischen Quellen oder Flüssen gespeist werden und dadurch im Winter eisfrei bleiben, bieten sie Feuchtlandarten bei rauher Witterung eine willkommene Zuflucht.

Männchen

Trauerbachstelze, im Winterkleid

Im Winter bieten Schilf und einzelne Büsche Gemeinschaftsschlafplätze für zahlreiche Grauammern, Stare und Trauerbachstelzen.

Der Feldschwirl (Heuschreckensänger) läßt seinen klirrenden Gesang aus dem verborgenen hören und sitzt nur an schwülen, ruhigen Abenden auch offen auf Büschen. Aufregend das Schnurren des (seltenen) Rohrschwirls (Nachtigallrohrsängers).

Teichrohrsänger

Jagdfasane wandern oft aus den umliegenden Wäldern ins Schilf. In versteckte Tümpel im Sumpf fallen Stock-, Löffel-, Schnatter- und Krickenten ein.

Aus dem ganzen Schilfgürtel erschallt das störrische Keckern des Teichrohrsängers, während der farbigere, kraftvolle Gesang des Schilfrohrsängers aus den Büschen ertönt.

Bartmeisen sind teilweise schwer zu finden, huschen aber manchmal in schnellem Schwirrflug über die Schilfwipfel. Warme, stille Tage bieten die besten Beobachtungschancen.

Die Wasserralle hört man meist nur quieken; in einem schlammigen Graben oder auch offenem Gelände bekommt man sie vielleicht zu Gesicht. Manchmal streicht eine Große Rohrdommel übers Schilf.

Männchen

Rauchschwalbe

Männchen

Grünköpfige Schafstelze

Im Herbst fallen Stare, Grünköpfige Schafstelzen, Rauch- und Uferschwalben zuweilen in großen, eindrucksvollen Schwärmen im Schilf ein, um dort zu nächtigen.

Wasserralle

Große Rohrdommel

Bartmeise

Männchen

Weibchen

Schilfsumpf im Polderland

Schilfflächen und zugehörige Marschen und Lagunen ermöglichen überall in Europa ganzjährig gute Vogelbeobachtungen. Jene rings um die trockengelegten Polder der Niederlande sind besonders ergiebig.

Bartmeisen kommen im Schilf zahlreich vor.

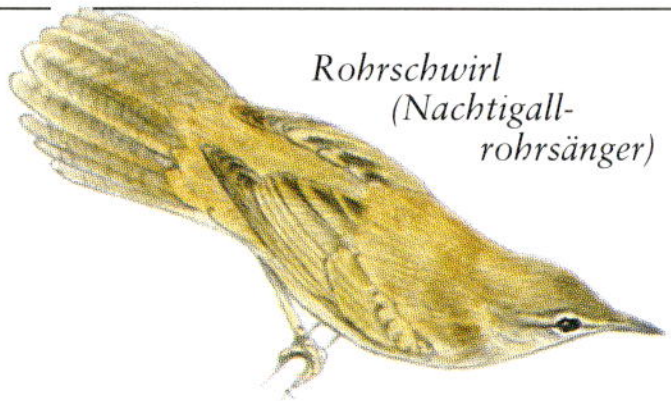

Rohrschwirl (Nachtigallrohrsänger)

Im Winter sind Korn- und Rohrweihen sowie Rauhfußbussarde häufig. Mäusebussarde und Sumpfohreulen jagen am Rand der Marschen und auf dem nahen Acker- oder Grasland.

Ausgedehnte Weidenalleen beherbergen große Kormorankolonien und oft brütende Graureiher. Im Röhricht nisten Purpurreiher und Löffler. Große Rohrdommeln sind seltene Schilfbewohner.

Rauhfußbussard

Im Winter tummeln sich auf den geschützten Schilfseen zahllose Reiher- und Tafelenten; Zwerg- und Gänsesäger sind mitunter häufig.

Purpurreiher

Graureiher, Altvogel

In den Weiden am Schilf nisten Blaukehlchen. Rohrschwirl, Drossel- und Seidenrohrsänger (Bruchrohrsänger) begegnen ebenso wie der häufigere Teich- und Schilfrohrsänger.

In flachen Lagunen suchen Säbelschnäbler und Löffler nach Futter. Trauerseeschwalben sind vor allem im Herbst zahlreich, wenn sich auch vereinzelte Raubseeschwalben einstellen.

Trauerseeschwalbe, Altvogel im Sommerkleid

Graugänse brüten, im Winter gesellen sich Bleß- und Nonnengänse (Weißwangengänse) hinzu; auf einigen Seen schlafen Saatgänse, nachdem sie mit Sing- und Zwergschwänen auf Weiden gefressen haben.

Löffler, Altvogel

Große Rohrdommel

Säbelschnäbler

Polderwiese im Frühling

Alte Wiesen und Naturreservate, in den holländischen Poldern dem Meer abgetrotzt, sind einzigartige Beispiele für feuchte Tieflandwiesen. Wenn man sie nicht für die Tierwelt erhält, fallen sie der intensiven landwirtschaftlichen Nutzung zum Opfer und sind dann für Vögel nicht mehr interessant. Die besterhaltenen Gebiete sind noch richtige Paradiese.

Der auf den Poldern angepflanzte dichte Wald ist ideal für den Pirol. Im Winter sind hier viele Mäusebussarde anzutreffen, die über den Wiesen jagen, Zäune als Spähpunkte nutzend.

Pirol, Männchen

Kiebitz

Jungvogel

Weibchen

Männchen

Uferschnepfe im Sommerkleid

Kampfläufer

Männchen im Prachtgefieder

Uferschnepfen bevorzugen höheres Gras als Kiebitze, die bei der Nahrungssuche eine klare, unversperrte Sicht benötigen. Kampfläufer nisten in hohem Gras, fressen aber an feuchtschlammigen Stellen.

Gräben mit Binsen locken Blaukehlchen und Schilfrohrsänger (Uferrohrsänger) an. Entlang buschiger Feldraine und Zäune lassen sich Neuntöter, Dorngrasmücken und Bluthänflinge blicken.

Im Winter ziehen die Watvögel fort, Bleßgänse, Pfeif- und Stockenten grasen aber weiter. Auf der Suche nach Wühlmäusen und Lerchen streichen Kornweihen über die Felder.

Weißsterniges Blaukehlchen, Männchen

Männchen

Neuntöter (Rotrückenwürger)

Rotschenkel (Gambett-Wasserläufer)

Im Frühjahr trommeln (»wummern«) in der Luft viele Sumpfschnepfen und rufen von erhöhten Sitzplätzen. Sie fressen, wo der Boden weich ist. Rotschenkel fressen an feuchten Stellen und bevorzugen als Nistplatz hohes Gras.

Bleßgans

Der Kiebitz ist in Feuchtgebieten noch sehr zahlreich. Trockengelegte Felder werden für Vögel rasch wertlos. Im Frühsommer wechseln Kiebitze zu Tümpeln und Speicherseen.

Osteuropäisches Marschland

Natürliche Marschen in weiten Fluttälern mit mäandrierenden Kanälen und unzugänglichen Schilfsümpfen waren einst typisch für Osteuropa, sind aber heute größtenteils vom Menschen »kultiviert«. Manche Nationalparks haben jedoch den Charakter dieser urtümlich wilden Landschaften bewahrt.

Die Randzonen der dichten Vegetation und schlammige Plätze locken zahlreiche Wasserrallen und Tüpfelsumpfhühner an. Kleine Sumpfhühner klettern oft dicht über dem Wasser zwischen den Stengeln herum.

Kleines Sumpfhuhn

Tüpfelsumpfhuhn

Wasserralle

Rohrschwirl (Nachtigallrohrsänger)

Schilf und Weidensumpf beherbergen Rohrschwirle zuhauf; Seggenrohrsänger (Binsenrohrsänger) ziehen gemischtes Marschland dem reinen Schilf vor, wo Teichrohrsänger häufiger sind. Aus den Weidendickichten singen Schilfrohrsänger (Uferrohrsänger).

Offenes Wasser lockt Hunderte von Trauer- und einzelne Flußseeschwalben an: Beide Arten nisten auf Inseln und treibender Vegetation. Selten begegnen hier die Moor- und die Kolbenente.

Eis zwingt im Winter Graureiher und Große Rohrdommeln ins offene Gelände, während die Rallen und Sumpfhühner, brütende Seeschwalben und Rohrsänger fortziehen. Der Seeadler ist ein seltener Gast.

Im Frühjahr sind die Feuchtwiesen und Untiefen Durchgangsstation für viele ziehende Watvögel, vor allem Kampfläufer und Rotschenkel.

Trauerseeschwalbe

Große
Rohrdommel

Zwergrohrdommel

Weibchen

Schilf und dichte Riedgrassümpfe sind ideal für Zwerg- und Große Rohrdommeln, Rohrweihen (im Überfluß) und Blaukehlchen.

Kampfläufer, aber auch einzelne Kraniche, Wachtelkönige (Wiesenrallen) und viele Uferschnepfen brüten in rauhem, feuchtem Grasland.

Ehemalige Kiesgrube

Der Verlust natürlicher Vogelhabitate an Kiesgruben kann bis zu einem gewissen Grad ausgeglichen werden, wenn man die aufgelassenen Gruben mit Wasser vollaufen läßt. Solche Seen bilden dann für bestimmte Arten willkommene, abgelegene Refugien.

Erpel *Tafelente*

Hohe Pappeln und Weiden sind beliebte Nistplätze für Graureiher. Manchmal brüten ein oder zwei Paare jahrelang unauffällig, dann wächst plötzlich eine Kolonie heran.

Zwischen den Reihernestern wählen Kormorane ihren Schlafplatz; durch ihren Kot sterben nach einigen Jahren Äste oder ganze Bäume ab.

Eisvogel

Baumumsäumte Baggerseen liegen den auf gute Aussicht bedachten Watvögeln nicht. Eisvögel sind auf der Lauer – mit einem überraschenden »Plitsch« tauchen sie nach Fischen.

Reiher- und Tafelenten tummeln sich überall auf dem See, wagen sich aber, wenn sie sich sicher fühlen, oft weit bis unter die Bäume vor.

Reiherente *Erpel*

Zilpzalp *Jungvogel*

In dichter Ufervegetation sind sommers Teich- und Schilfrohrsänger, ganzjährig Rohrammern zu Hause. Bei den Weiden am Seeufer sucht der Zilpzalp im März frühe Insektenkost.

Graureiher

Flußseeschwalben tauchen im Sommer nach Fischbrut. Wo große Insekten oder Schwalben über einem See fliegen, läßt sich ab und zu ein Baumfalke blicken.

Rohrammer im ersten Frühjahrskleid

Haubentaucher im Sommerkleid

Bleßhühner und Haubentaucher bauen Nester dicht unterhalb der Uferböschung oder im Schatten eines Baums, der auf einer kleinen Insel wächst. Teichhühner wählen einen ins Wasser herabhängenden Zweig.

Bleßhuhn (Bleßralle)

Tieflandsee in Mitteleuropa

Einige der Seenplatten des europäischen Festlands bieten mit ausgedehnten Schilfbänken und üppigen Wäldern gut geeignete Plätze zur Vogelbeobachtung. Gerade im Winter sind viele außergewöhnlich schön.

Im Wald leben Schwarzspecht, Haubenmeise und Gartenbaumläufer. Der wasserliebende Schwarze Milan taucht in manchen Regionen wieder häufiger auf.

Schwarzmilan (Schwarzer, Brauner Milan)

Die Beutelmeise dehnt ihr Vorkommen in Europa nach Westen aus. Im Sommer nistet sie in Weiden und Pappeln nahe dem Wasser, im Winter weicht sie auf Schilfzonen aus, wo sie oft ein enger Nachbar der Bartmeise ist.

Mäusebussarde sind häufig, Rotmilane und im Winter Rauhfußbussarde weit seltener. Habichte kommen vor allem im Winter ins offene Gelände, um Tauben und Krähen zu jagen.

Weibchen

Habicht

Seeadler sind seltene, doch regelmäßige Wintergäste an einigen kontinentalen Seen und Schilfgürteln.

Seeadler

Weite Schilfbänke locken Rohrweihen und Große Rohrdommeln an, rauhes Winterwetter zwingt jedoch beide zum Wegzug. Kornweihen jagen an den Seen und nächtigen winters im Schilf.

Weibchen

Rohrweihe

Rauhfußbussard

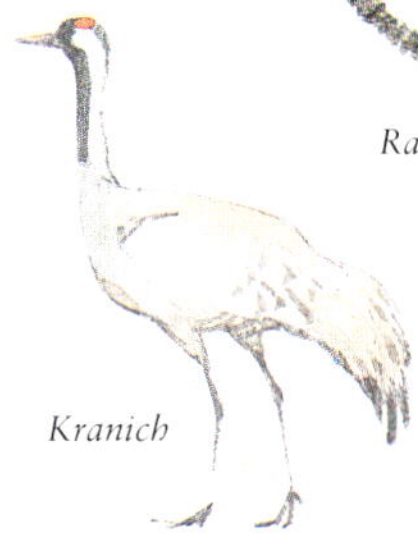

Kranich

An wenigen ausgewählten Orten in Europa finden sich Kranichschwärme zum Überwintern ein.

Zugewachsener Tümpel am Waldrand

An überwachsenen Tümpeln wie diesem finden sich nur wenige Watvögel ein. Dennoch könnte der Beobachter einen Waldwasserläufer, eine Sumpf- oder Zwergschnepfe stören. Stillsitzen und genaues Hinsehen sind geboten, da die Vögel leicht übersehen werden, bevor sie auffliegen.

Über den Baumkronen flattern Ringeltauben. Die kleineren, blaueren, rundköpfigen Hohltauben unterscheiden sich im Flug oft von der größeren Art

Eichelhäher

Der Eichelhäher sammelt im Herbst emsig Eicheln; man sichtet ihn in den Kronen hoher Bäume. Von dort oben lauert auch der Sperber Kleinvögeln auf.

Am Ufer zeigen sich Wasserrallen. Im August und September kann man an überwachsenen Tümpeln mit schlammigen Abschnitten Tüpfelsumpfhühner antreffen, allerdings sehr selten.

Der Jagdfasan benötigt dichte Vegetation und schleicht heimlich durch Schilf und Binsen. Herabhängende Sitzzweige sind genau richtig für Eisvögel, werden aber auch von Trauerbachstelzen genutzt.

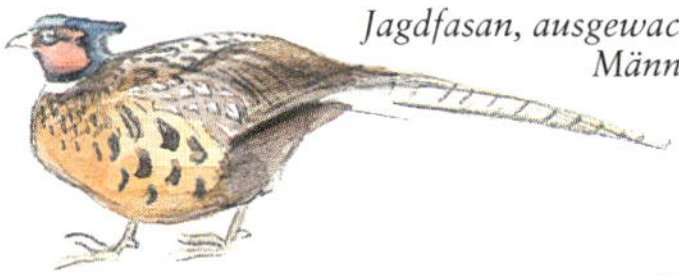

Jagdfasan, ausgewachsenes Männchen

Schwanzmeise, Altvogel

Streunende Kleingruppen von Schwanzmeisen rufen beim Hüpfen von Busch zu Busch. Blaumeisen suchen hohe Gräser und Rohrkolben nach Insekten und Spinnen ab.

Wasserralle, Altvogel

Sperber

Eisvogel

Tüpfelsumpfhuhn

Hochlandtal mit Stausee

Ein Stausee macht ein Tal oft attraktiver. Dabei werden viele bestehende Vogelhabitate überflutet. Allerdings muß die Umgebung stimmen, damit sich die Tiere wohl fühlen.

Wintergoldhähnchen

Gänsesäger
Erpel
Weibchen

Wacholderdrossel (Krammetsvogel)

Schellente, Erpel

Rotdrossel (Weindrossel)

Männchen
Sperber

Tiefe Seen und Stauseen ziehen meist wenige Wasservögel an, aber Haubentaucher, Gänsesäger, Reiher- und Schellenten sind alle wahrscheinlich; Lappentaucher brüten sogar mitunter.

Am Rand von Wäldern und kleinen Feldern sind Misteldrosseln zu jeder Jahreszeit zu finden; im Winter kommen Wacholder- und Rotdrosseln.

Auf flachen Plattformen in Stammnähe alter Nadelbäume findet man alte Sperberhorste. Manchmal läßt sich ein Fichtenkreuzschnabel direkt auf der Spitze einer Lärche oder Fichte nieder.

Geschützte Zonen in Waldlichtungen und um Häuser herum verleiten späte Mehlschwalben mit Nachwuchs, noch bis September zu bleiben.

Mäusebussard

Habicht
Weibchen

Schneisen in altem Baumbestand sind typische Habichtreviere. Doch nur nach stundenlangem Warten und mit viel Glück bekommt man einen zu Gesicht.

In hohem, dichtem Nadelwald sind Winter- und stellenweise auch Sommergoldhähnchen zu Hause.

Im offenen Hochmoor sind Vögel oft selten, jedoch sehenswert. Als aufregende Raubvögel kann man Merline und Kornweihen antreffen.

Eine hohe Lärche dient oft dem Mäusebussard als Ausguck; doch selten wird man ihn deutlich sehen – selbst in Wipfelnähe ist er im Nadellaub hervorragend getarnt.

Im Herbst sind Wälder und Hecken voller Beeren und Samen – ein Fest für Spechte, Eichelhäher, Ringeltauben und Drosseln.

Tiefland und halbnatürliche Umgebung

In warmen, trockenen Landschaften mit großen Brachflächen ist das Rothuhn (Mitte) zu Hause, während die wenigen noch verbliebenen Heuwiesen und Irisbeete das Reich des Wachtelkönigs (Wiesenralle; rechte Seite) sind. Im Ackerland leben Kleinvögel wie Goldammern, Feldsperlinge und Grauammern (unten, von links nach rechts).

Hochmoor über Kulturtal

Viele Landschaften Westeuropas, nicht zuletzt der Westen Großbritanniens, haben Weiden und hohe Hecken in den Tälern, die nach oben hin in offenes Hochmoor oder Trockenheide übergehen. Diese sind viel weicher als der steile, schroffe Geröllboden am Rand der Hochebenen oder am Fuß der Berghänge, obgleich man oft dieselben Vogelarten antrifft.

Nachtschwalbe (Ziegenmelker)

In manchen Hochlandschonungen können Nachtschwalben überraschend zahlreich vorkommen. Wer nicht im Hochsommer bis zur Abenddämmerung ausharrt, wird wohl kaum je welche zu sehen bekommen.

Bis auf streunende Wacholderdrosselgrüppchen, ein paar Amseln und Buchfinken entlang der Hecken und stöbernde Rabenkrähen sind die Felder im Winter öde und verlassen.

Wacholderdrossel

Schottisches Moorschneehuhn

Männchen

Weibchen

Büscheliges Heidekraut auf Grashängen ist kein guter Boden für das geschlossenen Bewuchs bevorzugende Schottische Moorschneehuhn, das sich aber auch hier einfindet; an den tieferen, grasigeren Hängen gibt es stellenweise Rebhühner.

Elstern brüten gern in dichten Hecken und Gestrüppen und suchen an Feldrainen nach Insekten. Misteldrosseln fressen auf offenem Feld und nutzen vereinzelte hohe Bäume als Nistplätze und Singposten.

Mäusebussarde, die auf den Hochflächen über offenem Grund jagen, brauchen zum Nisten Bäume weiter unten.

Mäusebussard

Elster

Feldlerche

Misteldrossel

Die in luftiger Höhe singenden Feldlerchen kommen auf den windigen Hügeln sehr zahlreich vor, ebenso wie die Wiesenpieper. Der Vogelbeobachter sollte auf fressende Vögel achten, die plötzlich vor seinen Füßen aus dem Gras auffliegen.

Trockene Tieflandheide

Trockene Heide mit Heidekraut auf steinigem Kies- und Sandboden, oft von Kiefern und Stechginster durchsetzt, ist für Vögel im Sommer eine schöne, im Winter jedoch rauhe und karge Umgebung. Tieflandheide ist in Europa ein seltenes Habitat; man findet sie in Nordfrankreich, England und den Niederlanden.

Waldschnepfen sieht man am ehesten, wenn sie in der Abenddämmerung bei ihren Schauflügen über die Wipfel streichen. Nachts singen die Heidelerchen; Schleiereulen jagen auf offener Heide.

Birkenzeisig (Leinzeisig)

Festland · *Britische Inseln* · *Jungvogel*

Baumpieper brüten und fressen am Boden, nutzen aber die Bäume als Sitzplatz bei ihren Singflügen. Wiesenpieper stellen sich auf ihrer Wanderung ein.

Birkenzeisige fliegen unablässig schwatzend und durchdringend trillernd über die Heide. Sie sind nicht leicht zu verfolgen, landen aber oft in hohen Kiefern oder Birken.

Alte Krähennester in hohen Kiefern werden gern von Baumfalken übernommen. Der Fichtenkreuzschnabel ist, von Kieferngruppen abgesehen, nur schwer zu orten. Tannenmeisen bevorzugen Kieferndickichte.

Nachtschwalben lieben die Mischung aus offener Heide und lockerem Baumbestand. In England und den Niederlanden war das Birkhuhn in diesem Habitat früher häufig, hat sich aber jetzt in Moorgebiete zurückgezogen.

Triel

Nachtschwalbe (Ziegenmelker)

Freiflächen sollte man nach Heidelerchen und den weit häufigeren Bluthänflingen absuchen. Wo sich die Heide lichtet und steiniger Grund zum Vorschein kommt, finden sich gern Triele ein.

Heckenbraunelle

Zaunkönig

Baumpieper

Schlüpfgrasmücke (Dartfordsänger)

Üppige Heide mit dichtem Heidekraut ist das Reich der Schlüpfgrasmücke, die oft in die Kiefern hochfliegt. Hier sind überraschenderweise auch Heckenbraunellen und Zaunkönige heimisch.

Feuchte Tieflandheide und Torfmoor

Wo sie bis in Tallagen reicht, geht Tieflandheide in schwankendes Torfmoor über. Myrte, Weiden und Seerosentümpel sind typisch. Das nasse Element bereichert noch die bunte Vogelwelt.

Baumfalke

Tümpel mit üppiger Wasservegetation beherbergen mitunter Tauchenten, aber auch Stock-, Schnatter- und Krickenten. In Binsen und Schilf bauen Bleßhühner und Zwergtaucher ihre Nester.

Erpel

Krickente

Libellen und Schwalben über dem Wasser locken jagende Baumfalken an, die in großer Höhe rütteln und dann auf ihre Beute herabstürzen.

Eichelhäher

Teichhühner nisten in Ufernähe, wo überhängende Zweige ins Wasser ragen. Zwergtaucher tauchen nach Kleinfischen und Insekten; sie kommen an Stellen mit Wasserkräutern hoch.

Zwergtaucher

Dichter Baumbestand oberhalb eines Tümpels bietet beutesuchenden Krähen und Elstern einen Stützpunkt. Eichelhäher und Turteltauben bevorzugen dichte Waldgebiete.

Feldschwirl (Heuschreckensänger)

Sumpfschnepfe (Bekassine)

Riedgras am Ufer von Tümpeln und Waldsümpfen zieht Große Brachvögel, Sumpfschnepfen und Rotschenkel an. Feldschwirle suchen sich kleine, markante Plätze wie Brombeer- oder Weißdorngestrüpp.

Großer Brachvogel

Heide mit Farn und Nadelwald

Alte Heide wird oft von Nadelwald überwachsen. Schonungen mit durch Windbruch und stellenweises Abholzen entstandenen Lichtungen sind für Vögel besser als das frühere Dickicht.

In den Wäldern des europäischen Festlands sind Schwarzspecht, Haubenmeise, Gartenbaumläufer und Habicht zu Hause. Wespenbussarde fressen auf Lichtungen, sind aber im Hochwald oft scheu.

In verstreut stehenden Bäumen halten sich im Sommer Baumpieper und Fitisse, im Winter Raubwürger auf.

Raubwürger (Grauwürger)

Schwarzspecht

Wo der Sturm Nadelbäume entwurzelt hat, bieten die Lichtungen Misteldrosseln, Fichtenkreuzschnäblern, Sperbern und Habichten gute Flug- oder Jagdmöglichkeiten.

Habicht

Weibchen

Rabenkrähe

Dichter Nadelwald lockt in der Abenddämmerung Scharen von Krähen, Elstern und Ringeltauben an.

In Kiefernwäldern ist das Wintergoldhähnchen oft häufig, das Sommergoldhähnchen dagegen viel seltener. In solchen Wäldern nistet die Waldschnepfe.

Wintergoldhähnchen

Waldschnepfe

Buchfinken sind im Nadelwald zahlreich und zahm; dort suchen sie an Grill- und Rastplätzen nach Krümeln und Speiseresten.

Nachtschwalbe (Ziegenmelker)

Offene Heide mit Farn und Heidekraut ist ideal für Nachtschwalben, Braunkehlchen und Wiesenpieper.

Alter See

Die Ebenen Norddeutschlands und Nordostpolens sind übersät mit eiszeitlichen Seen, die in feuchtem Tiefland mit altem Waldbestand liegen. Die naturbelassenen unter ihnen sind reiche Biotope.

Mönchsgrasmücke

Gimpel (Dompfaff)

Von den Greifvögeln sind im umliegenden Wald Schreiadler, Habicht, Schwarzmilan, Fisch- und Seeadler anzutreffen.

Seeadler

Weißsterniges Blaukehlchen, Männchen

Erlen, Birken und Sumpfvegetation bieten Lebensräume für Sprosser, Schlagschwirl (Flußrohrsänger), Gelbspötter, Blaukehlchen, Seggenrohrsänger.

Auf dem offenen Wasser tummeln sich im Sommer unzählige Höckerschwäne; Schwarzhals- und Rothalstaucher sowie Kormorane brüten.

Graureiher

Höckerschwan

Schwarzhalstaucher im Sommerkleid

In Kiefernwäldern kann man Haubenmeisen, nistende Wacholderdrosseln, Grasmücken, Fliegenschnäpper, Gimpel, Grau-, Grün- und Buntspechte beobachten.

Im Mischwald sind Sperbergrasmücken, Zwergschnäpper, Zilpzalpe, Mönchs- und Gartengrasmücken anzutreffen.

An den Seeufern entdeckt man Graureiher, Große Rohrdommeln, Graugänse, Moor- und Schellenten.

Schellente, Erpel

Ackerland in den Niederungen

Nasse Küstenfelder und Sumpfgebiete, von schilfbewachsenen Wasserläufen durchzogen, kennzeichnen die Flachlandküsten Ostenglands und der Niederlande. Für den Vogelbeobachter sind sie das ganze Jahr über lohnend, am meisten im Herbst und Winter.

Weidenmeise, britische Form

Sumpfmeise (Nonnenmeise)

Mischwald in Küstennähe und Feuchtwiesen in den Niederungen beherbergen eine bunte Vogelwelt. Im Sommer sind Mönchsgrasmücken, Weiden- und Sumpfmeisen, im Winter Rot- und Wacholderdrosseln typisch.

Ringeltauben schätzen Waldränder mit angrenzenden offenen Feldern. Auf Feuchtwiesen grasen Kanada- und wilde Graugänse, im Winter Bleß- und Kurzschnabelgänse.

Bleßgans

Kurzschnabelgans

Altvogel

An tieferen, offenen Wasserläufen fühlen sich Pfeif-, Schnatter-, Stock- und Reiherenten wohl. Krickenten verbergen sich im Uferschilf.

Erpel

Krickente

Rohr- oder Wiesenweihen (Sommer) oder Kornweihen (Winter) streichen über Röhricht und Gräben. An Hecken oder Schilfgräben jagen Sperber nach Kleinvögeln.

Reiherente

Weibchen

Männchen

Wiesenweihe

Im rauhen Gras am Ufer halten sich Sumpfschnepfen, bisweilen Teichhühner oder Wasserrallen auf. Im Sommer zeigen sich Grünköpfige Schafstelzen.

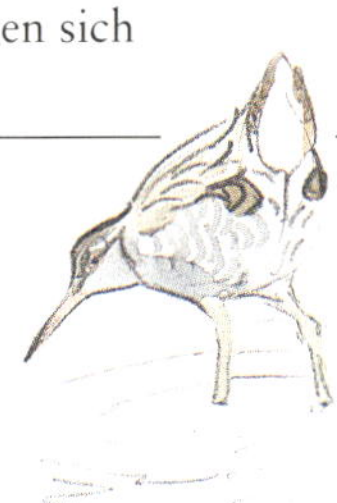
Wasserralle

Sumpfschnepfe (Bekassine)

Hecke am Feldrain

Das Kulturland hat in den letzten Jahren sein Gesicht völlig verändert. Stoppelfelder, die große Finkenschwärme anlocken, liegen nicht mehr den ganzen Winter über brach. In vielen landwirtschaftlich intensiv genutzten Gebieten sind auch die Hecken verschwunden. Neue Konzepte eines umweltfreundlichen Ackerbaus könnten sich positiv auswirken.

Gimpel (Dompfaff)

Gimpel flüchten bei Störungen durch die Hecke. Sperber jagen Finken- und Sperlingsschwärme: sie fliegen die Hecken ab und stoßen dann überraschend von oben herab.

Westeuropäische Form *Schwanzmeise*

Nördliche Form

Sperber

Waldbaumläufer, Schwanz- und Weidenmeisen, sogar (Große) Buntspechte nutzen Hecken bei ihren Wanderungen von Wald zu Wald als Stützpunkt.

Im Winter geben Hecken mit Beeren hervorragende Futterplätze für Amseln (Schwarzdrosseln), Rot- und Wacholderdrosseln ab.

Grauschnäpper huschen aus dem Schatten am Heckenboden, um im Sonnenschein Insekten zu fangen, ziehen aber auch Orte mit mehreren hohen Bäumen vor.

(Blut-)Hänfling

Männchen im Frühjahrskleid *Weibchen*

Grauammer

Grauammern singen auf Drähten oder mitten im Feld auf einem Weizen- oder Gerstenhalm sitzend. Bluthänflinge suchen Hecken auf, vor allem die unteren Dorngestrüppe.

Rebhühner sind in einem reifenden Kornfeld schwer auszumachen. Sie nisten und fressen oft am Heckenboden. Zaungrasmücken entdeckt man am ehesten an großen, alten, ausladenden Schlehdornhecken.

Zaungrasmücke (Klappergrasmücke)

Misteldrossel

Rebhuhn

Misteldrosseln verteidigen einen Beerenstrauch im Winter gegen andere Vögel – deutlich zu erkennen, wenn ein Busch voller Beeren hängt und die übrige Hecke kahlgefressen ist.

Intensiv bewirtschaftetes Ackerland

Ertragssteigernde Methoden in der Landwirtschaft haben durch Beseitigung vielfältiger wichtiger Futter- und Nistplätze zahlreiche Vogelhabitate zerstört. Doch an den meisten Orten finden bestimmte Arten immer noch ausreichende Lebensbedingungen.

Wo die Felder ins Hügelland hinaufreichen, begegnet man Feldlerchen. Auf diesen sanft geschwungenen Kreidehügeln ruft in der Abenddämmerung der seltene Triel.

Rot- und Rebhühner fressen im Familienverband auf offenem Feld. Das Rothuhn fühlt sich in offenem, trockenem Gelände wohl, das Rebhuhn braucht Hecken und krautige Feldraine.

Rapsfelder beherbergen in der Regel keine Vögel; zuweilen brüten Grünköpfige Schafstelzen und sogar Schilfrohrsänger. Selten fliegen Wiesenweihen in Kornfelder ein.

Hecken zwischen Kornfeldern sind im Herbst »Stützpunkte« für große Schwärme von Sperlingen. Bis zum Winter brachliegende Stoppelfelder locken Finkenschwärme an.

Goldammern, Haus- und Feldsperlinge sowie (Blut-)Hänflinge, Buch- und Grünfinken, mitunter Türkentauben, Grau- und Rohrammern, örtlich auch Zaunammern finden sich hier ein.

Im Winter verweilen auf den kahlen Feldern vorübergehend Schwarzkehlchen; für Abwechslung sorgen gelegentlich ein ziehender Merlin, eine Kornweihe oder Sumpfohreule.

Im Spätsommer sitzen Turteltauben auf Drähten über Stoppeläckern oder fressen auf den Feldern. Ergänzend bieten dichte Hecken mit einzelnen Bäumen Bruthabitate. Von den Gehöften fliegen Türkentauben herbei.

Mischkulturland

Die Mischung aus Acker- und Weideland verdrängt durch den Verlust von rauhem Gras, verwilderten Hecken oder Feldkräutern die Vogelwelt nur allzuoft. Jede Verringerung der Landschaftsvielfalt bedeutet weniger Arten und sinkende Bestandszahlen.

Einzelne große Bäume in Hecken bieten einigen Vögeln Unterkunft – kaum ein Ersatz für den Wald, jedoch für Buchfinken, Misteldrosseln, Amseln und auch Rotkehlchen ausreichend.

Sturmmöwe

Erstes Winterkleid

Umgepflügtes Land lockt Lach- und Sturmmöwen an, vor allem wenn frisch aufgeworfene Erde ihnen ein Regenwürmerfestmahl bietet!

Nur auf den ersten Blick erscheinen Felder leer. Bei näherem Hinsehen entdeckt man Feldlerchen, bisweilen Wiesenpieper, Grau- und Goldammern.

Steinkauz

Neue Scheunen können Steinkäuze beherbergen. Für die Ansiedlung von Schleiereulen sind besondere Nistkästen, viel Geduld sowie etwas Grasland vonnöten.

Im Gegensatz zu rauhen Wiesen sind ertragsgesteigerte Weiden ein dürftiges Habitat für Vögel. Außer von herumstöbernden Staren, Krähen und Elstern werden sie kaum aufgesucht.

Alte, dichte Mischhecken bieten (Blut-)Hänflingen, Dorngrasmücken, Schwanz- und Weidenmeisen, Gimpeln und Grünfinken in landwirtschaftlich intensiv genutzten Gegenden eine Überlebenschance.

Kiebitz

Jungvogel

Weibchen

Männchen

Kiebitzschwärme und vor allem Goldregenpfeifer bewohnen angestammte Gebiete und sogar einzelne Felder über viele Jahre, streunen aber innerhalb recht großer Winterreviere umher.

Weidenmeise

Lachmöwe

Altvogel im Winterkleid

Feldlerche

Goldregenpfeifer

Winterkleid

Nördliche Form

Südliche Form

Sommerkleid

Dorf und Ackerland in Mitteleuropa

In ganz Westeuropa verschwindet zunehmend das alte Ackerland. Dies hat meist einen Rückgang von rauhen Grasböden, aber auch von Naß- und Feuchtwiesen mit ihren Hofteichen und Gräben zur Folge, was seinerseits einen beklagenswerten Rückgang bei den Vogelarten bewirkt. Wo solche Landschaften existieren, ist die Vogelwelt noch intakt.

Weißstörche brüten meistens auf hohen Gebäuden. Nur wenn in der Nähe auch Feuchtweiden und Gräben mit Fröschen oder Fischen sind, ist ihr Fortbestand gesichert.

Weißstorch

Ausgedehnte Nadelwaldzonen werden durch Lichtungen oder Bäume verbessert. In Monokulturen leben Buchfinken, Sommer- und Wintergoldhähnchen, Buntspechte, Gartenbaumläufer und Rotkehlchen; in älteren Bäumen verstecken sich Waldkauz und Waldohreule.

Rings um den Hof fressen Hausrotschwänze auf Dächern und brüten in Mauerlöchern. Im Dachgebälk nisten Mehlschwalben, unterm Dach Mauersegler.

Kiebitz

Jungvogel

Männchen

Weibchen

Hausrotschwanz

Buchfink, Männchen

Auf der Suche nach Abfällen fliegen Rot- und Schwarzmilane Städte und Dörfer ab. Vögel an Futterplätzen können Sperbern zum Opfer fallen.

Wacholderdrossel

Buntspecht

Männchen

In hohen Baumgruppen nisten Baumfalken. In großen Kornfeldern brütet die Wiesenweihe.

Von den Waldvögeln findet man u.a. Pirole, Zwergschnäpper an feuchten Stellen, Nachtigallen und Gelbspötter sowie auf sonnigen Lichtungen den Wendehals.

Kiebitze und Goldregenpfeifer tummeln sich nach der Brutzeit auf den Feldern in Scharen. Auf Feuchtwiesen suchen Bekassinen nach Futter, müssen aber zum Nisten manchmal auf härteren Boden in der Nähe ausweichen.

Elster

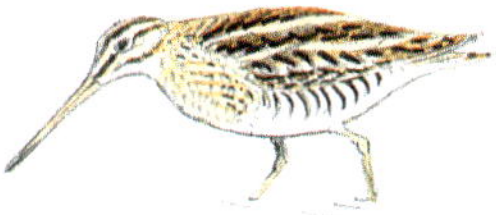

Bekassine (Sumpfschnepfe)

Saat- und Rabenkrähen (östlich von Dänemark und Deutschland Nebelkrähen) stöbern auf Weiden und abgeernteten Feldern nach Futter, oft mit Staren. Im Winter sind sie mit Rot- und Wacholderdrosseln vergesellschaftet. Elstern sind sehr verbreitet.

Parklandschaft

Dieses Habitat ist für viele Arten ungeeignet. Alter Baumbestand auf gepflegtem Rasen birgt für manche Vögel Vorteile, doch das Fehlen von dichtem, natürlichem Unterholz schließt etliche Waldvogelarten aus.

Kleiber

Feldlerchen sind typisch für offenes Gelände. Wo Vieh grast und der Boden stellenweise feucht ist, brüten Grünköpfige Schafstelzen. Im Spätsommer suchen (Blut-)Hänflinge über trockenen Weiden nach Insekten.

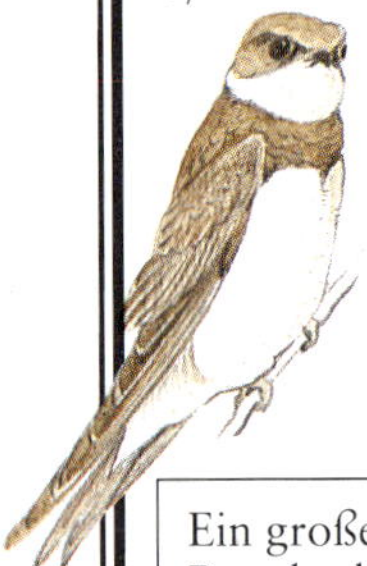

Uferschwalbe

Feldlerche

Gartenrotschwanz, Männchen

Ein großer See lockt stets Ufer-, Mehl- und Rauchschwalben sowie Mauersegler an; letztere schwärmen bei gewittrigem oder windigem Wetter dicht über dem Wasser.

Kanadagans

Kanadagänse, zuweilen auch angesiedelte Graugänse fressen an Zierseen und brüten auf Inseln oder an geschützten Uferböschungen. Bleßhühner, Haubentaucher und Stockenten sind wahrscheinlich.

Eine begrenzte Ufervegetation bewohnen meist nur wenige Vögel; bei Schilfbewuchs siedeln sich Schilf- und sogar Teichrohrsänger an. Oft brüten hier Teichhühner. Winters finden sich Sumpf- und Zwergschnepfen ein.

Kohlmeise

Eichelhäher

An zugefrorenen Seen findet man traurig dreinschauende Enten und Bleßhühner, oft um Schwäne geschart, die eine kleine Wasserfläche eisfrei halten helfen.

Hohltaube

Höckerschwan

Wo hohe Bäume eng beisammenstehen, fühlt sich der Baumfalke zu Hause.

Alte Eichen, Linden und Kastanien sind gute Futterplätze für Eichelhäher, die in den nahen, dichteren Wäldern nisten, und geeignete Brutplätze für Hohltauben, Kleiber, Buntspechte und Dohlen.

Der Gartenrotschwanz mag alte Eichen und offenes Gelände, Fitis und Zilpzalp sind indes selten, da sie nur auf einer dichten Bodenschicht brüten. Blau- und Kohlmeisen fühlen sich hier wohl.

Stadtpark mit See

In Stadtparks mit Seen findet man viele gängige Vogelarten, die bei regelmäßiger Fütterung oft handzahm werden. Wer genau hinsieht, kann hier jedoch auch manche Überraschung erleben.

Türkentaube

Trauerbachstelze, Männchen im Winterkleid

Trauerbachstelzen picken auf Wegen und am Ufer, wenn weniger Leute unterwegs sind. Von September bis März sind Lachmöwen über Parkseen sehr häufig.

AMSEL

Männchen, Weibchen und Jungvogel

Männchen

Weibchen

Männchen fleckenlos schwarz mit gelbem Schnabel; Weibchen dunkelbraun; Junge rötlicher braun, oft dunkle Kehltupfen.

Im kurzen Gras finden Amseln und Singdrosseln viele Würmer. Stare suchen im Sommer nach Engerlingen, Ringeltauben nach Eicheln. Türkentauben picken Abfälle auf.

Teichhühner bevorzugen geschützte Ränder mit guter Deckung und bequem erreichbarem, flachem Gras. Sie werden selten zahm.

Zierenten locken oft wilde Stock-, Reiher- und Tafelenten an. Bleßhühner mögen das offene Wasser; sie tauchen nach Futter oder kommen sich Brot holen.

Bleßhuhn (Bleßralle)

Stockente, Erpel

HAUSSPERLING

Männchen und Weibchen

Männchen mit schwarzem Latz (im Winter klein) und grauem Käppchen. Weibchen blaßbraun, oberseits gestreift, beiger Streifen über den Augen; streifenloser Bauch.

In Erlen am See sichtet man im Winter Stieglitze, Erlen- und Birkenzeisige. In der knorrigen Rinde alter Bäume suchen Waldbaumläufer nach Futter.

Ringeltaube

Reiherente

Teichhuhn

Bäume sind ausgezeichnete Singplätze für Singdrosseln und Buchfinken. Rosenbeete werden oft von Zaunkönigen, Heckenbraunellen und Amseln besucht; Türkentauben sind häufig.

Mönchsgrasmücke und Zilpzalp sind sicher die häufigsten Grasmücken in Parkbäumen, wo sie im Frühjahr mit ihrem Gesang erfreuen. Uferschwalben stoßen dann aufs Wasser herab.

Verwahrlostes Ödland

Schon bald nach der Stillegung einer Kiesgrube oder dem Abriß von Gebäuden erwacht im Ödland ein ganz eigenes Leben mit einer Fülle von Samen- und Fruchtpflanzen, Insekten und Vögeln.

Stieglitz (Distelfink)

Jungvogel

Altvogel

Dorngrasmücke

Weibchen

Männchen

Flußregenpfeifer nisten auf größeren, kargen Freiflächen.

Flußregenpfeifer

Brennessel-, Brombeer- und Oleandergestrüpp zieht Dorngrasmücken und, falls in Wassernähe, Schilfrohrsänger an. Birkenzeisige besiedeln ausgeschlagene Ödlandbüsche.

(Blut-)Hänfling

Weibchen

Männchen im Frühjahrskleid

(Blut-)Hänflinge freuen sich über die Samen am Boden unter Oleander, Wermut und anderen Ödlandpflanzen; Stieglitze fressen auf Disteln, Habichtskraut und Karden.

Trauerbachstelze

Rotkehlchen

Zwischen Schutt mit Betonbrocken und Altmetall hocken häufig Trauerbachstelzen, auf Grasflächen bisweilen Braun-, selten Schwarzkehlchen; selbst Steinschmätzer zeigen sich gelegentlich.

Sträucher, die auf anspruchslosen Böden gedeihen – Holunder, Weißdorn, Brombeere –, bieten für Rotkehlchen, Zaunkönig, Heckenbraunelle und Fitis Brutplätze und Futter, älterer Buschbestand sogar für Zaungrasmücken (Klappergrasmücken).

Dichtes Buschwerk auf Gras (nicht aber auf kahlem Boden) nutzt der Feldschwirl. Mancherorts bewohnen Nachtigallen alte, feuchte Dickichte.

Fitis(laubsänger)

Zaunkönig

Mülldeponie

Mülldeponien bieten reichlich Nahrung für Vögel, wobei Möwen, Stare und Krähen die häufigsten Besucher sind. Erstaunlich viele Vögel finden im Müll der Menschen etwas zu fressen.

Unkraut nahe der Müllhalde lockt (Blut-) Hänflinge, Rohr- und Goldammern an. Abends jagen Schleiereulen hinter Ratten und Mäusen her.

JUNGE SILBER- UND HERINGSMÖWE

Erstere Art mit hellerem Fleck hinter dem Flügelbug; hellerer Schwanz, blasse Schnabelwurzel. Letztere mit dunklem Doppelstreif auf dunkleren Flügeln; Schnabel schwärzer.

Zwischen Silber- und Heringsmöwen flattern im Winter und Frühjahr Eis- und Polarmöwen. Lachmöwen sind die lebhaftesten; sie kommen, sobald Müll abgeladen wird.

Trauerbachstelzen sind in allen vom Menschen geschaffenen Habitaten häufig; Müllhalden machen da keine Ausnahme. Selten begegnet man aber Schwarzkopfmöwen.

Große, planierte Flächen nutzen Möwen zum Faulenzen zwischen den Mahlzeiten. Im Landesinneren herrschen die zahlreicheren Mantelmöwen gegenüber den kleineren Arten vor.

Saatkrähe

Auffüllplätze in alten Sandsteinbrüchen beherbergen oft noch Uferschwalbenkolonien.

Star

Saatkrähen sammeln sich auf älteren Deponieabschnitten, stöbern dort nach Insekten und Larven. Stare suchen oft scharenweise auf warmem, gepreßtem Müll nach Insekten.

Die störungsärmere Randzone des Auffüllplatzes wird von Wild- und Hohltauben, ja sogar Rothühnern besucht. Turmfalken jagen hier Mäuse, Wühlmäuse und Käfer.

Stadtgarten, Schrebergarten

Sträucher, Hecken, Rasen und Beete auf engem Raum bescheren den Schrebergärten in Städten und Vororten einen besonderen Vogelreichtum. Viele sind zwar waldlebende Arten, bewohnen aber in größerer Zahl diese künstlichen Umgebungen.

Rauchschwalbe

Blaumeise

Neubauten werden von Mehlschwalben besiedelt, nicht aber von den auf alte Gebäude mit Hohlräumen unter der Dachtraufe angewiesenen Mauerseglern. Beide jagen hoch in der Luft, Rauchschwalben dagegen dicht über freiem Grund Insekten.

Nahe Restwäldchen dienen Blaumeisen als Brutgebiet; zur Futtersuche schwärmen sie in Gärten aus. Wo noch alte Bäume oder Hecken stehen, kommen Drosseln und Buchfinken.

Alte Hecken helfen Dorn- und Mönchsgrasmücken (Schwarzplättchen), Kohlmeisen und Grünfinken zu überleben. Im Winter bieten sie Rotdrosseln und seltenen Gästen wie dem Seidenschwanz Zuflucht.

Weibchen *Männchen*

Dorngrasmücke

In Geräteschuppen können sogar Rauchschwalben, Rotkehlchen und gelegentlich Zaunkönige und Amseln nisten. (Blut-)Hänflinge und selbst Birkenzeisige (Leinzeisige) fressen in den verkrauteten Streifen.

Rotkehlchen

Auf brach gelassenem Boden suchen (Blut-)Hänflinge und andere Finken nach Samen. Feldlerchen steigen zeitweilig auf, wenn das Gelände von Störungen verschont wird.

Kultivierter Boden bietet Rotkehlchen, Singdrosseln und Amseln (Schwarzdrosseln) einen reichgedeckten Tisch. Ringeltauben plündern Gemüsebeete, Türkentauben picken ausgesäte Körner weg.

Ringeltaube

Grünfink (Grünling)

Männchen im Frühjahrskleid

Rotdrossel (Weindrossel)

Mehlschwalbe

Seidenschwanz

Kleiner Stadtpark

Dies ist ein typisch englischer Garten (oder kleiner Stadtpark), doch bieten viele Stadtparks auf dem Festland die gleiche Bewuchsdichte als Brutschutz, Nutzflächen zum Stöbern sowie Rasen, Bäume und Beerensträucher zur Futtersuche. Hier finden viele verschiedene Arten ein Zuhause.

Auf Fernsehantennen sitzen tagsüber Amseln, Stare und Türkentauben, nachts Waldkäuze. Mehlschwalben brüten in Lehmnestern, die unter dem Dach an Hauswände geklebt werden.

Heckenbraunelle

Mauersegler

Mauerseglernester sind in Hohlräumen im Dachgebälk verborgen.

Singplätze für Rotkehlchen, Amseln und Singdrosseln sind meist große, kahle Äste von Laubbäumen und Sträuchern. Gimpel suchen hier nach Knospen.

Rotkehlchen

Amsel (Schwarzdrossel)

Dichte Zierkoniferen sind schlechte Futterplätze, aber ein guter Schutz für schlafende Vögel und Frühbrüter, wenn viele Sträucher erst knospen und ihr spärliches Laub noch keine Sicherheit bietet.

Blaumeise

Waldkauz

Heckenbraunellen scharren in Beeten und neben Gartenwegen herum. Blaumeisen huschen gartenwärts, erkunden laubabwerfende Sträucher, selten aber Zierkoniferen.

Türkentaube

Große Nadelbäume locken Wintergoldhähnchen an und bieten dem Waldkauz Tagschlafplätze. Weißer Kot und große ovale, graue Gewölle verraten die Eule, welche die anderen Vögel tagsüber »anhassen«.

Singdrossel

Überwucherte, stillgelegte Bahnlinie

Natürliche Habitate sind vom Menschen – ob durch Landwirtschaft, Straßen oder sonstige Bautätigkeit – so nachhaltig verwüstet worden, daß die Überwucherung verlassener oder aufgegebener Grundstücke durch Pflanzen für Vögel Bedeutung gewonnen hat.

Dichter Oleander ist ein guter Lebensraum für Schilfrohrsänger und Dorngrasmücken. Die größeren Büsche oben erfreuen Zaun- und Gartengrasmücken, mitunter Zilpzalpe.

Gartengrasmücke

Dorngrasmücke

Weibchen

Männchen

Zaungrasmücke (Klappergrasmücke)

Grauschnäpper

Grauschnäpper genießen den Schutz des sonnigen Einschnitts; für luftjagende Insektenfresser wie Schwalben ist er jedoch zu eng.

Mönchsgrasmücke (Schwarzplättchen)

Elster

Elstern streunen entlang der Schienenstrecke und brüten im Dickicht; man begegnet aber auch dem scheuen Eichelhäher.

Wo über den Büschen Bäume aufragen, zieht die Mönchsgrasmücke ein; bei einzelnen Büschen und an lichteren Stellen mit Kräutern sichtet man eher den Fitis.

Die Alttrasse der stillgelegten Bahn ist von Bäumen, Büschen und Oleander dicht überwuchert. Die samenreichen Pflanzen locken (Blut-)Hänflinge, Grünfinken und Gimpel an.

Fitis(laubsänger)

Jungvogel

Gimpel (Dompfaff), Männchen (nördliche Form)

Wälder

Die Misteldrossel (Mitte) lebt ganzjährig im Wald und am Waldrand, während der Grauschnäpper (oben) zum Überwintern nach Afrika fliegt. Die Kohlmeise (unten) und der Buntspecht (rechte Seite) sind typische, verbreitete Vögel unserer Mischwälder.

Waldsumpf in Skandinavien

Nordskandinavien, einschließlich Finnland, ist eine bemerkenswerte Vogelregion. Geheimnisvolle Wälder, Seen und Sümpfe bilden eine gewaltige Wildnis. Mit Geduld und etwas Glück sieht man hier nichtalltägliche Arten.

Im Wald leben Birk- und Auerhühner, Adler, Falken, Habichtskauz (Uraleule) und Rauhfußkauz, Weißrücken-(Elster-) und Dreizehenspechte, Kiefernkreuzschnäbel und Waldammern.

Fischadler

Männchen

Weibchen

Mittelsäger (Zopfsäger)

In Südostfinnland leben in der Nähe von sumpfigen Seen und Waldrändern Grüne Laub- und Buschrohrsänger, Zwergschnäpper und -möwen.

Erpel

Schellente

Prachttaucher (Polar-Seetaucher) im Sommerkleid

Die Seen sind nicht besonders artenreich. Prachttaucher, Schellenten, Gänse- und Mittelsäger lohnen aber das Warten.

Erpel

Knäkente

Rothalstaucher im Sommerkleid

An größeren Seen mit üppigem Schilf begegnet man Rohrweihen, Fischadlern, Rothals-, Schwarzhals- sowie Haubentauchern und auch Knäk- und Tafelenten.

Flußseeschwalben, Sturm- und Heringsmöwen nisten an flachen Seen in Finnland. Stock- und Krickenten, seltener Pfeif- und Spießenten brüten hier ebenfalls.

Auf oder an Seen im Norden sieht man Singschwäne, Zwergschnepfen, Grünschenkel (Heller Wasserläufer), Sumpfläufer, Zwergsäger und gelegentlich auch eine Saatgans.

Kiefernwald in Schottland

Die Kiefer ist in ganz Europa ein häufiger Baum, doch im äußersten Nordwesten tragen die Reste alter Wälder zum Erhalt einmaliger Vogelgemeinschaften bei. Schonungen sind merklich artenärmer als diese schönen Wälder mit ihrem farbenfrohen Unterholz aus Blaubeersträuchern, Wacholderbüschen und Heidekraut.

Alpenschneehuhn, Männchen im Frühjahrskleid

Die tundraartigen Hänge der Hochlagen kommen Alpenschneehühnern zupaß. Auf breiten Bergkämmen oberhalb 750 Meter trifft man Mornellregenpfeifer, auf tieferer Bergheide Schottische Moorschneehühner, Goldregenpfeifer und Ringdrosseln.

Mornellregenpfeifer, Weibchen im Sommerkleid

In herrlichem, weitem Talwald sind Vögel schwer zu entdecken. Greifvögel lassen sich von einer Anhöhe aus beobachten: Sperber, Mäusebussard, vielleicht Stein- und Fischadler, in Skandinavien sogar Wespenbussard.

Im Kiefernwald leben Buntspechte, Baumpieper, Kohlmeisen, Waldbaumläufer und Buchfinken zuhauf. Gartenrotschwanz und Wendehals bevorzugen alte Bäume mit Höhlen zum Brüten.

Mischwald ist ideal für Misteldrosseln, die im Spätsommer Ebereschenbeeren fressen. Haubenmeisen zeigen sich am Waldrand, bisweilen in kleineren Kiefern auf der Heide.

Haubenmeise

Fischadler

Misteldrossel

In sumpfigen Tallagen wohnen Große Brachvögel, selten Grünschenkel (Heller Wasserläufer). Braunkehlchen bevorzugen hohes Heidekraut, Wacholder und Besenginster.

Auerhühner kommen im Herbst auf Lichtungen, um wie Birk- und Schottische Moorschneehühner Blaubeeren zu fressen. Letztere ducken sich bei Gefahr, die ersten beiden flüchten.

Auerhahn (-huhn), Männchen

Männchen

Birkhahn (-huhn)

Schottischer Fichtenkreuzschnabel

Alte Kiefern sucht der Schottische Fichtenkreuzschnabel auf; er knabbert leise, fliegt dann aber laut rufend fort. Erlenzeisige erkennt man an klagenden Rufen oder eifrigem Plauderton.

Laubabwerfender Tieflandwald

Dies ist ein sehr vielseitiges Habitat, so daß viele Arten eine Nische finden – an Deckung, Futter und Nistplätzen herrscht kein Mangel.

Trauerschnäpper

Männchen im Frühjahrskleid

Trauerschnäpper nehmen weit öfter als Grauschnäpper Insekten vom Boden und Futter von Blättern auf. Der scheue Kleinspecht hält sich in Baumkronen auf.

In vermodernden Stämmen hausen Käferlarven, Rüsselkäfer und Ameisen, die Bunt- und Grünspechte auf den Boden locken; auch Kohlmeisen und Kleiber finden sich ein.

Eichelhäher rupfen im Herbst emsig Eicheln. Der Sperber jagt in geschlossenem Waldland; am ehesten aber zeigt er sich außerhalb des Waldes, über den Baumkronen oder angrenzendem offenen Gelände.

Spechthöhlen werden oft von Staren besetzt; die vorigen Besitzer müssen sich dann neue suchen.

Kohlmeise

Kleinspecht (Zwergspecht)

Männchen

(Großer) Buntspecht (Rotspecht)

Männchen

Eichelhäher

Grünspecht

Waldlaubsänger (Waldschwirrvogel)

Auf der Suche nach Würmern in der reichen Faullaubdecke durchkämmen Amseln die Glockenblumen. In alten Wäldern leben zahlreiche Zaunkönige, meist unten in der Krautschicht.

Feldsperling

Rotkehlchen

Helle, sonnige Lichtungen bereichern die Waldvögelvielfalt um Feldsperling, Grauschnäpper, Buchfink, Rotkehlchen, Fitis und viele andere Arten.

Der Waldlaubsänger nistet am Boden, frißt im Kronendach und huscht oft zwischen hohen Bäumen umher. Abgebrochene Äste bilden eine Leiter von der Baumhöhe zur Laubstreu.

Waldbach

Ein Bach macht einen Wald nicht nur erheblich attraktiver für Vögel, er schafft auch freien Raum, auf den sich das Augenmerk des Vogelbeobachters richtet.

Hohe Kiefern dienen manchmal Sperbern, auf dem Festland auch Habichten, als Nistbäume. Vielerorts brüten auch zunehmend Fichtenkreuzschnäbel und Erlenzeisige.

Gebirgsstelze (Bergstelze)

Weibchen

Männchen

Jungvogel

Stockente

Erpel

Teichhuhn

Gebirgs- und Trauerbachstelzen suchen die Ufer nach Insekten ab. Stockenten nisten im Riedgras nahe am Bach. Teichhühner wählen seltsame Brutplätze, sogar hoch in Büschen.

Bachläufe in Wäldern dienen auf dem Festland einigen Schwarzstörchen als Futterplatz; in England trifft man dort eher Graureiher an. Trauerschnäpper nisten in Kästen an insektenreichen Bachufern.

Trauerschnäpper, Männchen im Frühjahrskleid

Eisvögel kann man auf so engem Raum nur schwer studieren. Am Bach trinken und baden die unterschiedlichsten Vögel, vom Wintergoldhähnchen bis zum Sperber oder Mäusebussard.

An solchen Bächen mit klarem, oft strudelndem Wasser, vielen Steinen und halb überspülten Baumstämmen fühlen sich Wasseramseln wohl.

Sumpf- und Weidenmeisen begegnet man hier, allerdings selten beiden am selben Ort.

Sperber

Eisvogel

Wasseramsel

Waldwiese

Parks und Waldwiesen bieten sonnige, offene Lichtungen, die von vielen Vögeln, ursprünglich Arten der natürlichen Waldränder, bewohnt werden, da sie angrenzend sichere Deckung gewähren.

Roter Milan (Gabelweihe)

Der Rote Milan kommt in kontinentalen Parklandhabitaten vor; derzeit wird er in Südengland wieder eingebürgert. Wespenbussarde sind in dieser Umgebung äußerst selten.

Wespenbussard

Männchen

Grünspecht

Grünspechte sind in diesem Habitat am Boden wie in den Bäumen heimisch; der viel scheuere Kleinspecht (Zwergspecht) zeigt sich bisweilen in den Baumkronen.

Waldkauz

Wiedehopf

Das klassische Waldkauzhabitat. Bei alten oder umgestürzten Bäumen in offenerem Gelände trifft man auf den Steinkauz. Der Wiedehopf nistet auf dem Festland in hohlen Bäumen.

Kohlmeise

Dies ist der typische Lebensraum von Star, Kohlmeise, Buchfink, Eichelhäher und Dohle, bei altem Baumbestand begegnen auch Feldsperling und Kleiber.

Baumfalke

Die frische, saubere Luft über Lichtungen und offenem Waldland ist im Sommer das Revier der Baumfalken. Sie stellen großen Fluginsekten und luftjagenden Vögeln wie Mehlschwalben, mitunter sogar Mauerseglern nach.

Grauschnäpper

Hohe Bäume bei wenig Unterholz sind nicht die richtige Mischung für Grasmücken; Zilpzalp und Mönchsgrasmücke (Schwarzplättchen) fühlen sich trotzdem sehr wohl. Grauschnäpper lieben den Waldrand.

Alter Jagdwald

Wespenbussard

Solche Wälder zeichnen sich durch schöne, alte Bäume, viel jungen Bewuchs und sonnige, geschützte Lichtungen in natürlichem Wechsel aus. Dementsprechend mannigfaltig ist die Vogelwelt.

Eichelhäh

Weibchen
Habicht

An Greifvögeln finden wir im Altwald Habicht, Sperber, Mäuse- und Wespenbussard; letzterer in England selten, in weiten Teilen des Festlands jedoch häufiger, obgleich scheu.

Alte Bäume mit rissiger Rinde und verrottendem Holz am Boden locken Spechte jeder Art, Kleiber und Waldbaumläufer, auf dem Festland oft Gartenbaumläufer an.

Eichelhäher leben überall im Wald und stöbern am Rand herum, wo sich auch Elstern aufhalten. Rabenkrähen bevorzugen Lichtungen oder Waldränder, Saatkrähen nutzen den Wald als Schlafplatz.

Kleiber

Den scheuen Kernbeißer sieht man nur selten, häufiger den Buchfinken. Im Unterholz und in Strauchhöhe sind Gimpel zahlreich.

Waldbaumläufer

GARTENROTSCHWANZ

Männchen und Weibchen

Männchen
Weibchen

Männchen unverkennbar grau, schwarz, weiß und rostorange; Weibchen dagegen schlichtbraun, Kopf unscheinbar, lederbraune Bauchseite und rostbrauner Schwanz.

Sommergoldhähnchen brüten in Wäldern mit Feldahorn und Fichten, aufgelockert durch Eichen und Buchen. Wintergoldhähnchen sind in England weit häufiger als Sommergoldhähnchen. Der Zilpzalp ist typisch für Altwälder.

Den Morgengesang stimmen hier überaus lautstark Amseln, Singdrosseln, Rotkehlchen und Zaunkönige an, begleitet von Ringeltauben, Heckenbraunellen, Mönchsgrasmücken (Schwarzplättchen), Kohlmeisen und Spechten.

Gehegter Laubwald

Waldland ist – je nach dem, wie man es hegt – für Vögel unterschiedlich wertvoll. In Europa gibt es noch einige Urwälder (Primärwälder), vor allem in Polen. Die meisten sind aber zu einem gewissen Grad vom Menschen beeinflußt. Dieser Wald hier wird von einer Naturschutzorganisation verwaltet, die damit mannigfaltigste Möglichkeiten für Vögel schafft.

Ein schütteres, lichtes Kronendach zieht Kleinspechte an; Buntspechte bleiben dagegen auf größeren Ästen, und Grünspechte fressen oft am Boden.

Feldsperlinge und Stare finden solche Waldlichtungen herrlich; bei ausreichender Größe kommen auch Baumpieper.

Bodennah gestutzte Jungbäume, die viele dünne Triebe bilden sollen, und kleine Stämme, die gerade emporwachsen dürfen: So stehen alte Bäume zwischen sprießenden Schößlingen und buschigem Unterholz – optimal für Nachtigallen.

JUNGE KUCKUCKE

Jungvogel

Altvogel

Jungvogel mit braunen Streifen und Sprenkeln. Nicht mit Greifvogel verwechseln! Auf weißen Fleck am Hinterkopf achten. Kurzer Schnabel; großer roter Schlund; keuchende Futterbettellaute.

Männchen

Weibchen

Kleinspecht (Zwergspecht)

Nachtschwalbe (Ziegenmelker)

Waldkauz

Grasmücken: Hier ist mit Zilpzalp und Mönchsgrasmücke zu rechnen.

Ein heraufdämmernder Sommerabend ist die beste Zeit, um über großen Lichtungen Baumfalken, später Nachtschwalben, Waldkäuze und vereinzelt auch Waldohreulen zu beobachten.

Dichte Jungtriebe gestutzter Stämme regen Zaunkönige zum Nisten an. Zu später Stunde wird das Unterholz für viele Arten, außer Nachtigall, zu dunkel und undurchdringlich.

Birkenzeisige mögen strauchige Wälder mit buschigen Lichtungen. Der typische Fink im Laubwald ist nach wie vor der Buchfink.

Baumpieper

Zilpzalp

Feldsperling

Nachtigall

Mischschonung mit Lichtungen

Nadelbaumschonungen unterschiedlichen Alters mit Buchenstreifen am Rand und abgeholzten Flächen sind für Vögel weit anziehender als einheitliche, geschlossene Monokulturen.

Auf einer Bank mit gutem Ausblick kann man im Frühjahr Sperbern bei ihren aufregenden Schauflügen zuschauen. Mit Glück sieht man auf größeren, lichten Kiefern den seltenen scheuen Habicht.

Eichelhäher

Sperber

Im Wald leben einzelne Kohlmeisen, Eichelhäher und Ringeltauben. Rabenkrähen nächtigen im Schutz dichter Kiefern oder in Buchenreihen.

Tannenmeise

BUCHFINK

Männchen und Weibchen

Männchen

Weibchen

Männchen nur im Frühjahr und Sommer mit blauem Käppchen, sonst blasser; Weibchen unscheinbar olivgrau, jedoch mit breiten weißen Streifen auf Flügeln und am Schwanz.

In jungen Schonungen begegnen Braunkehlchen, Baumpieper, Rohr- und Goldammern. Baumpieper singen gern auf einem einzelnen Baum oder am Rand der Lichtung.

Im Winter sammeln sich in den Kiefern und Lärchen kleine Finken. Dichte Schwärme mit fließenden Wellenflugbewegungen sind meist Birken-(Lein-) und Erlenzeisige, anhand ihrer Rufe leicht bestimmbar.

Kernbeißer leben am Rand von Lichtungen und Schonungen. In Kiefernkronen zeigen sich Fichtenkreuzschnäbel; sie sitzen im Freien, bevor sie die Wipfel nach Nahrung durchforsten.

Unter Buchen laben sich Berg- und Buchfinken, Kleiber, Sumpf- und Kohlmeisen an den Bucheckern. Am Rand von dichten, dunklen Schonungen begegnen Rotkehlchen und Buchfinken.

An Sommerabenden erspäht man am Waldrand gegen den hellen Himmel Nachtschwalben und Waldschnepfen; in der Schonung singt der Feldschwirl (Heuschreckensänger).

Bewaldetes Niederungsland

In Ostengland erstrecken sich weite Gebiete mit sandig-kiesigem, einst von Trockenheide und offenem Grasland bedecktem Untergrund – gewelltes oder flaches Niederungsland. Das heute großenteils bewaldete Niederungsland und seine Vögel sind nur schwer zu finden.

Neuntöter (Rotrückenwürger) haben sich aus Großbritannien zurückgezogen, hielten sich aber am längsten in den Brecks. Raubwürger (Grauwürger) kommen ebenso wie Rauhfußbussarde noch im Winter.

In den Talniederungen brüten Große Brachvögel. An Flüssen sind Schnatterenten typisch. Auf den offenen, sandigen Brecks nisten mitunter Sandregenpfeifer.

Auf sandiger Heide gab es früher Heidelerchen; diese sind heute eher auf großen, abgeholzten Flächen in Wäldern anzutreffen.

Heidelerche

Triel

Der Triel nistet auf kiesigen Feldern und ehemaliger Heide und frißt auf geschädigten Böden. Er benötigt kurze, von Kaninchen gestutzte Vegetation. In Sandröhren nisten Steinschmätzer.

Nachtschwalben sind typisch für Waldlichtungen und -ränder, wo in alten Eichen noch Gartenrotschwänze brüten.

Nachtschwalbe (Ziegenmelker), Weibchen, Männchen

Kernbeißer, Männchen im Frühjahrskleid

In Eichenwäldern des Brecklands ist auch der Kernbeißer zu Hause. Bergfinken sitzen bis ins Spätfrühjahr in den Birken. Über den weiten Nadelwäldern kreisen Sperber.

Fichtenkreuzschnabel, Männchen

Weibchen

Erlenzeisig

Männchen

Weibchen

Birkenzeisig (Leinzeisig)

Kontinentale Form

Britische Form

Jungvogel

In alten Kiefern hausen Fichtenkreuzschnäbel, doch entsprechend der Zapfenausbeute immer nur vorübergehend. Auch Birken- und oft Erlenzeisige verweilen in Gruppen bis Frühjahrsmitte.

Bewaldetes Tal

An den Steilhängen von Hochtälern wächst oft ein Mischwald aus alten Eichen, Kirschbäumen und Stechpalmen. Unter dem Kronendach gedeiht eine Vielzahl Sträucher und Kräuter, doch oft verarmt die Flora infolge des Abweidens durch Schafe. Der Wald stirbt dann mangels Schößlingen am Boden.

In solchen Wäldern hausen Waldkäuze, doch sind sie selten zu sehen. Eher begegnen wir anderen Eulenarten. In den Baumwipfeln sind Sperber die Tagraubvögel.

Waldkauz

Im Spätsommer ziehen die Schnäpper fort, und die Vogelwelt scheint wie ausgestorben, bis sich Blau-, Kohl-, Sumpf-, Tannen- und Schwanzmeisen, Zilpzalpe, Kleiber und Waldbaumläufer in bunter Schar einstellen.

Tannenmeise

Der Kernbeißer ist selten und schwer zu finden; er nistet im Hochwald an Hängen mit Buchen, Kirschen und Hainbuchen. Buchfinken sind in den Wäldern üblich, Zaunkönige oft zahlreich.

Kernbeißer, Männchen im Frühjahrskleid

Im Winter gesellen sich Rot-(Wein-) und Wacholderdrosseln (Krammetsvögel) zu den heimischen; sie nächtigen in riesigen Schwärmen in dichten Wäldern geschützter Hochlandtäler.

Zaunkönig

Waldlaubsänger und Zilpzalp bevorzugen hohe Wälder: Der Zilpzalp liebt mehr die Sträucher und Schößlinge am Boden, der Waldlaubsänger offenen Grund mit Laubstreu.

TRAUERSCHNÄPPER

Weibchen und Herbstfärbung

Weibchen

Männchen im Frühjahrskleid

Nur Männchen sind im Sommer schwarz und weiß! Die übrigen haben das gleiche Muster, sind aber schlichtbraun und weiß oder cremefarben.

Waldlaubsänger (Waldschwirrvogel)

In dichten Farn- oder Brombeersträuchern unter Bäumen verstecken sich das ganze Jahr über Waldschnepfen. Der freie Raum zwischen Kronendach und Waldboden wird von Trauerschnäppern abgesucht.

Waldschnepfe

Mischwald, europäisches Festland

Buchen- und Kiefernwälder in Westeuropa und weiten Teilen Großbritanniens haben viele Vögel gemeinsam. In Schottland fehlen Kleiber, in Irland Waldkäuze und Spechte. Auf dem Festland findet man mehrere Vogelarten, die in Großbritannien selten vorkommen oder ganz fehlen.

Habichte nisten in alten Bäumen, sind aber scheu, wenngleich im Frühjahr am Horst mitunter lautstark. Wespenbussarde gastieren im Sommer in den unberührten Teilen des Waldes.

Waldbaumläufer

Waldbaumläufer leben in Großbritannien, den Pyrenäen sowie östlich und nördlich von Dänemark und den Alpen; Gartenbaumläufer in den Niederlanden, Frankreich und Spanien.

Der verbreitete Kleiber macht lautstark in großen Buchen auf sich aufmerksam. Tannen-, Sumpf-, Weiden-, Blau-, Kohl- und Schwanzmeisen finden sich überall, in Kiefern neben Lichtungen auch Haubenmeisen und Sommergoldhähnchen.

Blaumeise

Die häufigen Dohlen nisten oft in alten Schwarzspechthöhlen. Eichelhäher fressen am Boden und flüchten bei Störungen ins nächste Dickicht.

Weibchen

Habicht

Ostwärts von Süddänemark nisten Zwerg- und Trauerschnäpper in Laubwäldern. Viel weiter verbreitet ist der Gartenrotschwanz. Östlich von Frankreich lebt der Gelbspötter in Buschwerk und auf Lichtungen.

Eichelhäher

Große, flachbödige Löcher verraten die Anwesenheit von Schwarzspechten. Im Winter verlassen sie bisweilen die Wälder, um durch Vororte und Parks zu streunen. Ihre alten Höhlen übernehmen Hohltauben.

Schwarzspecht

Sumpfmeise

Tannenmeise

Wespenbussard

Gelbspötter (Gartenlaubvogel)

Typischer Altvogel

Zwergschnäpper im Jugendkleid

Mediterraner Schwarzkiefernwald

Ein lichter, ausgewachsener Kiefernwald nimmt sich ganz anders aus als das dunkle Dickicht zu kommerziellen Zwecken angelegter Schonungen. Die sonnigen Lichtungen und das gesunde Unterholz machen ihn für die Vögel viel begehrenswerter.

Sperber nisten in den Kiefern und jagen oft im Tiefflug durch den Wald oder stürzen auf die Büsche der Lichtungen nieder. Im Beutefieber nehmen sie Menschen anscheinend nicht wahr.

Singdrossel

Sumpfmeise

Überall fressen Singdrosseln und Amseln von den Früchten der Sträucher. Misteldrosseln ziehen dagegen höhere Bäume oder offeneres Gelände vor. Im Herbst kommen Wacholderdrosseln (Krammetsvögel).

Unterholz aus Holunder, Weißdorn, Brombeere und Liguster lockt Schwanz-, Kohl- sowie Sumpf- und Weidenmeisen an. Wintergoldhähnchen sind verbreitet, besonders in Kiefern.

ROTKEHLCHEN

Jungvogel im Sommerkleid

Jungvogel

Altvogel

Nur Altvögel mit roter Brust, Jungvögel im Sommer gesprenkelt. Der rote Latz entwickelt sich erst später.

Mönchsgrasmücke (Schwarzplättchen)

Männchen

Weibchen

Buchfink

Männchen

Verbreitete Singvögel sind u.a. Rotkehlchen, Zaunkönig, Buchfink und Heckenbraunelle. Tannenmeisen mögen Kiefern und formieren sich im Herbst zu Schwärmen. Fichtenkreuzschnäbel begegnen nur gelegentlich.

Fitis und Mönchsgrasmücke bewohnen die höheren laubabwerfenden Sträucher. Vor oder auf ihrer Wanderung nach Süden fressen im Herbst diese und andere Laubsänger in Bergahornbäumen und Holundergebüsch.

Waldbaumläufer

(Großer) Buntspecht (Rotspecht), Männchen

Nur den Buntspecht trifft man im Kiefernwald als Vertreter seiner Familie. Grünspechte vertilgen Ameisen auf grasigen Lichtungen. Waldbaumläufer und Kleiber sind verbreitet.

Olivenhain und Obstgarten

In Südfrankreich und Spanien sind Olivenhaine und Obstgärten mit Walnuß- und Mandelbäumen ein vertrautes Bild. Die Olive ist auf warme Hänge in Mittelmeernähe und Zentralspanien beschränkt; bestimmte Vogelarten haben ein ähnliches Verbreitungsgebiet.

Schwarzkehlchen sind auf steinigen Feldern neben Olivenhainen häufig. Auf der Frühjahrswanderung rasten hier gewöhnlich Steinschmätzer und Braunkehlchen. Orpheusspötter (Sängerlaubvögel) singen aus Brombeeren, Büschen und Hecken.

Zwergohreule

Schwarzer (Brauner) Milan (Schwarzmilan)

Zwergohreulen verstecken sich tagsüber in alten Bäumen; in der Abenddämmerung kommen sie heraus und rufen in Abständen. Steinkäuze zeigen sich bei Tag eher, oft auf alten Steinmauern oder Scheunendächern. Schleiereulen halten sich meist tief in alten Scheunen verborgen.

Stieglitz (Distelfink), Altvogel

Oliven locken Orpheusgrasmücken, Stieglitze, Girlitze und, wenn in der Nähe andere Bäume wie immergrüne Eichen stehen, zuweilen auch Kernbeißer an. Wiedehopfe und Zaunammern fressen oft auf nacktem Boden im Schatten der Bäume.

Bartgrasmücke (Weißbartgrasmücke)

Mittelmeersteinschmätzer

Bartgrasmücke und Mittelmeersteinschmätzer sind verbreitet, wo Oliven wachsen. Erstere liebt dichtes Unterholz, die mediterrane Macchie; letzterer bevorzugt offenes, steiniges Gelände, die Garrigue.

Rotkopfwürger

In Olivenhainen jagen Sperber, Mäusebussarde, Rote und Schwarze Milane. Über weiten Hängen kreisen Schlangenadler, und in Spanien suchen Schmutz-(Aas-)geier nach Abfällen. Rotkopfwürger sitzen auffällig am Rand von Obstgärten.

Nachtigall

Elstern kommen mitunter zahlreich in südeuropäischen Landschaften mit warmen, offenen Feldern, geschützten Obstgärten und hohen, dichten Baumgürteln vor. Gelegentlich lassen sich auch Pirole blicken.

Macchienstreifen mit duftenden Sträuchern und immergrünen Büschen sind ideal für Samtkopf- und Orpheusgrasmücken sowie Nachtigallen.

Hügelgelände und Hochland

Der Wanderfalke (oben) brütet auf Klippen, der Merlin hingegen (unten) wählt Bodenplätze oder alte Nester in Bäumen an Hängen im Heidemoor. Der Rote Milan (rechte Seite) nistet in Wäldern, jagt aber über offenem, weitem Hügelland.

Tal mit Agrarland im Nordwesten

Kulturland in Nord- und Westeuropa (einschließlich des höheren Nordens und Westens von England und Irland) bietet oft eine komplexe Mischung aus Wiesen, Äckern, Hecken und Wäldern – unterhalb von offenem Hochmoor auf den umliegenden Hügeln. Es ist eine vielgestaltige Landschaft.

Perfektes Terrain für Mäusebussarde mit Mischwald, Lichtungen, Ackerland, wilden Abhängen. Auf der Heide oberhalb von Waldhängen kann man Birkhühner antreffen, die sich im Spätwinter aufs freie Feld wagen.

Feldlerchen, Rabenkrähen und Jagdfasane leben auf den Feldern.

Auf Uferkies tummeln sich Uferläufer, Bach- und Trauerbachstelzen. Vereinzelt fliegen Trauerschnäpper in Erlen am Ufer.

Talwald voller Kleinvögel wie Grauschnäpper, Buchfink, Fitis, Waldbaumläufer, Schwanz-, Tannen-, Blau- und Kohlmeise, Drossel und Amsel.

Gerodete Waldhänge sind gut geeignet, um Sperber, Mäusebussarde oder Fichtenkreuzschnäbel beim Überflug von offenem Gelände zu beobachten. Baumpieper wählen Einzelbäume auf Rauhwiesen als Singplätze.

Misteldrossel

Fitis

Britische Form

Jungvogel

Birkenzeisig (Leinzeisig)

Blaumeise

Für Misteldrosseln sind hohe Bäume und freies Gelände das ganze Jahr über eine verlockende Abwechslung. An reifenden Früchten tun sich Amseln, Ring-, Mistel- und Singdrosseln gütlich.

Birken haben eine starke Anziehungskraft auf Fitisse und Birkenzeisige.

Weitläufiges Ackerland

Diese für Großbritannien und den Westen des europäischen Festlands typische Landschaft ist noch sehr abwechslungsreich. Sanfte Hügel und eine Fülle von Merkmalen auf engem Raum schaffen optische Reize: Hier ist eine erfreulich bunte Tierwelt beheimatet.

Feldlerche

Star

In weitläufigem Heidemoor zeigen sich, falls es steinig genug ist, mitunter Steinschmätzer; in den freieren Lagen begegnen Wiesenpieper und Feldlerchen.

Hecken zusammen mit Bäumen am Rand des Hochmoors sind genau nach dem Geschmack der Baumpieper. Baumreihen werden von Waldbaumläufern, Spechten und Kleibern genutzt, die zwischen Gebüschen herumhüpfen.

Stare, Elstern und Dohlen suchen auf oder bei Schafen nach Zecken und anderen Insekten. Auf kultivierten Weiden lassen sich außer einzelnen Elstern, Krähen und Kiebitzen nur wenige Vögel blicken.

Mäusebussard

Holprige Felder ziehen Mäusebussarde an: Sie hocken auf Zaunpfählen oder am Boden, wo sie nach Käfern, Würmern und Wühlmäusen suchen.

Dichte Wälder mit geraden Rändern geben wenig Licht für Kleinvögel ab. Sie ziehen Lichtungen oder unregelmäßige Grenzen vor, wo Sonnenschein und freie Luft mehr Insekten zum Verzehr anlocken.

Rauchschwalben nisten in Stallungen und streichen im Tiefflug über Viehweiden. Stare brüten in Scheunen oder unter Dächern und fliegen zum Fressen aufs freie Feld hinaus.

Rauchschwalbe

Offener, abwechslungsreicher Wald mit Licht und Raum ist ideal für Schwanzmeise, Grauschnäpper, Gartengrasmücke und Fitis.

Gartengrasmücke

Grauschnäpper

Fitis(laubsänger)

Südeuropäisches Ackerland

Geschützte Weiden, zwischen sanften Hügeln eingebettete Äckerchen, Pappelreihen und bewaldete Hänge schaffen eine vielseitige Landschaft, die den angelockten Vögeln mancherlei Möglichkeiten bietet.

In älteren Scheunen und verlassenen Gebäuden nisten Steinkäuze und Schleiereulen, Felsen- und Hohltauben, Stare, Hausrotschwänze, Grauschnäpper und Haussperlinge.

Hänge mit Bäumen und Büschen beherbergen im Süden Berglaubsänger und bieten Zilpzalp, Sommergoldhähnchen, Gartenrotschwanz und Girlitz Schutz.

Baumreihen bieten optimale Routen für Gartenbaumläufer, die jeden Baum nacheinander absuchen.

Schafweiden locken fressende Stare, Amseln und Wacholderdrosseln an. Elstern und Dohlen picken Zecken von Schafen.

BERGFINK

Stets weißer Bürzel und breite, orange Flügelbinden. Nur Männchen im Sommer schwarzköpfig, im Winter orange Brust und gelber Schnabel.

Hausrotschwanz, Weibchen

Zaunammer, Männchen

Heidelerche

Freiflächen zwischen Bäumen nutzen Heidelerchen zum Fressen.

Weibchen *Männchen*

Dorngrasmücke

Pirol, Männchen

Pappeln werden von Pirolen aufgesucht (bevorzugen zum Brüten dichtere Bestände) und dienen Zaunammern und Misteldrosseln als Singplatz. Von hier aus jagen auch Neuntöter und Rotkopfwürger.

In niedrigen Hecken am Wegrand singen im Frühjahr Dorngrasmücken, (Blut-)Hänflinge, Heckenbraunellen und Zaunkönige. Im Süden sichtet man Weißbartgrasmücken und Orpheusspötter (Sängerlaubvogel).

Mäusebussard

Über solchen Talhängen und Feldern jagen Rotmilane und Mäusebussarde; der scheuere Sperber hält sich mehr im Wald auf.

Farn, Birken und Kiefern

Sandige Hügel mit Birken- und Kiefern, Farn und rauhem Gras ziehen im Frühjahr Vögel an, sind im Winter jedoch wie ausgestorben.

Am Himmel jagen Baumfalken nach Mauerseglern, Rauch- und Mehlschwalben oder Libellen.

Hohe Bäume bieten Singwarten, freie Flächen Futter- und Nistplätze für Baumpieper. Selbst einzelne Kiefern werden, wenn sie viele Zapfen tragen, von Fichtenkreuzschnäbeln besucht.

Fitisse suchen im Frühjahr die Birken auf. Birkenzeisige hüpfen winters im Gezweig. Sie fressen in den Bäumen oder am Boden die herabgefallenen Samen.

Fitis(laubsänger)

Baumpieper

Die dichteren Nadelbäume bieten vielen Ringeltauben sichere Schlafplätze und Eichelhähern, die meist anderswo fressen, ein Refugium. Zum Fressen erscheinen Jagdfasane am Waldrand.

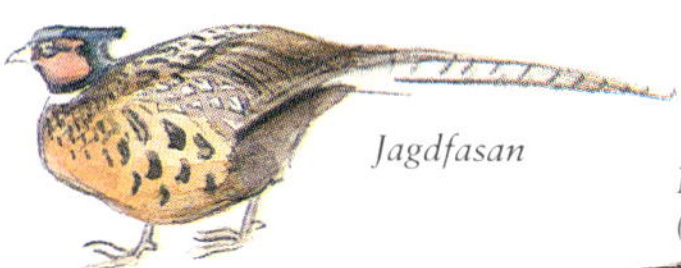

Jagdfasan

Nachtschwalbe (Ziegenmelker)

Im Farn fressen u. a. Rotkehlchen, Heckenbraunelle, Zaunkönig und Braunkehlchen. Sind die Lichtungen groß genug, finden sich mitunter Nachtschwalben ein. In der Abenddämmerung führen Waldschnepfen seltsame Balzflüge vor.

Baumfalke

Birkenzeisig (Leinzeisig)

Eichelhäher

Zaunkönig

Kreidelandschaft

Kreide und Kalkstein bereichern eine Landschaft und deren Vegetation in besonderer Weise. Dies spiegelt sich auf Hügeln mit Grasbrachen und Sträuchern in einer typischen Vogelwelt wider.

Grauammern singen ausdauernd auf Drähten oder ganz oben in Weißdornbüschen. Rauhes Grasland mit Disteln und Weißdorn ist das Reich des Feldschwirls.

Turmfalken streunen im freien Luftraum über den Höhenrücken, nisten aber weiter unten in alten Bäumen, Steinbrüchen oder Scheunen. Örtlich sind Mäusebussarde häufig.

Im Frühsommer hört man in einem dichten Waldstreifen wie diesem die Zaungrasmücke. Singdrosseln bevorzugen Hecken oder Gestrüpp an kalkhaltigen Stellen mit reichlich Schnecken.

Feldschwirl

Zaungrasmücke

Im Spätherbst fressen Kiebitze und Goldregenpfeifer auf unberührtem, kurzem Gras. Stare, Wacholder- und Rotdrosseln stöbern hier nach Futter; Ringdrosseln sind seltene Frühjahrszieher.

Grauammer

Feldlerche

An solchen Plätzen sind zeitweilig Steinschmätzer, Braunkehlchen, Drosseln, Fliegenschnäpper u.a. auf ihrem Wanderzug zu sehen.

Goldammer und (Blut-)Hänfling sind Vögel kalkreicher Strauchlandschaften, die man in niedrigem Buschwerk und im kurzen Gras im Windschatten von Dickichten zu Gesicht bekommt. Feldlerchen singen über windigen Böschungen.

Turmfalke

(Blut-)Hänfling

Weibchen

Männchen im Frühjahrskleid

Jungvogel

Kreidehügel: Wälder und Grasland

Kleiber sind in großen Bäumen zu Hause. Alte Nisthöhlen von Grün- und Buntspechten, teilweise auch von Schwarzspechten, können Spechte, Stare, Hohltauben oder Dohlen beherbergen.

Mäusebussarde, mitunter auch Kolkraben, lieben die Aufwinde über steilen Böschungen. Rabenkrähen sind verbreiteter und Elstern, soweit nicht bejagt, häufig anzutreffen.

Kleiber

Grünspecht

Dohle

(Großer) Buntspecht (Rotspecht)

Männchen

Auf Kreide- und Kalkhügeln in gemäßigteren Zonen Europas entsteht oft eine Mischung aus kurzgefressenem Gras (falls Schafe da sind), gestrüppbewachsenen Böschungen (wo weniger gegrast wird) und Wäldern mit Buchen, Eichen, Eschen und Stechpalmen an den steileren Hängen oder neben klaren Flüssen.

Männchen

Mönchsgrasmücke (Schwarzplättchen)

Zilpzalp (Weidenlaubsänger)

Waldlaubsänger

Dunkle Wälder mit Laubstreu unter dichten Kronen sind ein Paradies für Waldlaubsänger. Auch Zilpzalp und Mönchsgrasmücke bevorzugen diese Wälder, Gartengrasmücken dagegen buschigere, sonnigere Plätze.

Saatkrähen und sogar Graureiher nisten in den Kronen von Talrandwäldern, begeben sich aber zur Futtersuche ins Tiefland. In den Wipfeln dieser hohen Bäume sitzt auch der scheue Kernbeißer, wenn er nicht gerade am Waldrand entlanghuscht.

Kernbeißer, Männchen im Frühjahrskleid

Goldammer, Männchen

Strauchige Böschungen mit kurzem Gras locken meist (Blut-)Hänflinge an, die am Boden fressen und in den Büschen nisten. Goldammern verhalten sich ebenso. In Frankreich und Spanien findet man in freien, höheren Lagen Gartenammern (Ortolane).

In Frankreich singen Zaunammern aus Gebüschen an Hängen, fehlen aber in Großbritannien inzwischen in diesem Habitat.

Zaunammer, Männchen

Kalkhügel mit Felskante

Obschon in ihrer natürlichen Beschaffenheit eng verwandt, gleichen sich Hochlande nicht unbedingt. Kalk verleiht stets einen anderen Charakter, prägt die Vegetation und das Gesicht der Landschaft. Dies wiederum wirkt sich auf die Vogelwelt aus.

Felsentaube

Große, kahle Kalksteinklippen bieten bestimmten Vögeln hervorragende Brutplätze. Gelegentlich sichtet man Wanderfalken, häufiger Kolkraben, Dohlen, Hohl- und Wildtauben.

Ringdrossel

Ringdrosseln lieben grobes Geröll am Fuß der Kalkhügel. Trockene Steinwände mit kurzgefressenem Gras sind ideal für Steinschmätzer.

Steinschmätzer, Weibchen

In Eschen finden sich oft Trauerschnäpper; auch Zilpzalp, Fitis, Kleiber und Grauschnäpper sind hier anzutreffen.

Auf solchen Feldern brüten Kiebitze, doch Schafe zertreten leicht die Eier und Küken.

Trauerschnäpper, Männchen im Frühjahrskleid

Jungvogel

Kiebitz, Männchen

Weibchen

Grünköpfige Schafstelze

Weibchen

Männchen

Grünköpfige Schafstelzen mögen Wiesen im Talgrund mit Schafen, Rindern und Pferden, vor allem an Wasserläufen oder dichtbewachsenen Gräben.

Ein klarer Bach – Traum der Wasseramsel!

Wasseramsel

Hochland und Seen im Norden

Die schottischen Hochlande sind eine einmalige und fesselnde Mischung aus schroffen Gipfeln, Klippen, flachem Heidemoor, Tümpeln und Sümpfen. Vögel sind relativ selten, aber ein aufregendes Erlebnis.

Über fernen Gipfeln kreisen Steinadler. Hoch am Himmel sind die Mäusebussarde oft nur als Punkte erkennbar. Wanderfalken kommen von Felsgraten, um über offenem Gelände zu jagen.

Pfeifente

Steinadler

Sterntaucher (Nordseetaucher) im Sommerkleid

An größeren Seen finden sich Stern- und Prachttaucher (Polar-Seetaucher) ein, erstere sogar an kleinen Tümpeln. In Flachwasser mit Schilf bekommt man bisweilen Ohrentaucher zu Gesicht. Auch Wildvögel (Krick- und Pfeifenten) zeigen sich hier.

Braun- und Schwarzkehlchen begegnen hier, Wiesenpieper in niedrigerem Farn oder an Grasböschungen.

Das Ufer lockt Uferläufer, Grünschenkel (Heller Wasserläufer) und den seltenen Bruchwasserläufer an. Im Herbst und Winter schwimmen auf dem Wasser Singschwäne und Schellenten.

Wiesenpieper

Merline nisten auf heidebewachsenen Kuppen und nutzen Felsen oder Erdhügel als Spähposten oder zur Gefiederpflege, sind aber meist unauffällig. Lärm verrät ein Nest in unmittelbarer Nähe.

Auf hohen, steinigen Hängen sichtet man Alpenschneehühner, mitunter Gold- oder Mornellregenpfeifer. Niedrigere Hänge sind zu karg für viele Vögel, doch Ringdrosseln, Steinschmätzer, Kolkraben und Nebelkrähen zeigen sich hier häufig.

Merlin

Ohrentaucher (Horntaucher)

Enges Tal mit Steilhängen

In den hügeligen Westausläufern Nordwesteuropas gibt es viele Hochlandregionen, wo fruchtbare Täler erst in karges Ackerland, Schafweiden und schließlich weitgestrecktes Heidemoor übergehen. Hier kommen Vogelbeobachter voll auf ihre Kosten.

Wasseramsel

Mäusebussard

Kolkrabe

Wanderfalke

KORNWEIHE

Männchen und Weibchen

Männchen *Weibchen*

Männchen grau, weiß und schwarz; das dunkelbraune Weibchen mit breitem, weißem Bürzel.

Hohe Schafweiden beherbergen noch einzelne Goldregenpfeifer und Große Brachvögel, feuchtere Orte Sumpfschnepfe und Rotschenkel. Hier oben brüten Kornweihen und Merline; auf der Heide leben Schottische Moorschneehühner.

Felsen über dem Talhang eignen sich für Turm- und Wanderfalken, Kolkraben, Mäusebussarde; dort nisten auch Ringdrosseln, Steinschmätzer und Hohltauben.

Braunkehlchen

Baumpieper

Höhere Felder mit einzelnen Bäumen sind der typische Lebensraum des Baumpiepers; Braunkehlchen tummeln sich an den oberen Mauern und Hecken, Steinschmätzer im Gras neben Steinmauern und Geröll.

An buschigen Hängen leben Krähen, Elstern, zuweilen Merline und Waldohreulen, mitunter Gartenrotschwänze, Braunkehlchen, Baum- und Wiesenpieper sowie Kuckucke; vereinzelt auch Birkhühner.

Am Ufer sieht man u.a. Wasseramseln und Uferläufer, in den Eichen und Erlen Bergstelzen, Trauerschnäpper, Waldbaumläufer, Kleiber und Gartengrasmücken.

Kuckuck

Feldlerchen und Wiesenpieper sind hier häufig. Mauersegler jagen hoch in der Luft. Rauchschwalben nehmen mit geschützten Tallagen vorlieb, Misteldrosseln mit großen Bäumen im Talgrund. Sie fressen aber auch im Moor.

Schottisches Moorschneehuhn

Männchen *Weibchen*

Uferläufer im Sommerkleid

Strauchiger Hochlandabhang

Viele Küsten- und Hochlandregionen Westeuropas haben in größeren Höhen Heide und Moore, welche talwärts in Hänge mit Farn, Lärchen und strauchigem Weißdorn übergehen.

Felsblöcke bieten Steinschmätzern und Steinkäuzen Aussichts- und Brutplätze. Ziehende oder brütende Ringdrosseln sieht man eher bei Felstürmen.

Merlin

Steinschmätzer

Hochmoorränder sind Feldlerchen- und Wiesenpieperland. Im Winter stöbern Wacholder- und Rotdrosseln auf nahen Feldern nach Futter und suchen bei Störungen in Bäumen Schutz.

Die Mischung aus Farn, Weißdorn und Heidekraut lockt so viele Pieper an, daß auch der Kuckuck nicht widerstehen kann.

Kuckuck

Jungvogel

Baumpieper

Älterer Weißdorn lockt Krähen an, die große Nester bauen. Diese werden später oft von Merlinen, bisweilen auch von Waldohreulen oder Turmfalken übernommen.

Verstreuter Weißdorn ist ideal für Braunkehlchen, Baumpieper und bisweilen Gartenrotschwanz. Nur wenige Vögel wie das Braunkehlchen lieben den Farn. Verstreute Lärchen ziehen Birkhühner, Kolkraben, Krähen und Fichtenkreuzschnäbel an.

Rabenkrähe

Waldohreule

Braunkehlchen

Karge Hochlandfelder

Ackerland variiert enorm von Ort zu Ort. Jenes am Rand der nordwesteuropäischen Hochlande ist zwar mitunter rauh, bietet jedoch oft bestimmten Vögeln genug Abwechslung – ein lohnender Umstand für den Vogelbeobachter!

In Bäumen an der Obergrenze des Ackerlands sind insbesondere Baumpieper und Gartenrotschwanz, doch auch viele andere Vögel zu sehen, u.a. Misteldrossel, Buchfink, Kuckuck und Grauschnäpper.

Rauher Boden zwischen ertragsgesteigerten Feldern kommt den Rebhühnern zupaß. Birkhühner sind ebenso möglich wie Große Brachvögel und Sumpfschnepfen (Bekassinen) bei Pfützen.

Turmfalken nisten oft in alten Scheunen, selbst in Ortsnähe. Ringeltauben finden zuweilen ein sicheres Plätzchen in den Bäumen eines Dorfs oder neben Gehöften.

Sperber, Turmfalke und Mäusebussard fühlen sich in jedweder Baumgruppe zu Hause.

Kurzschnabelgans

Graugans

Talwiesen werden im Herbst und Winter von Kurzschnabel- und Graugänsen besucht; sie schlafen auf dem See.

Misteldrosseln und von Herbst bis Frühjahr Gartenrotschwänze und Wacholderdrosseln (Krammetsvögel) suchen rauhe Felder ab. Saatkrähen sind häufig.

Großer Brachvogel

Saatkrähe

Auf Feldern mit Schafen trifft man gewöhnlich Stare, häufig auch Saat- und Rabenkrähen, Dohlen und Elstern an.

Rebhuhn

Turmfalke

Weibchen

Baumpieper

Weite Hochlandheide

Halbnatürliches, durch Mähen, Abweiden und Abbrennen unterhaltenes Heidemoor ist das klassische Habitat des Schottischen Moorschneehuhns und anderer typischer Hochlandarten. Örtliche Merkmale sind eingeschnittene Bachläufe, Geröllfelder, Felsen und auch Stellen mit Weißdorn.

Kornweihe, Männchen

Neu angelegte Wege locken Steinschmätzer an, die an grasigen Stellen fressen, aber zwischen Steinen nisten. In feuchteren Mulden und Tälern brüten Große Brachvögel; Sumpfschnepfen (Bekassinen) und Rotschenkel (Gambett-Wasserläufer) an den feuchtesten Stellen.

Schwarzkehlchen

Wiesenpieper

Merlin

Nebelkrähe

Großer Brachvogel

Freie Hänge ziehen im Spätsommer Scharen junger Stare und Saatkrähen, manchmal auch Gruppen junger Kolkraben an. Merline übernehmen gelegentlich Krähennester in einsamen Büschen.

Kornweihen jagen an Mulden mit Riedgras und Wasserrinnen. Merline an Heidekrautböschungen sind meist erst zu sehen, wenn Krähen sie lautstark aus dem Revier vertreiben.

Männchen *Schottisches Moorschneehuhn*

Weibchen

Heidekraut-/Nadelbaummischung eignet sich örtlich für Birkhuhn und Waldohreule. Der häufige Wiesenpieper lockt Kuckucke an. Merline und jagende Sperber sind ebenfalls möglich.

Streifen von hohem Heidekraut geben brütenden Schottischen Moorschneehühnern Deckung; im Frühjahr, beim Revierabstecken, rufen sie von hohen Stauden und fliegen tief über die Heide.

Braunkehlchen

Einzelne Nadelbäume werden von Zaunkönigen, Heckenbraunellen, Wiesen-, mitunter auch Baumpiepern besucht. Braun- und Schwarzkehlchen sind zu hören, aber an den farnigen Hängen schwer zu entdecken.

Felsiger Abhang, Südeuropa

Im Winter kalt, öde und oft von Vögeln verlassen, erwachen die felsigen Gipfel und der strauchige Hochlandwald in Frankreich und rings um das Mittelmeer im heißen, sonnigen Sommer zu geselligem Leben. Emsige Geschäftigkeit und Vogelgesänge bestimmen das Frühjahr, doch am Sommerende bekommt man die Vögel oft nur schwer zu Gesicht.

In Südfrankreich und Spanien bieten die höchsten Zinnen oder schmale Grate in der Wand gute Plätze für Blaumerlen, deren amselartiger Gesang weithin zu hören ist.

Weibchen *Blaumerle (Blaudrossel)* *Männchen*

Altvogel *Sommergoldhähnchen* *Jungvogel*

Mittelmeersteinschmätzer

Felsenschwalben huschen vor der Klippe hin und her, fangen Insekten im Flug; Mehlschwalben nisten oft am Fuß unter schützenden Überhängen.

Der Mittelmeersteinschmätzer liebt Lichtungen mit steinigem oder felsigem Untergrund. Er kommt nur auf der Iberischen Halbinsel und im äußersten Süden Frankreichs in diesem Habitat vor. Oft hockt er im unteren Klippenbereich.

Rotkopfwürger

Im Besenginster verstecken sich Schwarzkehlchen, Samtkopf-, Dorn- und Schlüpfgrasmücken (Dartfordsänger). Am Rand offener Lichtungen finden sich Rotkopfwürger ein.

Die häufigsten Greifvögel an solchen Felsen sind Turmfalken. Baumfalken jagen in der Luft, sind aber keine echten Bewohner der Klippen und Gipfel.

In niedrigen Kiefern tummeln sich im Frühjahr Girlitze; Berglaubsänger, Buchfinken, Sommergoldhähnchen und Gartenbaumläufer sind sehr verbreitet.

Turmfalke

Baumfalke

Berglaubsänger

Hochland, Mittel- oder Südeuropa

In Südfrankreich bieten die Berge des Zentralmassivs und der Cevennen eine Mischung südlicher (mediterraner) und alpiner Vogelarten.

Roter Milan (Gabelweihe)

Schwarzer (Brauner) Milan

Gartenrotschwanz

Jugendkleid

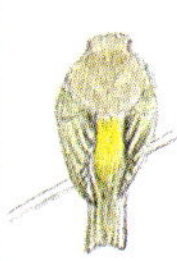

Berglaubsänger

Wiedehopf

Der Uhu ist leider sehr selten; in diesen Hochlandgebieten mit Mischwaldhängen, Felsen und Schluchten kann man ihn aber noch finden. Zwischen den Felsen hausen Steinkäuze, in den lichten Wäldern im Sommer Zwergohreulen.

Bewaldete Hügel in Gegenden mit warmen, sonnigen Sommern sind ideal für Rote und Schwarze Milane. Auch der weiter verbreitete Mäusebussard lebt gern in diesen üppigen Tälern.

Abgelegene Gebiete bieten dem Steinadler ein Refugium; der Schlangenadler nistet im Bergwald und jagt über lichten Hängen, oft in großer Höhe rüttelnd, bevor er auf die ahnungslose Schlange herabstößt.

Die Mischung aus Bäumen und Felsen zieht Gartenrotschwänze an. (Die Nachtigall bevorzugt tieferes Dickicht im Tal, der Hausrotschwanz felsigeres Gelände und Dachgiebel in Dörfern).

Heiße, steinige Abhänge mit karger Vegetation bevorzugt der Steinsperling; (Blut-)Hänflinge sind auf hohen Lichtungen und Wiesen verbreitet.

Karge Trockentalwälder mit Eichen, Buchen oder Kiefern bewohnt der Berglaubsänger, dessen Gesang leicht mit dem der Zaunammer zu verwechseln ist.

Gartenammern (Ortolane) singen von buschigen, steinigen Hängen an nahezu den gleichen Plätzen wie Zaun- und Zippammern. Wiedehopfe sind hier zahlreich.

Schlangenadler

Zaunammer

Männchen

Weibchen

Zippammer

Männchen

Gebirge

In den meisten offenen Berg- oder Hochlandregionen ist der Wiesenpieper (ganz oben) verbreitet. Das Schottische Moorschneehuhn (rechte Seite) bewohnt offene Hochmoore oder Hochlandheide, während Steinadler und Kolkraben (oben) weithin im Gebirge nach Futter suchen, wo Aas im Winter für ihr Überleben besonders wichtig ist.

Berge und Täler, äußerster Nordwesten

Die von tiefen Einschnitten, Geröllhalden und Karen zerfurchten Hochebenen im Norden und Westen Schottlands sowie Skandinaviens erfüllen für Bergvögel wichtige Lebensbedingungen. Die Gipfel ähneln der arktischen Tundra, fallen aber zu vogelreichen Moorheiden und Wäldern ab.

Wiesenpieper begegnen häufig an Hängen mit Heidekraut. Feldlerchen erreichen erstaunliche Höhen. Einzelne zapfenreiche Kiefern werden von Fichtenkreuzschnäbeln besucht.

Ringdrossel

Erlenzeisig, Männchen

An hohen Hängen bekommt man im Winter, an Firnfeldern im Sommer Schneeammern zu Gesicht. In Rinnen und Senken tieferer Hänge halten sich während der Sommermonate Ringdrosseln und Merline auf.

Schneeammer im Winterkleid

Breite Kuppen mit Heidebewuchs sind ideal für nistende Kornweihen; hier jagen auch Merline, Turmfalken und Mäusebussarde.

Feuchtwiesen im Talgrund beherbergen Sumpfschnepfen, vielleicht sogar Krickenten.

FICHTENKREUZSCHNABEL

Alt und jung

Jungvogel

Ausgewachsenes Männchen

Weibchen

Alte Männchen sind rot, Junge und Weibchen grünlich mit brauneren Flügeln, Jungvögel mit schwarzen Streifen.

In großen Bäumen neben Lichtungen singen Baumpieper; auch Haubenmeise und Misteldrossel finden sich hier ein. Blaubeeren im Unterholz locken Birk- und Auerhühner an.

In älteren Kiefern brüten Fichten- oder Schottische Fichtenkreuzschnäbel, Erlenzeisige und Gartenrotschwänze. Waldohreulen bevorzugen Waldrand mit nahen Lichtungen; der Waldkauz ist im Wald häufiger.

Baumpieper

Waldohreule

Alpenschneehühner auf Hochebenen geben sich teils zutraulich, teils scheu. Felsen sind Anziehungspunkte für Kolkraben, Ringdrosseln, mitunter Adler und Wanderfalken.

Semiarktisches Bergplateau

Die Berge im Norden und Westen Schottlands sowie Skandinaviens gehen schon in sehr geringer Höhe in eine tundraähnliche Landschaft über. In Mittel- und Südeuropa findet man lang anhaltende Schneebedeckung und karge, windige Bedingungen, unter denen nur die widerstandsfähigsten Vögel ausharren, erst in viel größeren Höhenlagen vor.

Klippenstrandläufer (Meerstrandläufer)

Schnee-Eulen sind seltene Tundravögel und nur ausnahmsweise auf Bergen anzutreffen. In Skandinavien begegnen Klippen- und Temmincks Strandläufer.

Ringdrossel

Steinschmätzer

Im Sommer suchen Ringdrosseln die hohen Klippen auf; selbst Steinschmätzer brüten in großen Höhen. Im Winter aber fehlen Kleinvögel fast ganz.

Spornammer, Weibchen

Schneeammern brüten in den wenigen Mulden, wo der Schnee bis weit in den Sommer liegenbleibt. Sie sind im Winter weit verbreitet. Vereinzelt tauchen Spornammern oder Ohrenlerchen auf.

Über den fernen Gipfeln sind im Winter nur bei sehr schönem Wetter kreisende Steinadler und Kolkraben zu sehen. Im Sommer leisten ihnen Mauersegler, Möwen und Krähen Gesellschaft.

Auf den Bergen Mitteleuropas begegnet man Schneefinken (Schneesperlingen) und Mauerläufern.

Kolkrabe

Mornellregen-pfeifer

Weibchen im Sommerkleid

Hohe Felsplateaus mit niedriger Vegetation und Schneefeldern sind ideal für Alpenschneehühner. Mornellregenpfeifer suchen nur im Sommer die breiteren Kuppen auf.

Alpenschneehuhn, Männchen im Frühjahrskleid

Steinadler

Steinadler jagen über hohen Gipfeln Alpenschneehühner und Berghasen, brüten hingegen weiter unten in geschützten Tälern, wo die Nistklippen schneefrei sind.

Waldreiches Bergland im Nordwesten

Auf Birken finden sich, sobald die Samen reifen, Birkenzeisige ein. Im Winter fressen sie die herabgefallenen Samen unter den Bäumen. Haubenmeisen bevorzugen alte Kiefernwälder mit verrottenden Baumstümpfen.

Schottlands Hügeln und Bergen eignet ein eigenes Vogelleben und Landschaftsprofil: felsige Gipfel und ausgedehnte Hochwildgehege gehen in bewaldete Tallagen mit tiefen Seen über.

Wo sich die Umrisse scharf gegen den Himmel abzeichnen, sichtet man Steinadler und Kolkraben. Mäusebussarde kreisen tiefer, über Wäldern und Talhängen, Adler mehr in Gipfelnähe.

Mäusebussard

Steinadler

An großen Seen brüten Stern- und Prachttaucher. Letztere fischen im Brutgewässer und nisten auf Inseln. Steinige Seeufer werden von Uferläufern, seltener von Wasseramseln besiedelt.

Prachttaucher im Sommerkleid

Nadelbäume beherbergen Erlen- und Birkenzeisige sowie Buntspechte. Auf sonnigen Lichtungen fühlen sich Grauschnäpper, am Waldrand Rotkehlchen, Buchfinken, Waldkäuze oder Waldohreulen heimisch.

Schellente

Gänsesäger

Männchen

Schellenten nisten an Seen in hohlen Bäumen (oder Nistkästen), Gänsesäger in Bäumen in Flußnähe, wo sie auch fischen. Mitunter finden sich Graugänse an den Seen ein.

Berg und Tal

Hochland mit Mischhabitaten in den Tallagen verspricht lohnende Vogelbeobachtungen, denn hier liegen verschiedene Geländeformen auf engem Raum beieinander.

Hohltaube

Kolkrabe

Wanderfalke, Altvogel

Felsen über rauhen Karen nutzen Wanderfalken und Kolkraben zum Brüten. In Klippen und Brüchen nisten Hohltauben und Dohlen.

Über Hochmooren jagen Mäusebussarde, selten Steinadler. Ein paar Goldregenpfeifer nisten auf Böden mit verbranntem Heidekraut, Gras oder Blaubeerfeldern.

Dohle

In Lärchen finden sich in guten Jahren Fichtenkreuzschnäbel ein. In großen Wäldern an Seen und Mooren bekommt man Sperber, stellenweise auch Habichte zu Gesicht.

Schellente

Erpel

An steinigen Ufern begegnen im Frühjahr und Herbst Uferläufer, bei Brut auch den ganzen Sommer über. Tiefe saure Seen sind für Vögel ungesund, locken aber Stock-, Krick- und im Winter Schellenten an.

Steinige Bäche ziehen nur wenige Vögel an – bis auf die heimischen, die gelegentlich zum Trinken und Baden kommen.

Kolkraben lieben windige, offene Räume im Bergland. An farnbewachsenen Hängen wohnen viele Braunkehlchen. Im Spätsommer ziehen Schwärme von Jungstaren in die Moorheiden hinauf.

Gedüngte Felder sind für Vögel nicht besonders einladend, außer für brütende Kiebitze, Feldlerchen und bisweilen herumstöbernde Elstern.

Fels mit Geröll über saurem See

Viele Bergregionen sind für Vögel ziemlich karg, jedoch sorgen spezielle Landschaftsmerkmale wie Klippen oder Geröllabhänge hier für etwas Farbe und Abwechslung.

Hohltaube

Lachmöwe

Winter-kleid

Wanderfalke

Wider Erwarten finden sich auf solchen ungeeignet erscheinenden Klippen Hohltauben und Dohlen recht häufig ein. Alpenkrähen sind sehr selten.

Ringdrossel

Kolkrabe

Geröllböschungen mit kurzem Gras eignen sich für Steinschmätzer, solange sie in der Nähe Futter finden. Ringdrosseln mögen eine Mischung aus Geröll und großen Felsblöcken mit Heide- oder Farnkraut.

Auf Klippen, meist unzugänglich über einem Überhang, nisten Kolkraben. Auf vielen Felsvorsprüngen hocken auch Wanderfalken.

Steinschmätzer

Der tiefe, kalte saure Tümpel lockt außer trinkenden oder badenden Lachmöwen und Uferläufern kaum Vögel an.

Goldregenpfeifer gehen auf den meisten Hügeln ganz nach oben, ebenso Feldlerchen und Wiesenpieper. Im Sumpfmoos der Hochmoore stochert der Große Brachvogel nach Futter.

Auf Krüppelheide mit rauhem Gras und Wollgras trifft man vereinzelt Schottische Moorschneehühner an, an feuchten Stellen bisweilen Goldregenpfeifer oder sogar ein paar Alpenstrandläufer.

Hochgebirge in Mitteleuropa

Die Alpen in Mitteleuropa bieten Lebensbedingungen, unter denen sich Vögel der arktischen Tundra wohl fühlen; man begegnet hier jedoch auch Arten, die weiter nördlich nicht vorkommen. Unterhalb der hohen Gipfel stellen Blumenwiesen und Hochwälder eine bunte, vielgestaltige Umgebung für Vögel dar.

Alpenbraunelle (Flühvogel)

Sehr hohe Almen und Geröllfelder ziehen Alpenbraunellen an. Im Sommer nisten Mauerläufer auf ruhigen, schattigen Felsen. Alpenkrähen und Bergdohlen fressen, Steinadler jagen hier.

Abgelegene, schroffe Gipfel werden nur von wenigen Vögeln besucht. Im Sommer ziehen Bergdohlen hinauf und finden sich an Skiliften, im Winter auf tieferen Wiesen ein. Schneefinken (Schneesperlinge) bevorzugen Hochplateaus.

Bergdohle (Alpendohle)

Tannenhäher

An der Baumgrenze der Nadelwälder hausen Zitronenzeisige; Schwarzspechte fliegen die höheren Kiefern ab. Tannenhäher sitzen oft in Wipfeln großer Bäume, bevor sie ins Tal hinausgleiten.

Dichter Wald beherbergt stellenweise noch seltene, schwer beobachtbare Vögel, wie Auerhuhn, Dreizehenspecht und Rauhfußkauz. Eher sind Habichte beim Imponieren zu sehen. Der Wespenbussard ist scheu.

Wasserpieper bevorzugen weite, offene Heide am Hang. Wiesenpieper leben auf Almwiesen, Baumpieper am Waldrand und Grünköpfige Schafstelzen auf Weiden mit grasendem Vieh.

Wiesenpieper

Sommerkleid

Winterkleid

Wasserpieper (Bergpieper)

Auf waldumsäumten Wiesen singen meist Gartenammer (Ortolan), Heidelerche, Hausrotschwanz, Stieglitz (Distelfink) und Buchfink. Am Waldrand gesellen sich Sommergoldhähnchen, Erlenzeisig, Weidenmeise und Tannenhäher hinzu.

Alpensegler

Steinadler

Felsen weiter unten werden im Winter von Mauerläufern besucht. Kolkraben, Steinadler und der seltene Wanderfalke brüten dort. Alpensegler, Felsenschwalbe und Hausrotschwanz sind typisch für tiefe, zerklüftete Täler.

Mediterrane Gebirgslandschaft

Heiße Sommer und gleißendes Licht kennzeichnen die rauhen Bedingungen vieler Bergregionen rings um das Mittelmeer. Die Winter sind kalt, windig und hart für die Vögel.

Gänsegeier

Auf den kargsten Bergflanken findet man mitunter die seltene Brillengrasmücke, in dichtem Gestrüpp die Schlüpf- und die ebenfalls seltene Sardengrasmücke, in höherem Buschwerk Weißbart- und Samtkopfgrasmücke und in Oliven- und Obstbaumhainen die Orpheus- und Mönchsgrasmücke.

Jugendkleid
Berglaubsänger
Männchen
Jugendkleid
Schlüpfgrasmücke (Dartfordsänger)

»Klirrende« Grauammern und »flirrende« Girlitze stimmen an heißen, buschigen Abhängen ins Gezirpe der Grillen und Zikaden ein. Typische Bewohner sind Samtkopfgrasmücke, Zaunammer und Heidelerche.

Nahezu jeder feuchte Platz lockt stimmfreudige Seidenrohr-(Bruchrohr-)sänger an, während Zistensänger trockenere Graszonen brauchen. Auf steinigen Äckern und an buschigen Hängen leben oft Triele.

STIEGLITZ (DISTELFINK)

Alt- und Jungvogel

Jungvogel
Altvogel

Auf Jungvögel achten: Flügel ähnlich wie beim Altvogel, nur blasser schwarz; Kopf schmutziggrau, ohne Rot, Schwarz und Weiß.

Geier kreisen majestätisch über den kahlen oberen Hängen. In Europa sind Gänsegeier am häufigsten, Schmutzgeier weit verbreitet, Mönchsgeier inzwischen sehr selten und nur noch auf Mallorca und in Zentralspanien zu beobachten.

Stieglitze sind im Mittelmeerraum allgegenwärtig. Scharenweise huschen sie durch blühende Disteln und grasige Feldraine, oft begleitet von Girlitzen.

Mönchsgeier (Rabengeier)

Dunkle Morphe

Helle Morphe

Eleonorenfalke

Auf Mittelmeerinseln fliegen Eleonorenfalken vom Spätfrühjahr bis zum Spätherbst Berge und Schluchten ab; sie erbeuten Zugvögel in vogelreichen Küstenbergen.

Girlitz

Sommergoldhähnchen und Berglaubsänger brüten in Eichenwäldern und trockenem Nadelwald; Nachtigallen bevorzugen feuchtere, schattigere Plätzchen und dichte Hecken neben Kulturflächen.

Hochgebirge im Süden

Nackte Felszinnen und Schneefelder erheben sich in den Hochlagen der Pyrenäen über weiten Blumenmatten und mauerumsäumten Weiden. Darunter befinden sich Nadel- und Buchenwälder, Klippen und reißende Flüsse.

Im Frühling locken Gebirgsbäche und morastige Stellen durchziehende Uferläufer und Flußregenpfeifer an. Watvögel der Uferzonen rasten neben Gruppen von Stelzen.

Im Frühjahr und Herbst ziehen am Himmel Wespenbussarde, Schwarze Milane, Turmfalken, Weiß- und die seltenen Schwarzstörche. Die riesigen Schwärme der Schwalben, Segler und Tauben fliegen mehr in Bodennähe.

Wespenbussard

Schwarzer (Brauner) Milan

Auf weiten Geröllfeldern leben viele Hausrotschwänze (leicht zu hören, aber schwer zu finden) und oft noch mehr scheue Alpenbraunellen. Alpenkrähen und Berg-(Alpen-)dohlen verweilen gemeinsam auf Felsen oder beim Fressen an nassen Grasstreifen.

Wasserpieper

Sommerkleid

Winterkleid

Alpenbraunelle

Alpenschneehuhn

Männchen im Herbstkleid

Kleine Vögel hält man oft für größere (und umgekehrt) in dieser Umgebung; die beeindruckende Weite und riesige Leerräume erschweren die Einschätzung von Größe und Entfernung.

Wanderfalken besetzen nackte Felsnasen, manchmal gleich neben Kolkraben, Turmfalken und Adlern. Gänsegeier nisten viel tiefer, steigen aber zum Jagen in höhere Regionen auf.

Auf den Gipfeln jagen Steinadler einzelne Alpenschneehühner. Schneefinken huschen über verschneite Kare und Bergspitzen; Mauerläufer suchen im Sommer die höchsten schneefreien Grate auf.

Gartenammer (Ortolan)

Mauerläufer

Winterkleid

Steinrötel

Matten mit verstreuten Steinen und Feuchtlöchern sind ideal für Wasserpieper, Steinschmätzer, Steinrötel, Alpenkrähe und Gartenammer.

Südlicher Bergsee mit Wald

In Südfrankreich sind die Pyrenäen grüner und kühler als ihre heißen, trockenen Ausläufer auf spanischer Seite. Die Hochwälder und freien Hanglagen beherbergen ähnliche Vögel, allerdings fehlen hier einige der wärmeliebenden besonderen Arten.

Wespenbussarde ziehen auf ihrer Wanderung am Himmel vorüber; einige brüten in den Wäldern, sofern sie ungestört bleiben. Turm- und Baumfalken tauchen auf, gelegentlich auch Schlangenadler.

In Wäldern mit alten Kiefern verstecken sich Schwarzspecht, Auerhuhn, Habicht und Uhu.

Auerhuhn

Hahn

Berglaubsänger, Sommergoldhähnchen, Haubenmeisen, Mönchsgrasmücken, Gartenbaumläufer und Buchfinken lassen sich leicht, Zitronenzeisige schwer und nur in größeren Höhen beobachten.

Berglaubsänger, Altvogel

Auf höheren, freien Hängen sind Baumpieper, Heidelerchen und Gartenammern zu Hause. Zippammern bevorzugen Geröll und Felsblöcke, desgleichen Steinrötel, Steinschmätzer und Ringdrossel.

Gartenammer (Ortolan)

Die Seen und ihre Ufer beheimaten nur wenige Vögel: Berg- und Bachstelzen, einzelne Uferläufer, Haubentaucher und Bleßhühner (Bleßrallen).

Schlangenadler

Altvogel, kreisend

Wiesen am Ufer lohnen die Suche nach Grünköpfigen Schafstelzen, Braunkehlchen und Haubenlerchen. Wiedehopfe setzen farbige Akzente; Kuckucke sind oft zu hören.

Buchfink

Weibchen

Südliche Bergschlucht

Die Ausläufer der Pyrenäen haben auf spanischer Seite im Sommer ein heißes, im Winter oft sehr kaltes, windiges Klima. Viele geschützte Schluchten und jäh abfallende Klippen bieten Greif- und Bergvögeln sichere Nistgelegenheiten.

In trockenen, geruchsintensiven Sträuchern über dem Abgrund wohnen Steinrötel, Sommergoldhähnchen, Samtkopf- und Weißbartgrasmücken, in niedrigerer Vegetation Schlüpfgrasmücken, in den Bäumen Berglaubsänger.

Alpensegler jagen in und über der Schlucht Insekten; Felsen- und Mehlschwalben sind an Felswänden häufig. Mauerläufer verbringen hier den Winter und nisten mitunter in den Klippen.

Steinrötel, Männchen

Alpensegler

Die Simse und Nischen der Klippen sichern sich Gänse- und Schmutzgeier. Bart-(Lämmer-)geier sind über Schluchten und nahen Gipfeln häufig, Habichtsadler sehr selten zu sehen.

Blaumerlen singen von Felsnasen, Steinsperlinge verbergen sich in den umliegenden Felsen. Oft kann man Hausrotschwänze, Girlitze und Zaunammern hören und sehen.

Gänsegeier

Alpenkrähe

Schmutzgeier (Aasgeier)

Die Greifvogelwelt ist hier mannigfaltig: Wanderfalke, Stein-, Schlangen- und Zwergadler, auch Roter und Schwarzer Milan. Alpenkrähen sind oft in großen Scharen verbreitet.

Blaumerle (Blaudrossel)

Männchen

Im Wald am Grund der Schlucht leben Eichelhäher, Amseln, Waldbaumläufer, Sommergoldhähnchen, Nachtigallen und Seiden-(Bruchrohr-)sänger. Buntspechte sind häufig.

Heißes Vorgebirge

Nordspanien am Rand der Pyrenäen ist von breiten Tälern mit tief eingeschnittenen Flüssen und einer kargen, öden Landschaft mit vereinzelten Hügeln gekennzeichnet. Die Vögel hier sind herrlich und sehr mannigfaltig.

Rotmilan (Roter Milan, Gabelweihe)

helle Phase

Zwergadler

Kahle, verwitterte Felsen bieten Vorsprünge, die von brütenden Schmutz- und Gänsegeiern, Bartgeiern (selten), Wanderfalken und Alpenkrähen genutzt werden. Nahe am Fuß sind Mittelmeer-Steinschmätzer; dicht an der Felswand huschen Felsenschwalben vorbei.

Wachtel

Männchen

Girlitz

Einfarbstare nisten in abgelegenen Dörfern und fliegen zum Fressen auf nahe Weiden. Steinige Grasböschungen sind der typische Lebensraum für Steinschmätzer und Steinrötel, Zaunammer und Girlitz.

Männchen im Frühjahrskleid

Weißbartgrasmücke

unausgefärbt

Dichte, in geschützten Senken versteckte Büsche hallen wider vom Gesang der Nachtigallen; dort halten sich auch Orpheusspötter, Weißbartgrasmücken, Amseln, (Blut-)Hänflinge und Schwarzkehlchen auf.

Schwarzmilan (Schwarzer, Brauner Milan)

In Kornfeldern hausen Wachteln und Rothühner. Darüber in der Luft tummeln sich Wiesenweihen, Schlangen- und Zwergadler, Schmutz- und Gänsegeier sowie Turm- und Baumfalken.

Gartenammer (Ortolan)

Männchen im Frühjahrskleid

An buschigen Hängen und in Kornfeldern sind Grauammern sehr stark verbreitet, Wiedehopfe recht selten, Haubenlerchen und Brachpieper häufig, Rot- und Schwarzmilane zahlreich.

Talhänge eignen sich für Gartenammern und Heidelerchen. In Pappeln finden sich Pirole ein. Rotkopfwürger sind weit verbreitet, während der Neuntöter (Rotrückenwürger) höhere Tallagen bevorzugt.

Vögel bestimmen

Die folgenden Seiten helfen Ihnen beim Bestimmen der Vögel, die im ersten Teil abgebildet sind, und liefern Ihnen zusätzliche Informationen.

Das Konzept
Das Konzept ist so einfach und wirklichkeitsnah wie möglich: Jede Art wird anhand bestimmter Kriterien beschrieben. Oft ist der *Erste Eindruck* alles, was man von einem Vogel erhält; mit etwas Glück kann man das Gefieder auch *Von nahem* sehen und einzelne Merkmale erkennen. Diese sind für das Bestimmen wichtig – übersehen Sie aber nicht das *Erscheinungsbild* und das Verhalten des Vogels, es kann genauso unverwechselbar wie das Gefieder sein. Der letzte Punkt *Wann und wo* ist ebenfalls von Bedeutung und hilft Ihnen, jene Vögel auszusondern, die sich an Ihrem Standort sicher oder wahrscheinlich nicht zeigen. Lesen Sie diesen Text zusammen mit den Verbreitungskarten.

Die Verbreitungskarten
■ Standvogel – bleibt ganzjährig im grün markierten Gebiet.
■ Sommergast – kommt im Frühjahr ins gelb markierte Gebiet, brütet dort und zieht im Herbst wieder nach Süden.
■ Wintergast – kommt aus dem kälteren Norden und Osten und besucht das blau markierte Gebiet zwischen Frühjahr und Herbst.
Irrgast – tritt zufällig auf, wurde vielleicht durch einen Sturm auf See an Land geweht.

Manche Vögel sind Teilzieher; sie legen im Frühjahr auf dem Weg nach Norden und im Herbst auf der Reise in den Süden eine Pause ein, brüten jedoch nicht und bleiben auch nicht über die Wintermonate. Das Verbreitungsgebiet solcher Arten ist durch den blauen Farbschlüssel für »Wintergast« und den Zusatz »Frühjahr/Herbst« gekennzeichnet.

Die Vögel in diesem Bestimmungsteil sind nicht maßstabsgetreu zueinander gezeichnet. Um Ihnen eine Vorstellung der wahren Größe zu geben, ist die Länge vom Schnabel bis zum Schwanz in Zentimetern angegeben.

Bitte beachten: Die Arten und ihre wissenschaftlichen Namen folgen der taxonomischen Ordnung von Voous, 1973–1977.
Eine Skizze zur Illustration vogelanatomischer Fachbegriffe befindet sich auf Seite 317.

Sterntaucher

Gavia stellata
57 cm

Erster Eindruck: Großer, flacher, schlanker Wasservogel mit spitzem, aufwärts gebogenem Schnabel; taucht lautlos.

Von nahem: Im Sommer Kopf grau (Halsrückseite gestreift), Rücken ganz braun, roter Kehlfleck sieht im Schatten dunkel aus; im Winter weißgesichtig bis über Augenhöhe, Vorderhals weiß, Oberseite gesprenkelt. Schnabel leicht aufwärts gebogen.
Erscheinungsbild: Schwimmt flach, Kopf aufrecht; unternimmt lange Tauchgänge. An Land nur beim Nest. Fliegt mit gerecktem, hängendem Kopf, baumelnden Beinen, mit Stakkatokeckern im Sommer. Klagende Rufe in Nestnähe.

Wann und wo: Zur Brutzeit im Sommer an kleinen Süßwasserseen in Skandinavien, Schottland; im Winter an geschützten Westküsten, Mündungsgebieten.

Prachttaucher

Gavia arctica
65 cm

Erster Eindruck: Großer, langer Schwimmvogel mit geradem, dolchartigem Schnabel; Kopf und Hals eingezogen oder aufrecht gehalten.

Von nahem: Im Sommer Kopf aschgrau, Halsrückseite fast knollig; Halsseiten schwarzweiß gestreift, Vorderhals schwarz, Brust weiß; Rücken schwarz, bestimmte Felder mit breiten, weißen Querbinden. Im Winter Kopf graubraun, untere Gesichtshälfte und Vorderhals weiß, hier und da mit schwachem, dunklerem Schnurrbarteffekt.
Erscheinungsbild: Schlanker Wasservogel, taucht lange; selten an Land außer am Nest.

Wann und wo: Brütet auf Inseln in großen Süßwasserseen in Nordschottland, Skandinavien; im Winter (selten) im Nordseeraum und an Westküsten, sandige Buchten.

Eistaucher

Gavia immer

75 cm

Erster Eindruck: Großer, kräftiger Schwimmvogel mit breitem Rumpf und großem Kopf, im Wasser flach. Mächtiger Schnabel. Gescheckte Zeichnung oder dunkelbraun und weiß.

Altvogel
mmerkleid

Von nahem: Im Sommer schwarzer Kopf und Hals, eng schwarzweiß gemusterter Rücken; Schnabel schwarz. Im Winter Schnabel oft blaß mit dunkler Spitze; Halsrückseite schwarzbraun, Gesicht und Vorderhals weiß; dunkler Halbkragen; breiter, oberseits brauner Rumpf, blasser als Kopf, oft blasser gestreift; kein weißer Flankenfleck beim Schwimmen. Kormorangroß.
Erscheinungsbild: Stämmig wirkend, schwerer, großkopfiger Taucher mit massivem Schnabel. Im Flug groß, langsam, langflügelig, den schweren Kopf vorgereckt.

Wann und wo: Brütet in Island; im Winter an nördlichen und westlichen Küsten, selten im Binnenland.

Zwergtaucher

Tachybaptus ruficollis

25 cm

Winterkleid

Erster Eindruck: Sehr kleiner, untersetzter, schwanzloser Wasservogel mit kurzem Schnabel und rundem Kopf. Grundfarbe braun, im Winter heller.

Altvogel
Sommerkleid

Von nahem: Im Sommer schwärzlich, mit rötlichbraunem Gesicht; gerader, kurzer Schnabel mit blaßgelben Winkeln; im Winter blasser braun mit hellen Wangen, helle »Puderquaste« hinten.
Erscheinungsbild: Rund, außer bei Gefahr, wenn sich das Gefieder strafft; Hals aufrecht. Meist dicht bei Schilf oder anderer Deckung, im Winter jedoch in offeneren Gewässern, manchmal auf dem Meer. Taucht ständig.

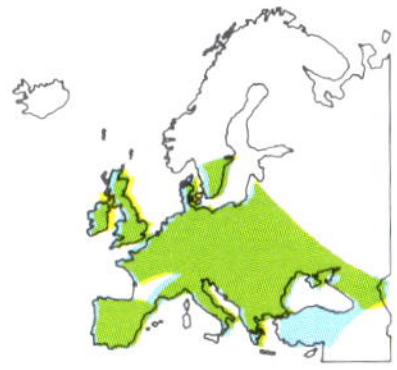

Wann und wo: Weit verbreitet außer Skandinavien, brütet auf Süßwasserseen und Flüssen; größere Gewässer und Küsten im Winter.

Altvogel
nmerkleid

Haubentaucher

Podiceps cristatus

50 cm

Winterkleid

Erster Eindruck: Langhalsiger, schlanker, schlangenartiger Schwimm- und Tauchvogel mit seidigweißem Hals. Durch aufgerichteten Hals größer erscheinend.

Von nahem: Im Sommer wachsen aus schwarzem Schopf zwei kurze Zipfel; auffällig kastanienbraune Gesichtskrause; weißer Hals, braune Oberpartie. Im Winter eher schwarzweißes Aussehen, schwarze Haube nur angedeutet; langer, spitzer, rosarötlicher Schnabel; Vorderhals und Brust weiß. Große, weiße Flügelflecken im Flug; rascher Flug fast schwirrend, auf schmalen Flügeln, mit gesenktem Kopf und baumelnden Beinen.
Erscheinungsbild: Variabel, von rundlich-kauernd bis schlank, gereckt; wachsam. Taucht regelmäßig, schwimmt unter Wasser weit. Im Winter in Gruppen, sonst paarweise auftretend.

Wann und wo: Fast ganz Europa außer Nordskandinavien; brütet an Seen mit schilf- und weidengesäumten Ufern; im Winter an offenen Seen, Stauseen, Küsten.

Rothalstaucher

Podiceps griseigena

45 cm

Winterkleid

Erster Eindruck: Stämmiger, dunkler Taucher mit großem Kopf. Dicker, dolchförmiger Schnabel.

Altvogel
Sommerkleid

Von nahem: Im Sommer hebt sich grauweißliches Gesicht unter tiefgezogener, runder, schwarzer Kappe von rostrotem Hals- und Brustbereich ab; gelber Schnabelfleck.
Im Winter schmutzig schwarzweiß, mit grauem bis weißlichem Gesicht, hellem Ohrenfleck unter schwarzer Kappe; schwärzliche Oberpartie. Hals fleckiggrau, Schnabel schwarz und gelb.
Erscheinungsbild: Untersetzter, dunkler Taucher mit dickem Hals und Schnabel, deutlich anders als der elegante Haubentaucher.

Wann und wo: Brütet an reichen Süßwasserseen und Sümpfen in Mittel- und Osteuropa, selten im Westen; im Winter an westlichen Küsten.

Ohrentaucher

Podiceps auritus
35 cm

Erster Eindruck: Kleiner, jedoch langhalsiger Taucher (bei gerecktem Hals) oder plump-rundlicher Wasservogel (geduckt). Ziemlich dunkel oder schwarzweiß.

Von nahem: Im Sommer unverwechselbarer schwarzer Kopf mit breiten, gelben, nach hinten zeigenden Ohrbüscheln oder »Hörnern« hinter den Augen; Hals, Brust und Flanken rostrot. Im Winter dunkle Kopfplatte und scharf abgesetzte, weiße Wangen, die sich im Genick fast berühren; Schnabel gerade; Vorderhals reinweiß, Halsrückseite schwarz, Flanken silbrig gesprenkelt.
Erscheinungsbild: Rundlicher Taucher, gereckter Hals lang, aber oft eingezogen; Schnabel gerade oder rundspitzig. Taucht fortwährend.

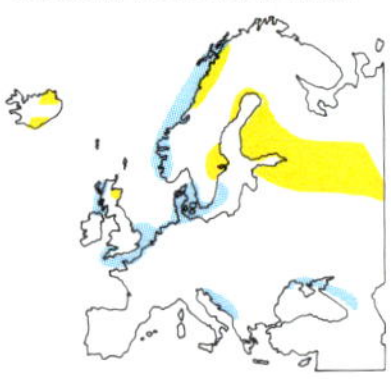

Wann und wo: Brütet im hohen Nordosten Europas und in Nordschottland; selten an westlichen Küsten im Winter.

Schwarzhalstaucher

Podiceps nigricollis
31 cm

Erster Eindruck: Kleiner, dunkler Taucher mit rundem Kopf und leicht aufgeworfenem Schnabel. Auf der Wasseroberfläche dümpelnd; taucht oft.

Von nahem: Im Sommer Kopfund Hals ganz schwarz bis auf goldene, kupfer- oder bronzefarbene, nach unten zeigende Ohrbüschel; schwärzlicher Rumpf mit rostbraunen Flanken. Im Winter schwarz und weiß, mit schmutzigschwarzer Kappe und grauweißem Gesicht (oder schwärzlichem Gesicht mit weißen Ohrdecken); Vorderhals schmutzfarben, leicht aufwärts gebogener, spitzer Schnabel.
Erscheinungsbild: Rundrumpfiger Wasservogel mit rundem Kopf und aufrechtem Hals, taucht oft.

Wann und wo: Brütet an sumpfigen Seen in Osteuropa und Teilen Südschottlands (selten); im Winter an westlichen Küsten, Flußmündungen, Seen.

Eissturmvogel

Fulmarus glacialis
45 cm

Erster Eindruck: Stämmiger, möwenähnlicher Meeresvogel mit bulligem Hals, grau und weiß; segelt starrflügelig über dem Meer oder um Küstenfelsen herum.
Von nahem: Großer, gelbweißer Kopf und Hals mit schwarzem Augenfleck; Flügeloberseiten grau, oft schmutzigbräunlich; Flügelspitzen dunkelgrau ohne Schwarz; Schwanz grau (nicht weiß oder gebändert wie bei Möwen). Starre, gerade oder angewinkelte Flügelhaltung. Schnabel dick, komplizierte Struktur.
Erscheinungsbild: Möwenähnlicher Eindruck wird rasch zerstreut durch sturmtaucherartigen, starren Segelflug; Flügelschläge zwischen Gleitphasen; bei Starkwind nur noch Gleitflug.

Wann und wo: Westliche Steilküsten (vorwiegend Großbritannien und Irland); vor den Küsten des Atlantiks und der Nordsee weit verbreitet, mehr ozeanisch im Winter.

Dunkler oder Ruß-Sturmtaucher

Puffinus griseus
45 cm

Erster Eindruck: Dunkler, schmalflügeliger Vogel dicht über dem Meer; fliegt immer mit mehreren Flügelschlägen und langen, flachen Gleitphasen.

Von nahem: Rundum dunkelbraun (kann schwärzlich wirken) bis auf hellere Flügelunterseiten (manchmal verblaßter Fleck nahe dem Hinterrand der Flügeloberseite). Gerade oder angewinkelte Flügel spitz zulaufend, starre Flügelhaltung. Rumpf recht schwer, Kopf und Schnabel jedoch schlanker als beim Eissturmvogel.
Erscheinungsbild: Ziemlich schwerrumpfiger, schmalflügeliger Sturmtaucher mit oft angewinkelten Flügeln; gerader oder kreisender Flug dicht über den Wellen.

Wann und wo: Nordsee und Atlantik, hauptsächlich im Spätsommer und Herbst; vor der Küste.

Schwarzschnabel-Sturmtaucher

Puffinus puffinus
35 cm

Erster Eindruck: Flatternder, starr- und schmalflügeliger, schwarzweißer Vogel dicht über dem Meer.

Von nahem: Oberseits schwärzlich, unterseits silbrigweiß. Langer, schlanker Schnabel; lange Flügel, ganz gerade und starr gehalten: Flügelschläge rasch, aber etwas elastisch.
Erscheinungsbild: Kippt meist über die Flügelspitzen ab mit einer Reihe drehender Flatterschläge und Gleitphasen; fliegt bei ruhigem Wetter tiefer, steigt bei Sturm in längeren Segelphasen höher. Kommt nur nachts an Land.

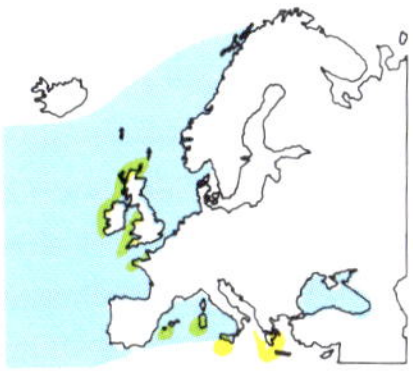

Wann und wo: Inseln im Atlantik und in der Irischen See; häufig, aber ortsfest vor der Küste in denselben Gebieten und der Nordsee, Frühjahr bis Herbst.

Sturmschwalbe

Hydrobates pelagicus
15 cm

Erster Eindruck: Sehr kleiner, unscheinbarer, schwalbenähnlicher Vogel über dem Meer; Rumpf schwarz mit Weiß.

Von nahem: Breiter, weißer Rumpffleck über rundlichem Schwanz. Breiter Flügelansatz, stumpfe Spitzen; weiße Linie auf der Unterseite. Rumpf rundum rauchig graubraun.
Erscheinungsbild: Fledermausähnlicher Flatterflug mit kurzen Gleitphasen, trudelnd und dippend, um Futter von der Wasseroberfläche aufzunehmen. Schwacher Flugeindruck, jedoch sehr schnelle Fortbewegung; folgt oft Schiffen, frißt im Kielwasser.

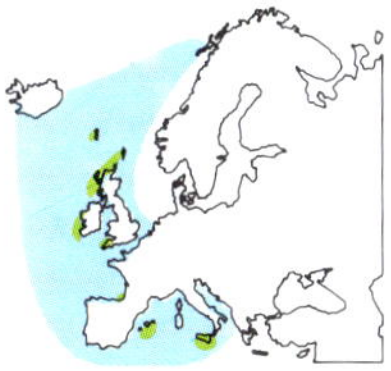

Wann und wo: Brütet auf Inseln im Atlantik und in der Irischen See; zahlreich auf See, aber vom Land aus schwer zu sehen. Beste Beobachtung von Schiffen in nördlichen und westlichen Meeren aus.

Wellenläufer (Gabelschwänzige Sturmschwalbe)

Oceanodroma leucorrhoa
22 cm

Erster Eindruck: Kleiner, dunkler Vogel mit weißem Rumpf dicht über dem Meer; lange, angewinkelte Flügel.

Von nahem: Weißer Rumpf, in der Mitte dunkel (schwer erkennbar), schmäler und nicht so deutlich wie bei der Sturmschwalbe; heller Mittelstreif auf Flügeloberseite. Flügel länger, stärker gewinkelt mit leichter M-Form. Hinterrumpf etwas gestreckter und Schwanz gegabelt, nicht rund wie bei Sturmschwalbe.
Erscheinungsbild: Unsteter Flug mit sturmtaucherartigen Segel-, Trudel- und Dippeinlagen.

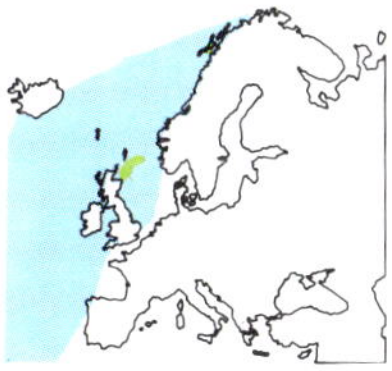

Wann und wo: Abgelegene Inseln im Atlantik. Beste Beobachtung im Herbst bei westlichen Stürmen von Landspitzen im Westen aus; wird selten landeinwärts getrieben.

Baßtölpel

Sula bassana
92 cm

Erster Eindruck: Sehr großer, langflügeliger, weiß, dunkel oder scheckig gefärbter Seevogel mit langem, dickem Hals und spitzem Schnabel.

Von nahem: Altvögel bis auf gelbbraunen Hals und schwarze Flügelspitzen weiß, Jungvögel schwärzlich mit hellen Tüpfeln; Unausgefärbte gescheckt, oft mit gelbem Hals. Lange, spitze Flügel, gerade oder angewinkelt; spitzer Schnabel, Schwanz spitz.
Erscheinungsbild: Großer, kraftvoll fliegender, leuchtend weißer Seevogel, späht im Flug übers Wasser oft nach Fischen, taucht kopfüber nach Beute; wirkt bei ruhigem Wetter schwer, mit ausladenden, regelmäßigen Flügelschlägen; bei Sturm eindrucksvolle Gleitflüge. Dichte, lärmende Kolonien auf breiten Klippen.

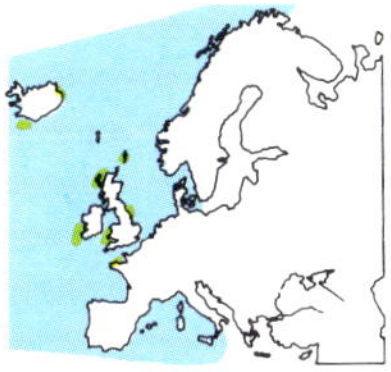

Wann und wo: Brütet auf einigen wenigen westlichen Inseln und Klippen. Zahlreich auf See, auch von Landspitzen aus zu sehen, Frühjahr bis Herbst.

Kormoran

Phalacrocorax carbo
90 cm

Erster Eindruck: Großer, dunkler, tieffliegender Wasservogel mit aufrechtem Hals, Schnabel hakenförmig gebogen.

Von nahem: Altvögel schwärzlich, mit braunem oder grünlichem Rücken, weißer Kehlfleck; im Frühjahr großer, weißer Schenkelfleck und wuschelig weißes Halsgefieder. Unausgefärbte brauner als Altvögel, mit weißer Bauchseite.
Erscheinungsbild: Dicker Schnabel geht in flache Stirn über. Breite, lange Flügel und langer Schwanz; fliegt mit vorgerecktem Kopf, oft hoch über dem Meer. Taucht mit langsamer Vorwärtsrolle von der Oberfläche ab. Schläft und nistet zuweilen in Bäumen.

Wann und wo: Westeuropäische Küsten und Küstenseen; außerhalb der Brutzeit oft an Stauseen und zahlreich an Küsten, in Mündungsgebieten, sogar Docks und Jachthäfen.

Krähenscharbe

Phalacrocorax aristotelis
70 cm

Erster Eindruck: Dunkler, schlangenhalsiger Seevogel mit langem Rumpf.

Von nahem: Altvogel rundum grünschwarz. Schnabel dünn, mit gelben Schnabelwinkeln. Im Frühjahr lockiger Stirnschopf. Jungvögel braun mit braunem Bauch, nur am Kinn weiß.
Erscheinungsbild: Dünner Schnabel und hohe Stirn; Kopf runder als beim Kormoran. Im Wasser tiefliegend, oft in rauher See an Felsküsten. Taucht mit Vorwärtssprung. Fliegt schnell und tief. Beim Fressen häufiger in Gruppen; schläft auf Klippen.

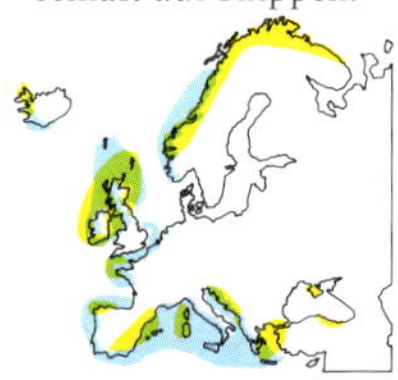

Wann und wo: Steilküsten im Westen; an Küsten im Winter häufig, meist in unwegsameren Regionen; selten im Binnenland.

Große Rohrdommel

Botaurus stellaris
75 cm

Erster Eindruck: Braun, scheu, reiherähnlich; im Flug über Schilf schwer, breitschwingig, mit hängenden Beinen, dicker Hals eingezogen.

Von nahem: Gefieder braun und rotbraun, mit komplexer schwarzer Streifenzeichnung. Schwarze Kopfplatte und Bartstreifen. Im Flug breites, helles Band am Flügelvorderrand. Kann mit steil nach oben gestrecktem Hals und Schnabel verharren; Streifenzeichnung gewährt Tarnung im Schilf.
Erscheinungsbild: Langsamer, eleganter, aber sonderbarer, reiherartiger Vogel dichter Röhrichtwälder. Auch im Flug tief über Schilf zu sehen, bevor er wieder herabrauscht.

Wann und wo: Selten; in großen, feuchten Schilfgürteln. Übersiedelt im Winter auch zu kleineren Habitaten.

Zwergrohrdommel

Ixobrychus minutus
35 cm

Erster Eindruck: Teichhuhngroßer, reiherähnlicher Vogel; geduckt oder auf ovalen Schwingen rasch fliegend, die großen Füße dabei baumelnd, Kopf eingezogen. Dunkler Rücken; helles Gesicht und dunkler Scheitel. Im Flug große, helle Flügelflecke auffällig.

Von nahem: Männchen uni cremegelb und grünschwarz, mit abgerundeten, beigen Feldern auf Flügeldecken. Weibchen braun und gelbbraun gestreift, Flügelfelder kräftiger gefärbt.
Erscheinungsbild: Klettert im Röhricht oder watet in seichtem Wasser im Randschilf. Meist geduckt, reckt jedoch bei Gefahr langen Hals.

Wann und wo: Sommergast an Sümpfen, Röhrichtgürteln bei Flußufern, an breiten Schilfgräben in weiten Teilen Süd- und Kontinentaleuropas. April bis September.

Nachtreiher

Nycticorax nycticorax

60 cm

Erster Eindruck: Plumper, untersetzter, reiherartiger Vogel, uni braun oder hellgrau und schwarz.

Von nahem: Altvögel grau, unterseits heller; Scheitel und Rücken schwarz; weiße Stirn und wuschelig weißes Kopfgefieder. Beine gelb bis orange. Jungvögel braun mit weißen Tüpfelreihen; Unausgefärbte oberseits braun, unterseits gelblich oder grauer, mehr oder weniger gesprenkelt, nicht so eng gestreift wie die Große Rohrdommel.
Erscheinungsbild: Rundlicher Reiher mit geducktem Kopf, dämmerungsaktiv; fliegt dann mit krähenartigem Krächzen. Hält sich, oft zu mehreren dicht gedrängt, auf Bäumen versteckt (meist unsichtbar, außer wenn aufgescheucht).

Wann und wo: Mittel- und Südeuropa, in Schilfzonen mit Weiden, an überwachsenen Flüssen, buschigen Sümpfen.

Kuhreiher

Ardeola ibis

50 cm

Erster Eindruck: Mittelgroßer, weißer Vogel der Felder, Müllhalden und Sümpfe.

Von nahem: Gelber, dolchförmiger Schnabel; Beine schwärzlich, färben sich im Frühjahr rot oder gelb. Runder Kopf mit schwerem Unterkiefer; gebogener Hals mit kurzem Schopf im Frühjahr. Ganz weiß; nur aus der Nähe sind im Sommer ockergelbe Flecken an Scheitel, Rücken und Brust erkennbar.
Erscheinungsbild: Kleiner, recht plumper, kurzbeiniger und -schnäbliger Reiher, lebhaft und gesellig; oft zwischen Vieh auf trockenen Weiden. Aufrecht mit schnellem, freiem Schritt und Lauf. Flug schnell und direkt.

Wann und wo: Äußerster Süden Frankreichs und Teile der Iberischen Halbinsel; kann nach Norden vordringen. Weiden, Müllhalden, Sümpfe.

Seidenreiher

Egretta garzetta

60 cm

Erster Eindruck: Kleiner bis mittelgroßer, weißer Reiher; elegant, munter.

Von nahem: Ganz weiß; zur Brutzeit zwei lange Nackenfedern und fransige Rückenfedern. Schnabel schwärzlich, Beine schwarz, gelbe Füße. Beine bei Jungvögeln grünlich.
Erscheinungsbild: Aufrechter oder nach vorn gebeugter, langhalsiger Reiher mit schlankem Schnabel. Bei Futtersuche schneller, übermütiger Gang, zuweilen mit gespreizten Flügeln im oder am Wasser. Flug reiherartig, aber leichter.

Wann und wo: Südeuropa; selten, jedoch zunehmend öfter in Südengland. Süß- und Salzwassersümpfe, geschützte Ufer.

Graureiher

Ardea cinerea

95 cm

Erster Eindruck: Großer, grauer Vogel, langhalsig oder geduckt am Wasser stehend oder deplaziert im Baum sitzend; im Flug groß, schwer, langsam, gekrümmte Schwingen.

Von nahem: Grau; weißer Hals mit gesprenkelter Vorderseite, schwarzer Überaugenstreif; Kopf bei Jungvögeln grau. Schnabel dolchartig, gelb bis orange. Schwarze Schultern und Flanken manchmal beim Ausruhen sichtbar.
Erscheinungsbild: Entweder gestreckt vorgebeugt mit erhobenem Kopf oder plump und kauernd, aber stets langbeinig. Langsam schreitender oder bewegungsloser Jäger. Fliegt mit zurückgelegtem Hals, Beine gestreckt.

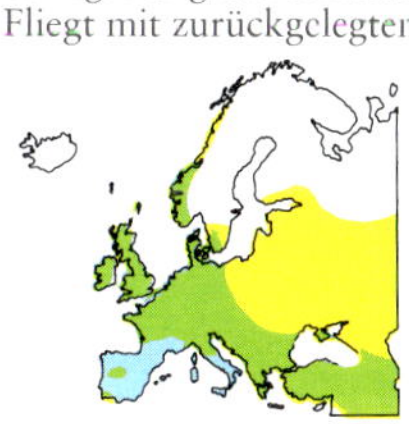

Wann und wo: Verbreitet an Gewässern aller Art; zieht im Winter südwärts oder zur Küste.

Purpurreiher
Ardea purpurea
85 cm

Erster Eindruck: Dunkler, kräftig gefärbter, schlangenhalsiger Reiher.

Von nahem: Altvögel oberseits grau mit bronzefarbenen Federn; Hals schwarz, kastanienbraune Längsstreifung. Langer, dünner, gelblicher Schnabel. Im Flug kastanienfarbener Flügelvorderrand sichtbar. Jungvögel brauner, Kopf gelblich, Hals gestreift.
Erscheinungsbild: Schlanker als der Graureiher, Schnabel länger, Hals dünner (im Flug stärker zurückgebogen), schmalere Flügel mit stärker gekrümmtem Hinterrand; lange, gestreckte Beine. Meist versteckt, oft im Schilf.

Wann und wo: Im Sommer in Schilfsümpfen und Verlandungszonen Südeuropas, Niederlande. Überwintert in Afrika.

Schwarzstorch
Ciconia nigra
100 cm

Erster Eindruck: Sehr großer, schwarzweißer Landvogel, größer als Reiher; im Flug breit- und flachschwingig mit vorgerecktem Kopf und Hals, Beine baumelnd; gefingerte Flügelspitzen.

Von nahem: Kopf, Hals, Brust und Oberseite schwarz glänzend; unterseits weiß. Weiße Achseln, sonst Flügel unterseits im Flug schwarz. Beine und dolchförmiger Schnabel kräftig rot (bei Jungtieren matter oder grünlich)
Erscheinungsbild: Imposanter Schreitvogel mit auffällig rotem Schnabel; im Flug schlanker Körper, aber große Spannweite und breite, stumpf endende Flügel. Kreisender Gleitflug.

Wann und wo: Osteuropa, im Sommer; auch (selten) in einigen Gegenden Westeuropas (Belgien, Spanien); abgelegene Wälder und Wiesen. Überwintert in Afrika.

Weißstorch
Ciconia ciconia
110 cm

Erster Eindruck: Sehr großer, weißer Landvogel mit Schwarz auf Flügeln. Oft »schmuddeliges« Gefieder. Schnabel und Beine rot. Segelt auf flachen Schwingen mit vorgerecktem Kopf.

Von nahem: Langer, dolchartiger, roter Schnabel und lange, rote Beine (oft weiß gefleckt). Kopf, Hals, Rücken und Unterseite weiß; schwarze Handschwingen und Oberschwanzdecken bilden auf geschlossenen Flügeln große Flecke, im Flug breite Hinterränder.
Erscheinungsbild: Imposanter, langsamer Schreitvogel; zieht oft in großen Trupps umher. Fliegt mit ausladend kraftvollen Schlägen, segelt aber meist auf flachen, geraden Schwingen mit deutlich gefingerten Enden, vorgerecktem Kopf, gestreckten Beinen.

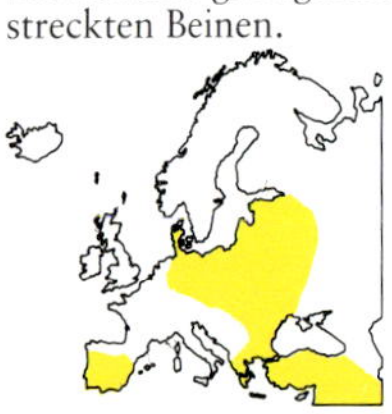

Wann und wo: Rückläufig; West-, Mittel- und Osteuropa, in der Nähe von Dörfern und Sümpfen. Überwintert in Afrika.

Löffler
Platalea leucorodia
88 cm

Erster Eindruck: Großer, weißer, eleganter, langbeiniger Ufervogel, oft in Lagunen watend; leicht schwanenartiger Flug mit vorgerecktem Kopf und gestreckten Beinen.

Von nahem: Unverwechselbarer, flacher Löffelschnabel (schwarz und gelb beim Altvogel, rosa bei Jungvögeln). Weiß bis auf ockergelbe Halspartie und (bei jüngeren Tieren) dunkle Flügelspitzen; Altvogel hat im Sommer »Ananasschopf«.
Erscheinungsbild: Reiherartig, watet aber emsiger mit eingetauchter, seitwärts geschwungener Schnabelspitze. Dicker, gekrümmter Hals im Flug gestreckt.

Wann und wo: Niederlande und Südeuropa, sonst selten; in Sümpfen, Lagunen. Überwintert in Afrika.

(Großer) Flamingo

Phoenicopterus ruber
135 cm

Erster Eindruck: Sehr großer, stelzenbeiniger, weißer oder rosa Wasservogel mit etwas Schwarz; oft in Gruppen, die aus der Ferne wie eine rosa Uferlinie aussehen.

Von nahem: Unverwechselbarer, abwärts gebogener, rosaschwarzer Schnabel; kleiner Kopf auf langem, gebogenem Hals; Flügeldecken karminrot und schwarz. Jungvögel grauer als Alttiere.
Erscheinungsbild: Watet in seichtem oder schwimmt in tieferem Wasser; frißt mit tiefgesenktem Kopf, der hin und her geschwenkt wird. Spezifisch speerförmiges Flugbild.

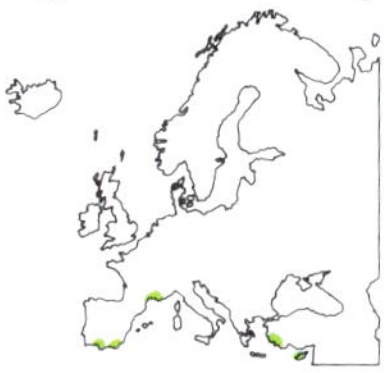

Wann und wo: Camargue und einige Plätze in Südeuropa. Achtung: Chilenischer Flamingo (Zooflüchtling!) häufig; hat graue Beine mit rosa Gelenken.

Singschwan

Cygnus cygnus
155 cm

Erster Eindruck: Stattlicher, weißer Wasservogel mit flachem Kopf, langem Hals, abgerundetem, tief gehaltenem Schwanz.

Von nahem: Schnabel lang, platt, keilförmig; Kopf flach. Altvogel ganz weiß; schwarzer Schnabel mit langen, dreieckigen, gelben Seitenpartien. Jungvogel grauer, Schnabel schwarz mit Grau.
Erscheinungsbild: Großer, langhalsiger Schwan; Hals oft gereckt; Flügel sorgfältig angelegt. Wendig an Land, wo er in Gruppen auf Wiesen frißt. Laute, trompetende Rufe.

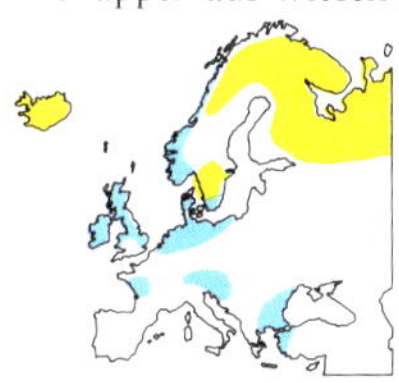

Wann und wo: Brütet in Nordskandinavien. Winters in Nord- und Westeuropa in der Nähe von Küsten und Flutwiesen.

Höckerschwan

Cygnus olor
150 cm

Erster Eindruck: Stattlicher, weißer Wasservogel, oft mit gebogenem Hals, gewölbten Flügeln, spitzem, aufgestelltem Schwanz.

Von nahem: Schnabel bei Alttieren orange mit schwarzem Höcker am Schnabelsansatz, bei Jungvögeln grau und schwarz. Altvogel ganz weiß, Unausgefärbte fleckig braun.
Erscheinungsbild: Großer, schwerer Schwan, hoch im Wasser schwimmend; Hals oft S-förmig zurückgezogen; wenn aufrecht, weist Schnabel nach unten. Im Flug Hals gestreckt; Flügel erzeugen lautes, rhythmisches Summen. Erstickte Schnarch- und Zischlaute.

Wann und wo: West- und Nordeuropa, an Seen, Sümpfen, geschützten Küsten.

Zwergschwan

Cygnus columbianus
120 cm

Erster Eindruck: Großer, weißer Schwan mit geradem Hals, kurzem, abgerundetem Schwanz, eng angelegten Flügeln.

Von nahem: Kopf rund; Schnabel an der Spitze schwach gekrümmt. Hals kann dick oder sehr schlank aussehen, oft gerade; Schnabel meist waagrecht. Altvogel hat schwarzen Schnabel mit gelben Flecken am Schnabelgrund; Jungvogel grau, hat rosa und schwarzen Schnabel.
Erscheinungsbild: Hübsch, etwas gänseartig, oft an Land (Gruppen weiden auf Gras und umgepflügten Feldern). Wendiger, recht leiser Flieger. Melodisch trompetende Rufe.

Wann und wo: Im Winter in Tieflandregionen Westeuropas, vor allem Ostseeküste, Niederlande und Großbritannien. Brütet in der Arktis.

Saatgans
Anser fabalis
75 cm

Erster Eindruck: Große, braune, dunkelköpfige Gans mit oberseits schmalen, hellen Streifen, langem, dunklem Kopf und Schnabel.

Von nahem: Schnabel schwarz mit orangerotem Band oder überwiegend orange; Kopf sehr dunkel, im Profil ziemlich lang. Oberseite dunkel mit klaren, ockergelben Streifen; am Bauch heller braun. Beine orange. Im Flug Flügeloberseiten kontrastarm.
Erscheinungsbild: Große, elegante Gans, oft in Gruppen oder einzeln mit anderen Gänsearten. Tiefe, fagottähnliche Rufe.

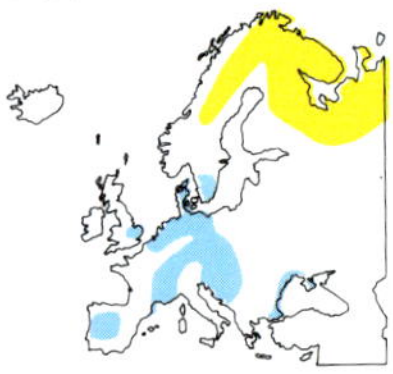

Wann und wo: Brütet in Nordskandinavien. Besucht im Winter Tieflandfelder und Sümpfe in Westeuropa, allgemein selten.

Kurzschnabelgans
Anser brachyrhynchus
70 cm

Erster Eindruck: Blaßgraue und hellbraune Gans mit rundem, dunklem Kopf und kurzem, dunklem Schnabel.

Von nahem: Schnabel klein, schwarz mit rosa Streif. Kopf und Hals sehr dunkel, Kontrast zur rehbraunen Brust. Rücken grau mit heller Bindenzeichnung. Beine blaß bis tiefrosa. Zeigt im Flug stahlgraue vordere Flügelränder.
Erscheinungsbild: Hübsche Gans, flink und munter. Oft in großen Scharen. Lautfreudig, mit tiefem Tröten und scharfem hohen »Wink-wink«-Gackern.

Wann und wo: Brütet in Island, Spitzbergen; kommt im Winter nach Großbritannien, Holland; weidet auf Wiesen und Ackerland, schläft auf dem Meer.

Bleßgans (Bläßgans)
Anser albifrons
65 cm

Erster Eindruck: Leicht eckige, lebhaft gefärbte Gans mit braunem oder gräulichem Gefieder und orangeroten Beinen.

Altvögel

Von nahem: Altvögel mit weißem Stirnfleck und unregelmäßig schwarzer Querfleckung am Bauch. Grönländische Rasse (im äußersten Westen) hat dunkleren Kopf, orangen Schnabel; bei europäischer Rasse Schnabel rosa. Beine stets tief orangerot. Jungtieren fehlen Stirnblesse und schwarze Fleckzeichnung. Im Flug etwas Grau am vorderen Flügelrand sichtbar.
Erscheinungsbild: Flinke, wachsame Gans. Am Boden meist rührig, flüchtet schnell; fliegt in dichten Gruppen, V-Keilen und Linien. Scharfe bellende bis kläffende Laute.

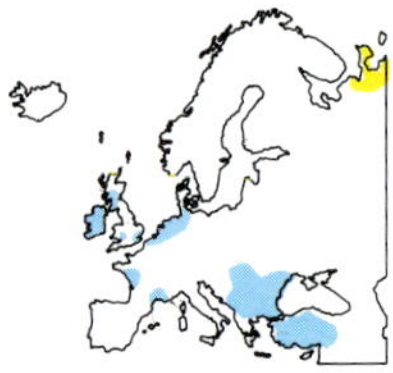

Wann und wo: Brütet in der Arktis. Besucht im Winter Großbritannien, Irland, Frankreich und die Niederlande; weidet in Mooren und Sümpfen (grönländische Rasse) oder auf Wiesen und Äckern.

Graugans
Anser anser
85 cm

Erster Eindruck: Große, recht helle, watschelnde Gans mit großem Kopf.

Von nahem: Großer, dreieckiger, orangeroter Schnabel. Kopf groß und hell graubraun; Oberseite graubraun mit hellen Streifen. Unterseite hell mit einigen kleinen, schwarzen Tupfen. Beine rosa (selten orange). Im Flug viel Hellgrau auf Flügelober- und -unterseite zu sehen.
Erscheinungsbild: Schwere Gans, wirkt aber im Vergleich zur Hausgans eher vornehm; fliegt in schnatterndem Chor in Linien und V-Keilen.

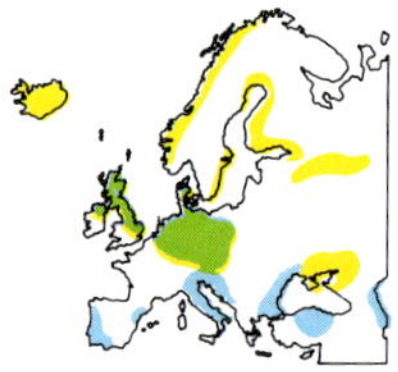

Wann und wo: Brütet vielerorts (etliche eingeführte Populationen) und überwintert weiträumig in Sümpfen, Seen, auf Feldern.

Kanadagans

Branta canadensis
90 cm

Erster Eindruck: Große, langhalsige, dunkle, lebhaft gefärbte Gans.

Von nahem: Schnabel und Beine schwarz. Langer, schwarzer »Strumpf« an Kopf und Hals mit breitem, weißem Kinnstreifen; Brust weiß. Rumpf braun, mit hellen Querbinden; breiter, weißer Bürzelstreif.
Erscheinungsbild: Lautfreudige Gans, schwanengleich auf Wasser, jedoch oft an Land; fliegt in Linien und V-Keilen mit tiefem lauten Trompeten.

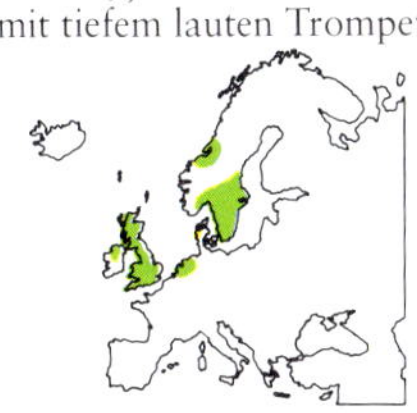

Wann und wo: An Seen und Kiesgruben in Teilen Westeuropas, aus Nordamerika eingeführt.

Weißwangengans

Branta leucopsis
64 cm

Erster Eindruck: Bullige, grau-weiß-schwarze Gans mit weißem Gesicht.

Von nahem: Kopf überwiegend weiß mit schwarzem Scheitel; Hals und ganze Brust schwarz. Oberseits blaßgrau, schwarz gestreift; weißer Bürzel.
Erscheinungsbild: Hübsche Gans mit dickem Hals, kurzem Stummelschnabel und ziemlich langen Beinen. Fliegt in ungeordneten Trupps oder Linien mit kläffenden Rufen.

Wann und wo: Brütet in der Arktis; im Winter an angestammten Plätzen in Großbritannien, Holland, Dänemark, auf Wiesen und an Mündungszonen.

Ringelgans

Branta bernicla
62 cm

Erster Eindruck: Kleine, sehr dunkle Gans mit weißem Bürzel.

Von nahem: Kopf, Hals und Brust ganz schwarz bis auf kleinen, weißen Halsfleck bei Alttieren. Oberseits dunkel graubraun (Jungvögel mit hellen Streifen); unterseits blaßgrau (hellbäuchige Rasse) oder dunkel graubraun, mit helleren Flecken (dunkelbäuchige Rasse). Schnabel und Beine schwarz.
Erscheinungsbild: Kleine Gans, recht untersetzt, oft auf dem Wasser mit aufgestelltem Schwanz; auch auf Mündungsschlamm. Fliegt in ungeordneten Trupps zielstrebig mit raschen, kräftigen Flügelschlägen; tiefes, gutturales »Ronken«.

Wann und wo: Brütet in der Tundra; zieht über Nordwesteuropa, im Winter in Großbritannien und Irland, Ostsee- und französische Küsten, an Sümpfen, Schlammflächen, zunehmend auf Kornfeldern. Selten weit im Hinterland.

Nilgans

Alopochen aegyptiacus
70 cm

Erster Eindruck: Großer, heller Vogel mit gänseuntypisch langen Beinen; weiße Flügeldecken; dunkle Gesichtskleckse.

Von nahem: Graubraun oder rötlichbraun mit schwarzweißen Flügeln. Längliche, rosa Beine; kurzer, blaßrosa Schnabel. Dunkler Brustfleck.
Erscheinungsbild: Gänseartig, sitzt aber auch auf Bäumen; plump; oft in kleinen Gruppen auf Feuchtwiesen, bildet in Europa jedoch selten große Schwärme (aus Afrika eingeführt).

Wann und wo: In Ostengland heimisch gemacht, in Parks mit Bäumen, an Seen, in Feuchtgebieten.

Brandente (Brandgans)

Tadorna tadorna
60 cm

Männchen

Erster Eindruck: Gescheckte Ente mit rotem Schnabel und rosa Beinen, oft auf offenem Schlick oder Strand.

Von nahem: Schnabel lebhaft rot mit schwarzem Nasenhöcker; Kopf grünschwarz, Rumpf vorwiegend leuchtend weiß mit schwarzen Linien und breitem, orangerotem Brustband. Jungvogel weiß mit bräunlichem Kopf, Gesicht weiß, am Rücken braun.
Erscheinungsbild: Etwas gänseartige Ente, groß und langbeinig, an Land beweglich. Schwimmt nach vorn gebeugt, Schwanz aufgestellt. Schnelles Gackern und Jaulen.

Wann und wo: Europäische Küsten; häufig an Flußmündungen, schlammigen und sandigen Stränden, einzelnen Felsufern; brütet zuweilen in der Nähe großer Seen im Hinterland. Höhlenbrüter!

Krickente

Anas crecca
36 cm

Erster Eindruck: Kleine, flinke, dunkle Ente an großen Seen, Flutwiesen, kleinen Buchten.

Weibchen

Männchen

Von nahem: Männchen hübsch, dunkel, mit dunkelbraunem Kopf (aus der Nähe glänzendgrünes, weißgerahmtes Feld), Rumpf dunkler grau als bei Pfeifente; dünner, weißer Längsstreif. Bürzel beige und schwarz (im Sommer graubraun mit grauem Gesicht unter dunklerem Scheitel). Weibchen dunkelbraun mit grauem Schnabel, lebhaft grünem Flügelspiegel, hellbeige Linie beiderseits der Schwanzwurzel. Im Flug zeigen beide Geschlechter weißen Mittelstreif und Flügelhinterrand.
Erscheinungsbild: Dunkle, planschende Ente an schlammigen Ufern, überwucherten Tümpeln, Salzmarschenbächen. Männchen stößt kurzen, hohen Pfiff aus, Weibchen quakt.

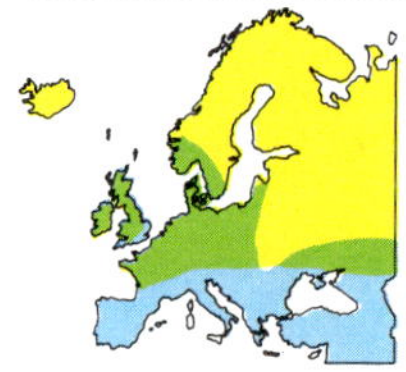

Wann und wo: Verbreiteter, aber seltener Brüter an Seen und Flüssen, oft im Hochland; im Winter häufig an Seen, Stauseen, Schwemmwiesen und Sümpfen.

Weibchen

Männchen

Schnatterente

Anas strepera
50 cm

Erster Eindruck: Ziemlich große, lange Ente mit eckigem Kopf und schlankem, waagrechtem Schnabel; unauffällig gefärbt.

Von nahem: Männchen grau mit grieselig braunem Kopf- und Brustgefieder. Blaßbrauner Fleck über schwarzem Bürzel; eckiger, weißer Flügelspiegel; Beine gelb. Weibchen braun gesprenkelt mit weißem Flügelfleck; Schnabel braun mit orangen Seiten.
Erscheinungsbild: Etwas stockentenhaft, aber ohne kräftige Färbung; Kopf mit typischer, hoher Stirn, flachem Scheitel und rundem Genick. Reckt sich flatternd; stiehlt Futter von tauchenden Bleßhühnern. Männchen grunzt nasal, Weibchen quäkt hoch.

Wann und wo: Brütet selten, aber vielerorts in Europa an flachen Schilfseen; im Winter weit verbreitet auf Schwemmland, an Seen; an Küsten selten.

Pfeifente

Anas penelope
46 cm

Erster Eindruck: Rundköpfige, kurzschnäblige Ente, braun oder grau mit rotbraunem Kopf.

Weibchen

Männchen

Von nahem: Männchen blaugrau mit schwarzweißer Schwanzpartie und weißen Flügeldecken. Kopf kastanienbraun (gleicher Ton wie Rumpf) mit gelber Stirn. Schnabel blau und schwarz. Weibchen rotbraun bis graubraun mit kurzem, grauem Schnabel, hoher Stirn, spitzem Schwanz; Bauch klar abgesetzt weiß.
Erscheinungsbild: Hübsch und flink, oft am Boden, wo sie in dichten Gruppen Wiesen und Marschen abweiden. Zeigt im Flug (in Reihen oder Pulks) lange Pfeilflügel und spitzen Schwanz. Weibchen knurrt; Männchen gibt explosiven, hohen Doppelpfiff von sich.

Wann und wo: Brütet vereinzelt im Westen und Süden, gewöhnlich im Norden; im Winter weit verbreitet an Mündungen, Seen, auf Marschen, Schwemmland.

Stockente

Anas platyrhynchos
56 cm

Erster Eindruck: Große Ente an Gewässer-, Ufer- und Trockenzonen. Männchen hell mit dunklem Kopf, Weibchen in warmem Braun gescheckt.

Von nahem: Männchen dunkelgrüner Kopf, dunkle Brust, grauer Rumpf mit braunen Längsstreifen. Schnabel gelb, Beine orange. Schwarze, geringelte Erpelfedern. Weibchen ganz mittelbraun, dunkler getupft; violettblauer, oben und unten weiß gesäumter Flügelspiegel. Schnabel dunkelbraun mit schmaler, orangeroter Seitenlinie.
Erscheinungsbild: Schwere, planschende Ente; frißt oder reckt sich auf Feldern. Im Flug langflügelig, mit großem Rumpf, vorgerecktem Kopf, Flügelschläge unter Rumpfniveau. Lautes, heiseres Quäken.

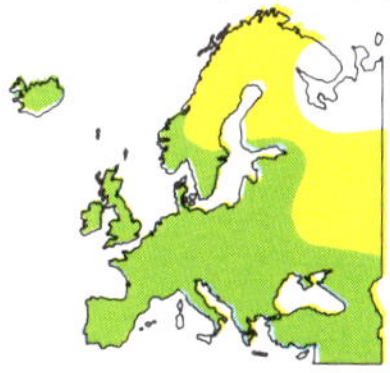

Wann und wo: Weit verbreitet und häufig; im Winter große Pulks an Seen und Sümpfen.

Spießente

Anas acuta
60–70 cm

Erster Eindruck: Große, schlanke, leichte Ente mit schmalem Schnabel; Männchen sehr kontrastreich, Weibchen hell graubraun.

Von nahem: Männchen mit schokoladenbraunem Kopf, weißer Brust, weißem Seitenstreif am Hals hinauf; Rumpf grau mit schwarzem Bürzel und langen Schwanzspießen. Beine grau. Weibchen braun, recht hell, vor allem die Kopfpartie; spitzer Schwanz, hellbraun gerändert.
Erscheinungsbild: Elegant mit langem Hals und schlankem Schnabel an rundem Kopf; im Flug länglich, Hals gestreckt, Flügel spitz und schmal.

Wann und wo: Brütet vereinzelt im Norden; weit verbreitet im Winter, aber ortsfest an schlammigen Flußmündungen, Marschen, Flutwiesen.

Knäkente

Anas querquedula
38 cm

Erster Eindruck: Kleine, muntere, gedrungene Ente mit länglich-waagrechtem Schnabel. Männchen hellrumpfig mit dunklem Kopf; Weibchen streifengesichtig.

Von nahem: Männchen hellgrau und braun; Kopf rötlichbraun mit langem, weißem Überaugenstreif. Weibchen hellbraun gesprenkelt, große Flankenflecken; hellbraunes Kinn, heller Fleck am Schnabelansatz, heller Über- und Unteraugenstreif. Schnabel und Beine grau. Im Flug zeigt das Männchen blaßblaugraue, das Weibchen graubraune Flügeldecken und zwei parallele weiße Linien entlang der Flügelinnenhälften, aber (anders als die Krickente) kein leuchtendes Grün.
Erscheinungsbild: Kleine, umtriebige, flinke, an der Oberfläche weidende Ente mit ziemlich eckigem Kopf und schwerem Körper. Männchen ruft laut schnarrend.

Wann und wo: Von Frühjahrsanfang bis Herbst, auf überwachsenen Marschen und Schwemmlandzonen; brütet weiträumig, jedoch noch immer selten. Überwintert in Afrika.

Löffelente

Anas clypeata
51 cm

Erster Eindruck: Niedrige, schwere Ente mit großem Kopf und langem, starkem Schnabel.

Von nahem: Männchen hat im Winter grünschwarzen Kopf; Brust weiß, Flanken rotbraun; Weibchen braun gesprenkelt. Beide bläulichgraue Flügeldecken. Im Sommer Männchen dunkelbraun, später rötlich. Beine orange; Schnabel grau, lang, breit, schwer, löffelartig abgeplattet.
Erscheinungsbild: Schwimmt mit Vorderpartie fast unter Wasser; oft in Gruppen, die gemeinsam das Wasser durchseihen. Lautes Flügelrauschen. Nasales Doppelquaken.

Wann und wo: Brütet auf futterreichen, überwachsenen Gewässern, weit verbreitet, aber selten; im Winter an Seen, geschützten Küsten.

Kolbenente

Netta rufina
56 cm

Erster Eindruck: Große Ente mit dickem Kopf und schwerem Rumpf. Männchen unverkennbar braun und weiß mit schwarzer Vorderpartie, flaumig ingwerfarbenem Kopf, rotem Schnabel. Weibchen unscheinbar hellbraun mit weißem Untergesicht.

Von nahem: Buntes Männchen unverwechselbar; breite, weiße Flügelbinden im Flug. Weibchen heller als Trauerente, höher im Wasser liegend; Rumpf einheitlich braun ohne Zeichnung; dicker Kopf, zweifarbig, aber schwach kontrastig. Im Flug breite, weiße Flügelbinden sichtbar.
Erscheinungsbild: Ziemlich schwere, großrumpfige Ente; taucht selten, tagsüber oft träge.

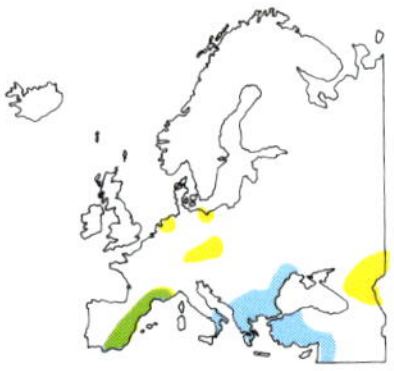

Wann und wo: Süd- und Südosteuropa, selten (die meisten eher Zooflüchtlinge) weiter nördlich. Meist an Süßwasserseen mit üppiger Sumpfvegetation.

Tafelente

Aythya ferina
46 cm

Erster Eindruck: Ziemlich lange, aber rundrückige Tauchente mit hohem Schopf, schläft tagsüber oft. Männchen vorn und hinten dunkel, in der Mitte hell.

Von nahem: Männchen mit schwarzer Brust und schwarzem Schwanz, grauem Rumpf, rotbraunem Kopf; Schnabel grau mit hellem Band. Weibchen brauner, mit hellem Rumpf; braune Brust, brauner Kopf mit blasserer Zeichnung um grauen Schnabel. Graue Flügelstreifen.
Erscheinungsbild: Ruhige, träge Tauchente, oft in dösenden Gruppen; taucht von der Oberfläche. Schneller, kühner Flug. Heisere, knarrende Laute.

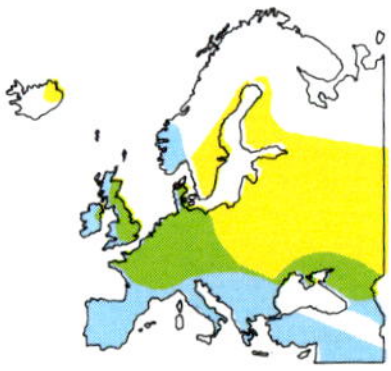

Wann und wo: Brütet weiträumig, aber selten an futterreichen Flachgewässern; im Winter an tiefen Seen, Stauseen, in Schwemmlandzonen.

Moorente

Aythya nyroca
41 cm

Erster Eindruck: Dunkelglänzende Ente mit lebhaft weißem Unterschwanzfleck. Im Flug lange, blendend weiße Flügelstreifen sichtbar.

Von nahem: Glänzend mahagoni-kastanienbraun, Rücken und Kragen dunkler. Unterschwanzdecken auffallend weiß. Schnabel dunkelgrau mit Blesse nahe der Spitze; Augen weiß.
Erscheinungsbild: Hübsche Tauchente mit flacher Stirn; schmaler Schnabel, runder Rücken; kurzer, übers Wasser gehaltener Schwanz.

Wann und wo: Südeuropa, an schilfigen Sümpfen und Seen. Überwintert fast ausnahmslos in Afrika.

Reiherente

Aythya fuligula
42 cm

Erster Eindruck: Untersetzte, lebhafte Tauchente mit dickem Kopf. Männchen gescheckt, Weibchen sehr dunkel.

Von nahem: Im Winter Männchen schwarz mit weißen Seiten; hängender Federschopf. Weibchen und Sommermännchen dunkelbraun, Flanken etwas heller als der übrige Rumpf; zuweilen kleine, weiße Gesichtsblesse. Weiße Flügelbinden. Männchen im Herbst schmutzigbraune Färbung.
Erscheinungsbild: Lebhaft, Kopf aufrecht, Schwanz tief gehalten, rundrückige Tauchente, taucht von der Oberfläche; oft paarweise, im Winter in größeren Pulks. Knurrt.

Wann und wo: Weit verbreitet an Seen, Stauseen, Kiesgruben; im Winter riesige Schwärme an geschützten Küstengewässern und Lagunen in Holland.

Bergente

Aythya marila
46 cm

Erster Eindruck: Wohlgeformte, rundköpfige Tauchente. Weibchen braun, Männchen vorn und hinten schwarz, in der Mitte grau.

Von nahem: Bei Männchen im Winter Kopf und Brust grün schillernd schwarz, Schwanz schwarz; Rücken blaßgrau wie Tafel-, weiße Seiten wie Reiherente; kein Schopf. Weibchen ähnelt blasser Version der Reiherente mit breitem, weißem Gesicht und oft blassem Ohrfleck. Schnabel breit, lang, grau.
Erscheinungsbild: Hübsche Tauchente mit steiler Stirn, rundem Scheitel und langem, breitem Schnabel; oft in Gruppen.

Wann und wo: Brütet im hohen Norden. Im Winter an geschützten Küsten mit sandigen Buchten, Abwassermündungen. Selten im Hinterland.

Eiderente

Somateria mollissima
60 cm

Erster Eindruck: Große, schwere, plattköpfige Tauchente. Männchen gescheckt, Weibchen dunkel.

Von nahem: Männlicher Altvogel oberseits weiß, am Bauch schwarz mit rosa Brust, schwarz und grün am Kopf; Schnabel lang, grün, keilförmig. Unausgefärbte gescheckt oder braun und weiß. Weibchen tiefbraun, rundum dicht gestreift, mit langem Gesicht und keilförmigem Schnabel.
Erscheinungsbild: Plattgesichtige, großrumpfige, rundliche Ente der Uferzonen. Schwerer Flug; taucht häufig von der Meeresoberfläche. Gurrende, knarrende Rufe.

Wann und wo: Brütet in Großbritannien, Irland, an Nord- und Ostsee und an manchen Küsten des Atlantiks. Große Schwärme an einigen Küsten mit seichtem Wasser über Sand und Muschelbänken.

Eisente

Clangula hyemalis
40–55 cm

Erster Eindruck: Kleine, kontrastreiche Tauchente mit rundem Kopf. Männchen mit langen, biegsamen Schwanzspießen.

Von nahem: Männchen im Winter vorwiegend weiß mit schwarzbrauner Brustbinde und dunklen Kopfseiten; Weibchen oberseits braun, an Seiten weißer; weißes Gesicht mit schwarzem Scheitel und dunklem Wangenfleck. Kurzer, dicker, grauer Schnabel (bei Männchen mit rosa Binde).*18*
Erscheinungsbild: Lebhafte, umtriebige Enten auf See; einzelne Tiere auf Binnengewässern oft geduckt, tauchen aber häufig mit Flügelschlag. Schneller, rollender Flug. Im Frühjahr nasal im Chor klagende Männchen.

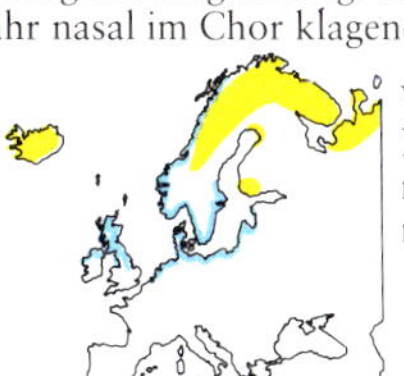

Wann und wo: Brütet im hohen Norden; im Winter an Küsten mit großen Sandbuchten, Flußmündungen.

Trauerente

Melanitta nigra
50 cm

Erster Eindruck: Elegante, dünnhalsige Tauchente mit langem Kopf; streunt oft reihenweise auf See oder fliegt weit vor der Küste tief über den Wellen.

Von nahem: Männchen bis auf hellere Handschwingen ganz schwarz; orangegelber Schnabelfleck. Weibchen braun mit helleren Flugfedern; schmutzigweißes Gesicht unter dunkler Kopfplatte.
Erscheinungsbild: Auf dem Wasser dümpelnde, muntere Meeresente; Kopf oft gereckt, länglicher, spitzer Schwanz häufig aufgestellt. Fliegt schnell und tief; bildet dichte Pulks, in Reihen umherstreunend.

Wann und wo: Seltener Brüter an nördlichen Seen. Fast das ganze Jahr über auch in Gruppen an sandigen Küsten und großen Buchten; kaum landeinwärts.

Samtente

Melanitta fusca
55 cm

Erster Eindruck: Große, ziemlich schwere, dunkle Meeresente mit oberseits plattem Schnabel.

Von nahem: Männchen ganz schwarz bis auf kleinen, weißen Augenfleck und breites, blendendweißes Rechteck auf Armschwingen, am besten im Flug erkennbar. Weibchen braun mit weißem Flügelfleck und je zwei hellen Wangenflecken.
Erscheinungsbild: Leicht eiderentenähnliche Tauchente mit langem Gesichtsprofil und kurzem Schwanz.

Wann und wo: Brütet an Seen in der Tundra. Gesellt sich zu Trauerentenschwärmen.

Schellente

Bucephala clangula
45 cm

Erster Eindruck: Bucklige, gedrungene Tauchente. Weibchen dunkelgrau mit sehr dickem, rundem Kopf, Männchen scheckig.

Von nahem: Männchen schön, strahlend weiß mit dünnen, schwarzen Linien, Kopf schwarz mit großem, weißem Fleck hinter dem Schnabel. Weibchen grau (sieht oft dunkel aus) mit weißem Kragen, im Flug Weiß auf Armschwingen; Kopf braun. Schnabel dreieckig, dunkelgrau.
Erscheinungsbild: Rundliche, umtriebige Tauchente, oft dauertauchend (wenige Tiere sichtbar, auch wenn viele da sind); schläft in Reihen, Kopf zurückgelegt, Schwanz aufgestellt. Schneller Flug auf etwas kurzen, laut pfeifenden Flügeln.

Wann und wo: Brütet an Seen in nordischen Wäldern. Im Winter an Küsten, großen Seen, Bergtümpeln.

Zwergsäger

Mergus albellus
40 cm

Erster Eindruck: Kleine, längliche Tauchente mit kleinem Kopf. Männchen schneeweiß, Weibchen weißgesichtig.

Von nahem: Männchen im Winter weiß mit feinen schwarzen Streifen, Flanken grau; schwarzer Gesichtsfleck; hängender, weißer Schopf. Dünner, grauer Schnabel. Weibchen dunkelgrau; Kopf rotbraun, Augen schwarz umrandet; Untergesicht scharf abgesetzt weiß. Weiße Flügelfelder.
Erscheinungsbild: Schlank; umtriebig, taucht und fliegt oft; schneller Flug, elegantes Flugbild.

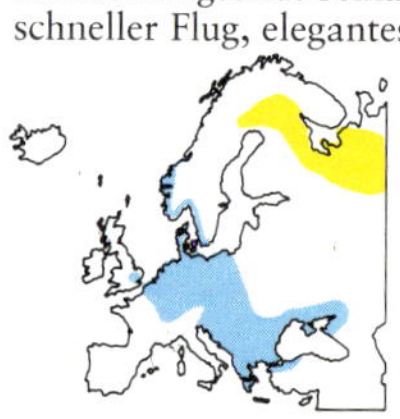

Wann und wo: Brütet an Seen im hohen Nordosteuropa; im Winter an Seen, geschützten Küsten (Ostsee, Niederlande), selten im Süden und Westen.

Mittelsäger

Mergus serrator
55 cm

Erster Eindruck: Langer Rumpf und Schnabel, leichtes »Grinsen«. Männchen mit dünnem Schopf, Weibchen mit schmutzigbraunem Gesicht.

Von nahem: Männchen schwarzgrüner Kopf mit zwei spitzen Federschöpfen; weißer Halskragen, rötliche Brust und dunkler Rumpf. Schnabel lang, rot; Augen rot. Weibchen graubraun mit weißer Brust; blaßrotbrauner Kopf mit verwaschen weißer Kehle. Roter Schnabel wirkt fast nach oben gebogen.
Erscheinungsbild: Lange, niedrige Tauchente; gestreckter, »steifer« Flatterflug. Steht oft waagrecht am Ufer.

Wann und wo: Brütet in Küstennähe und an nördlichen Flüssen in hohem Gras; sammelt sich im Herbst und Winter auf geschützten Meeren, sehr verbreitet.

Gänsesäger

Mergus merganser
64 cm

Erster Eindruck: Groß, langer Rumpf; kräftiger, gerader Schnabel; hübscher Schopf, hängend.

Von nahem: Männchen wunderschön rosa, weiß und schwarz, mit schwarzgrünem Kopf; Schnabel lang, dunkelrot, Augen dunkel. Weibchen blaugrau, Kopf dunkelbraun mit klar abgesetzter, weißer Kehle.
Erscheinungsbild: Ziemlich große, lange Tauchente an Flüssen und Seen. Flug tief und schnell, Flugbild stromlinienförmig gestreckt.

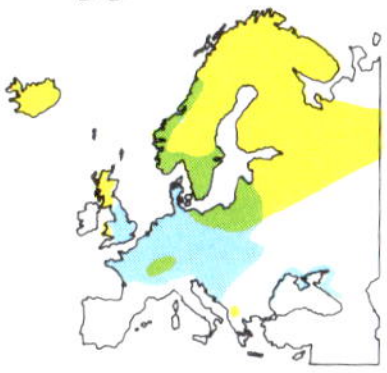

Wann und wo: Brütet an Waldflüssen im Norden und Westen; weit verbreitet, aber im Winter ortsgebunden.

Schwarzkopfruderente

Oxyura jamaicensis
40 cm

Erster Eindruck: Plumpe, rundliche, steifschwanzige Tauchente; vorwiegend dunkel oder mit weißem Gesicht.

Von nahem: Männchen im Sommer rotbraun mit schwarzem Scheitel, Gesicht weiß, Schnabel blau; im Winter unscheinbarer mit weißem Gesicht. Weibchen braun, Gesicht heller mit dunklem Querstreif. Langer, steifer Schwanz oft aufgerichtet.
Erscheinungsbild: Lebhafter »Wellenhüpfer«, taucht oft; im Winter in zerstreuten Scharen. Schneller Flug auf kurzen Flügeln, anfangs dicht über dem Wasser flatternd.

Wann und wo: Hauptsächlich im Westen; eingeführte oder entwichene Populationen.

Ruderente

Oxyura leucocephala
46 cm

Erster Eindruck: Untersetzter, rundrückiger Wasservogel mit großem Kopf.

Von nahem: Männchen orangebraun mit überwiegend weißem Kopf, schwarzem Schopf und schwarzem Hals; Schnabel groß, blau, aufgequollen. Weibchen dunkler mit helleren, waagrechten Wangenstreifen. Steifer Schwanz, beim Schwimmen oft aufgestellt.
Erscheinungsbild: Rundrumpfig mit großem, knolligem Kopf und langwurzeligem Schnabel. Taucht oft.

Wann und wo: Äußerst seltener Vogel; Südspanien.

Wespenbussard

Pernis apivorus
55 cm

Erster Eindruck: Bussardähnlicher Greifvogel mit schlankem Kopf; lange, breite, zu den Enden hin sich verjüngende Schwingen; Schwanz ziemlich lang.

Von nahem: Auffällige Flügelform, oft gerader Hinterrand mit ausgeprägtem Knick am Flügelbug; Schwanz recht lang, schlank, Kopf vorragend, schmal; flache, sogar hängende Flügelhaltung (kein Aufwärts-V); Schwanz hat zwei dunkle Querbinden an der Basis, eine an der Spitze. Variables Gefieder, oft auffällig gestreift und grau.
Erscheinungsbild: Großer, brauner Waldvogel, beim Zug auch über Bergen und Landspitzen zu sehen; im Sommer zurückgezogen.

Wann und wo: Brütet in abgelegenen Wäldern Nord- und Mitteleuropas. Überwintert in Afrika.

Schwarzer Milan

Milvus migrans
60 cm

Erster Eindruck: Großer, brauner Greifvogel mit gewinkelten Flügeln; Schwanz mit scharfen Ecken.

Von nahem: Kopf grau- oder gelbbraun; Rumpf dunkelbraun, am Bauch manchmal rostfarben; Schwanz heller oder dunkelbraun; Flügeldecken mit hellem Diagonalband, auf Flügelunterseite mehr oder weniger heller Fleck unter Handschwingen.
Erscheinungsbild: Schwanz dreieckig (gespreizt), an der Spitze eingebuchtet (geschlossen), oft verdreht. Flügel lang, meist gewinkelt, entspannt und geschmeidig, keine V-Haltung beim Gleiten.

Wann und wo: Fast ganz Süd-, Mittel- und Osteuropa; in Parks, Städten, Ackerland mit Müllhalden und Sümpfen. Überwintert in Afrika.

Roter Milan

Milvus milvus
65 cm

Erster Eindruck: Schlanker, langflügeliger Milan mit markantem Schwanz und kontrastreichem Gefieder.

Von nahem: Schwanz fuchsrot bis hell rostgelb; Kopf weißlich bis hellgrau; Rumpf rostbraun. Flügel hinten schwärzlich, vorn braun mit gelbbraunem Diagonalstreif oberseits; große, weiße Flecken auf Flügelunterseiten.
Erscheinungsbild: Schwanz im Flug dreieckig, geschlossen tief gegabelt. Flügel sehr geschmeidig, lang, gewinkelt, zur Spitze hin oft hängend. Kleiner Kopf. Sitzt aufrecht in Bäumen.

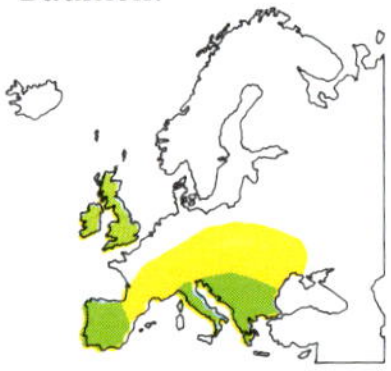

Wann und wo: In Wäldern Mittel-, Süd- und Westeuropas selten. Überwintert in Südeuropa und Afrika.

Seeadler

Haliaëtus albicilla
80–90 cm

Erster Eindruck: Riesig, rechteckig, »fliegende Tür«; am Boden mächtiger, brauner, unförmiger, aufrechter Vogel mit wuchtigem, gelbem Schnabel.
Von nahem: Altvogel hat langen, gelben Hakenschnabel (bei Jungtieren schwärzer); dunkelbraun; heller Kopf und ganz weißer Schwanz. Jungvogel braun und beige gefleckt, Schwanz zuerst dunkel, später weiß gestreift.

Erscheinungsbild: Groß und schwer; im Flug Flügel lang, breit, tief gefingerte Handschwingen, flache Haltung; sehr geschmeidig im aktiven Flug. Schwanz sehr kurz, leicht keilförmig; Kopf ragt so weit vor wie Schwanz. Steigt auf flachen Schwingen majestätisch empor.

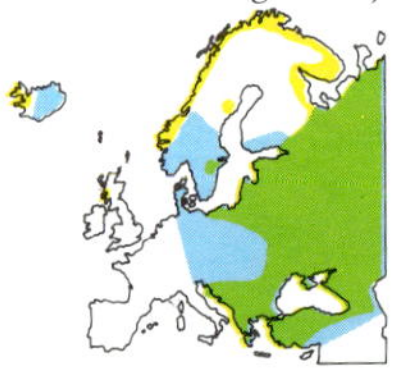

Wann und wo: Sehr selten in Mittel- und Osteuropa; häufiger an skandinavischen Küsten; in Schottland wiedereingeführt. Zieht im Winter mitunter an westliche Tieflandsümpfe.

Schmutzgeier

Neophron percnopterus
60 cm

Erster Eindruck: Großer, keilschwänziger Gleitvogel mit flachen Schwingen und spitzem Gesicht.

Von nahem: Altvogel schmutzigweiß und schwarz mit gelbem Gesicht; dünner Schnabel; hebt sich im Flug orangeweiß gegen den blauen Himmel ab, mit schwarzen Flügelhinterrändern. Jungvogel schlicht dunkelbraun; ebenfalls hageres Gesicht, Keilschwanz und lange, breite, flache Flügel.
Erscheinungsbild: Steigt prachtvoll auf; aktiver Flug mit ausladenden, kräftigen Flügelschlägen. Oft am Boden an Müllhalden oder Kadavern.

Wann und wo: Südeuropäische Berge und warme Ebenen.

Gänsegeier

Gyps fulvus
100 cm

Erster Eindruck:
Riesige, »fliegende Tür« mit winzigem Kopf und kurzem Schwanz; variable Flügelform mit gewölbtem Hinterrand, gefingerten Enden, die spitz wirken können.

Von nahem: Kahler Kopf und Halskragen; Rumpf sandbraun mit dunkleren Flugfedern.
Erscheinungsbild: Herrlicher, gleitender Steigflug mit Flügeln in V-Haltung; aktiver Flug schwer, aber kraftvoll. Gewaltig und eindrucksvoll.

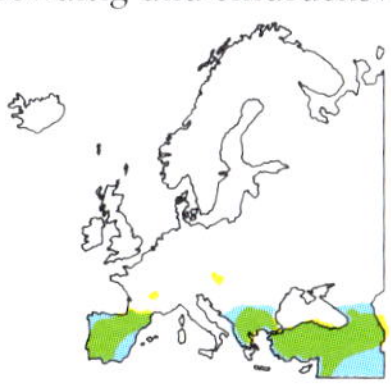

Wann und wo: Südliche Gebirge, insbesondere Pyrenäen.

Schlangenadler

Circaëtus gallicus
70 cm

Erster Eindruck:
Recht großer Adler mit breiten, geschmeidigen Flügeln; runder Kopf, unterseits hell (Kopf und Brust oft dunkel).

Von nahem: Großer, eulenartiger Kopf, hell oder dunkelbraun; Brust oft dunkel, oberseits sandbraun, Rumpf und Flügel unterseits weiß, oft mit feinen dunklen Streifen. Gelbe Augen.
Erscheinungsbild: Fein gezeichneter, schöner Adler; große flach gehaltene Schwingen, Spitzen beim Gleiten zurückgewinkelt und abgeklappt, unterseits einheitlich (keine dunklen Flecken). Steht oft mit rüttelnden, breiten Flügelenden in der Luft.

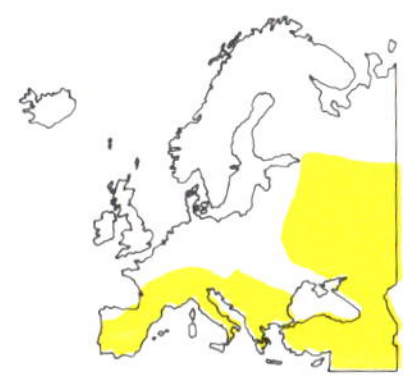

Wann und wo: Süd- und Osteuropa, in waldigem Hügelland, Buschwerk. Überwintert in Afrika.

Rohrweihe

Circus aeruginosus
50 cm

Erster Eindruck:
Großer, dunkler, langflügeliger Vogel; Flügel während der häufigen Gleitphasen in Aufwärts-V.

Von nahem: Männchen braun und gelbraun gemischt; überwiegend graue Flügel mit schwarzen Enden. Weibchen dunkelbraun, am Kopf beige, manchmal auch an Flügelvorderrändern. Schnabel kurz, tief; lange, gelbe Beine. Flügel recht lang, breit in der Mitte, Spitzen gefingert; Schwanz lang und gerade.
Erscheinungsbild: Segelt bodennah in mehreren langen Gleitphasen auf V-förmig gestellten Flügeln (siehe Schwarzer Milan). Steigt auf abgerundeten, flach gestellten Flügeln empor; runder Schwanz.

Wann und wo: Meist in der Umgebung von Schilfzonen oder in der Nähe von Feuchtwiesen und Sümpfen; brütet weiträumig, zieht aber zum Überwintern meist nach Südeuropa und Afrika.

Kornweihe

Circus cyaneus
45 cm

Erster Eindruck:
Großer, tieffliegender Greifvogel, gleitet auf V-förmig gestellten Flügeln. Männchen sehr hell, Weibchen und Jungvögel dunkel mit weißem Rumpf.

Von nahem: Männchen hellgrau, schwarze Flügelspitzen, weißer Rumpf; lange, gelbe Beine. Weibchen braun, unterseits heller und gestreift; weißer Rumpf; Schwanz breit gebändert mit Beige. Ziemlich breite Flügelspitzen (siehe Wiesenweihe).
Erscheinungsbild: Fliegt auf langen, oft zurückgewinkelten Flügeln, segelt auf V-förmig gestellten Flügeln.

Wann und wo: Im Sommer über Hochmooren; im Winter über Feuchtäckern, Marschen, Schilfzonen.

Wiesenweihe

Circus pygargus
45 cm

Erster Eindruck:
Schlanke, elegante, langflügelige Weihe, bodennah auf V-förmig gestellten Flügeln segelnd.

Von nahem: Männchen grau; am Rumpf heller, Armschwingen oft dunkler; Flügelspitzen schwarz, schmales Band quer über Flügelunterseite; unterseits rostbraune, kurze Streifen; Schwanzoberseite gebändert. Weibchen ähnlich Kornweihenweibchen.
Erscheinungsbild: Ähnlich Kornweihe, jedoch schlanker, leichter; Flügelspitzen länger, spitzer zulaufend, oft stärker nach hinten abgewinkelt.

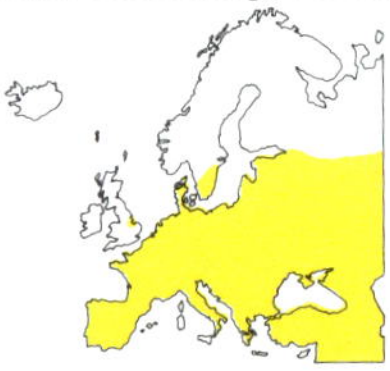

Wann und wo: Im Sommer über weiten Teilen Mittel- und Südeuropas, selten im Norden; brütet in Schilf und Kornfeldern. Überwintert in Afrika.

Habicht

Accipiter gentilis
48–60 cm

Erster Eindruck:
Großer, langschwänziger, breitschultriger Greifvogel mit tiefer Brust und länglichen, rundspitzigen Flügeln.

Von nahem: Altvögel graubraun oder grau, unterseits heller mit enger Streifenzeichnung. Dunkle Gesichtsmaske unter großem, hellem Überaugenstreif. Jungvögel oberseits braun, am Bauch hell gelbbraun mit dunklen, tränenförmigen Tupfen.
Erscheinungsbild: Grimmiger Ausdruck, breiter Körper und dicke Beine. Im Flug Schwanz ziemlich breit und abgerundet; Flügel mit S-förmigem Hinterrand. Runder Kopf ragt vor.

Wann und wo: Weit verbreitet, aber allgemein selten, in Wäldern, Parks; jagt im Winter in offenerem Gelände in der Nähe von Bäumen.

Sperber

Accipiter nisus
30–39 cm

Erster Eindruck:
Schneller, flachflügeliger, langschwänziger Greifvogel, fliegt oft in schnellem Tiefflug oder höher mit rascher Flügelschlagabfolge und flachen Gleitphasen.

Von nahem: Altvögel oberseits bräunlich bis grau, unterseits eng gestreift (Männchen oft eher orange am Bauch), Jungvögel brauner. Häufig heller Nackenfleck.
Erscheinungsbild: Forsche Flügelschläge, schneller als beim Habicht; zwischen Gleitphasen regelmäßiges »Schwungholen«. Flügel ziemlich breit und stumpf, gerade Haltung (bei Männchen zurückgebogen, Enden spitzer, aber breiter Ansatz); Schwanz lang, schmal, abgeschnitten.

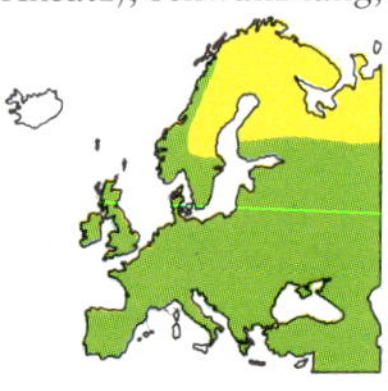

Wann und wo: Weit verbreitet in Wäldern, Ackerland mit Bäumen und Hecken, Parks, Gärten.

Mäusebussard

Buteo buteo
45–50 cm

Erster Eindruck:
Großer, brauner und oft schön gemusterter Raubvogel; kreisend steigend oder recht träge sitzend.

Von nahem: Im allgemeinen braun, unterseits mit cremefarbenen Tupfen (oft dunkle Brust über hellerem »U«). Manche viel heller, sogar ganz cremeweiß. Zeigt im Flug gebänderte Flügel mit großem, dunklem Fleck unterhalb des Flügelbugs und heller Zone unter den Handschwingen.
Erscheinungsbild: Sitzt regungslos kauernd am Boden, auf Pfählen oder Bäumen; ziemlich ruckartiger, schwerer Flug, steigt jedoch eindrucksvoll, auf V-förmig gestellten Schwingen kreisend. Lautes, miauendes »Hiäh«.

Wann und wo: Häufig und weit verbreitet; viele aus Nord und Ost ziehen im Winter westwärts. Brütet in Waldgegenden, an Rändern von Bergen, Schluchten.

Rauhfußbussard

Buteo lagopus
50–60 cm

Erster Eindruck: Großer, langflügeliger, geschmeidiger Greifvogel mit ziemlich kontrastreichem Gefieder.

Von nahem: Grundfarbe braun, bläßlicher (oft eisgrauer) Kopf, helle Brust über dunklem Bauch, weißer Schwanz mit dunkler Endbinde; Flügelunterseite in der Regel weißlich mit großem, schwarzem Fleck. Jungvögel sehr kontrastreich, Alttiere mit dunklerer Brust und kräftiger gebändertem Schwanz. Beine bis zu den Füßen hinab befiedert!
Erscheinungsbild: Längere Schwingen und im Flug geschmeidiger als der Mäusebussard; Schwanz ebenfalls etwas länger. Fliegt wie der Mäusebussard, Flügel jedoch flach; gleitet unsteter, rüttelt ausdauernder.

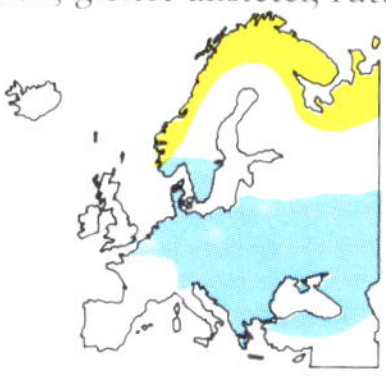

Wann und wo: Brütet in der Tundra des hohen Nordens; zieht im Winter in veränderlicher Zahl südwärts nach Holland und Mitteleuropa.

Zwergadler

Hieraëtus pennatus
42–49 cm

Erster Eindruck: Bussardgroßer, adlerförmiger Vogel mit flachen, geraden, gefingerten Schwingen, breitem Kopf und relativ langem Schwanz.

Von nahem: Zwei Formen: eine unterseits weiß mit schwarzen Flugfedern, die andere unterseits braun; bei beiden hellere Partie auf der Flügelunterseite. Beide oberseits bräunlich mit hellen, weihenähnlichen Diagonalbändern auf den Flügeldecken; Rumpf weißlich. Weiße Tupfen neben dem Hals frontal sichtbar.
Erscheinungsbild: Schlanker, rundköpfiger Adler mit kontrastreichem Gefieder. Fliegt auf flachen, nach außen hin leicht hängenden Schwingen; ganz flache Flügelschläge.

Wann und wo: Südeuropa und Mittelfrankreich; bewaldete Hügel und wildes Flachland; überwintert in Afrika.

Steinadler

Aquila chrysaëtus
75–86 cm

Erster Eindruck: Sehr großer, dunkelbrauner Vogel mit langen Schwingen; Kopf schmal, abgesetzt; mäßig langer Schwanz.

Von nahem: Kräftiger, dunkler Hakenschnabel; Kopf mit goldenen Nackenfedern; Rumpf überwiegend dunkelbraun, mehr oder weniger stark getupft, mit undeutlichen, gelbbraunen Flecken; Schwanz oft hell am Ansatz; helle Partien auf Flügeldecken, jedoch keine gelbbraune Zeichnung mit dunklen Flecken am Flügelbug wie beim Mäusebussard. Jungvögel schwärzer mit großen, weißen (nicht cremefarbenen) Flecken auf Flügeln und weißem Schwanz mit schwarzer Spitze.
Erscheinungsbild: Gewaltiger, jedoch eleganter Adler. Steigt (anders als der Seeadler) auf V-förmig gestellten Schwingen, kreist in langen, langsamen Runden; Flügel sehr lang, gewölbter Hinterrand und gefingerte Spitzen. Gleitet mit nach hinten abgewinkelten Flügeln, Flügelbug nach vorn stark ausgebuchtet.

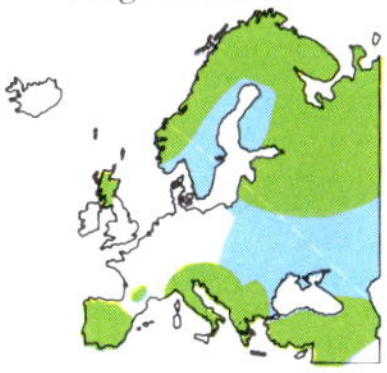

Wann und wo: Abgelegene Hochlande, Berge und Moore, Bergwälder; überwiegend in Nord- und Osteuropa, Alpen, Spanien und Schottland.

Habichtsadler

Hieraëtus fasciatus
70 cm

Erster Eindruck: Großer Adler mit langen, flachen, geraden Flügeln und relativ langem Schwanz; kontrastreiches Gefieder.

Von nahem: Altvogel oberseits dunkelbraun bis schwarz mit weißem Rückenfleck; unterseits weiß mit breitem, schwarzem Band auf der Flügelunterseite. Schwanz mit dunkler Endbinde. Jungvogel brauner mit auffällig fuchsroter Färbung unterseits.
Erscheinungsbild: Leidenschaftlicher Jäger; steigt auf flachen, geraden oder an den Enden leicht zurückgebogenen Schwingen; Kopf oft hoch gehalten über tiefer, gewölbter Brust.

Wann und wo: Südfrankreich, Spanien; in Italien und auf dem Balkan selten. Bewaldete Berge, abgelegene Schluchten. Jahresvogel.

Fischadler

Pandion haliaëtus
53–60 cm

Erster Eindruck:
Großer, scheuer Greifvogel mit abgewinkelten Flügeln, oberseits dunkel, unterseits weiß.

Von nahem: Oberseits dunkelbraun (hellere Zeichnung verleiht Jungvögeln eine gelbbraune Schattierung), unterseits schneeweiß. Weißer Kopf mit dunklem Querstreif und weniger auffälliges, braunes Brustband. Flügelunterseite mit unterschiedlicher Schwarzzeichnung, oft großer Fleck am Flügelbug.
Erscheinungsbild: Charakteristische, möwenartige, M-förmig abgeflachte Flügelform im Flugprofil von vorn. Steigt, rüttelt mit schweren Flügelschlägen, taucht nach Fischen; sitzt auch oft auf hohen Bäumen.

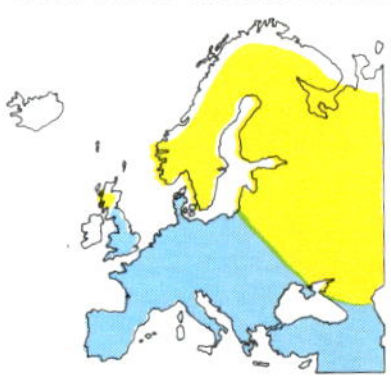

Wann und wo: Brütet in Skandinavien, Schottland, Osteuropa; weit verbreitet beim Zug an Küsten und großen Seen. Überwintert in Afrika.

Turmfalk(e)

Falco tinnunculus
32–38 cm

Erster Eindruck:
Brauner, schlanker Vogel mit stämmigem, halslosem Kopf, oft aufrecht auf Drähten oder Pfählen sitzend oder neben Straßen rüttelnd in der Luft stehend, wie an einer Schnur hängend.

Von nahem: Männchen rotbraun mit grauem Kopf; grauer Schwanz mit schwarzer Endbinde; Weibchen brauner. Brust bei beiden hellbeige, längs gefleckt.
Erscheinungsbild: Lange Flügel; langer, schmaler Schwanz. Flug leicht wellenförmig; gleichmäßige, weiche Flügelschläge mit wenigen Gleitphasen; kann auch bei Wind eindrucksvoll steigen und segeln. Typisch das ausdauernde Rütteln im Flatterflug mit gespreiztem Stoß, um die Position über dem Boden zu halten. Hohes, nasales »Krrii-krrii-krrii«.

Wann und wo: Weit verbreitet, über Acker- und Heideland und jedem offenen Gelände.

Rotfußfalk(e)

Falco verspertinus
28–33 cm

Erster Eindruck:
Dunkler oder kontrastreicher Falke mit mittellangem, relativ abgerundetem Schwanz; sanftes Aussehen, optisch zwischen Turm- und Baumfalke.

Von nahem: Männchen dunkelgrau mit rötlichem Unterschwanz und helleren Flugfedern; junge Männchen haben helleres Gesicht und rostrote Brust, gebänderte Flug- und Schwanzfedern; sehr variabel. Weibchen oberseits grau, unterseits gelbbraun-orange, heller Scheitel, Gesicht weiß mit schwarzer Maske.
Erscheinungsbild: Wie »zahmerer« Baumfalke mit kürzeren, runderen Flügeln; fängt auch Insekten im Flug, rüttelt jedoch oft wie der Turmfalke und jagt von Sitzpfählen aus.

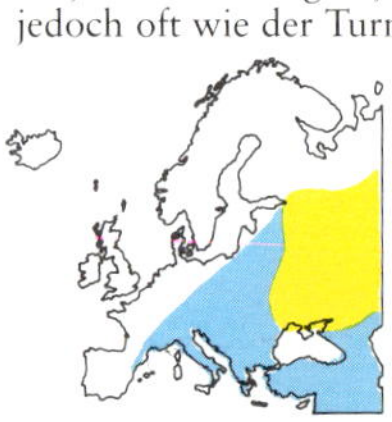

Wann und wo: Wälder und Äcker Osteuropas; zeitweise weiter westlich. Überwintert in Afrika.

Merlin

Falco columbarius
25–30 cm

Erster Eindruck:
Stämmiger, kurzschwänziger Falke mit breit angesetzten, spitz zulaufenden Flügeln; dunkel; schneller Tiefflug.

Von nahem: Männchen oberseits bläulich, unterseits orange oder gelbbraun mit schwarzer Schwanzbinde; Weibchen erdbraun, unterseits cremefarben; beige gebänderter Stoß.
Erscheinungsbild: Lebhafter Falke, kann aber auch lange am Boden oder auf Pfosten sitzen. Flug meist tief, schnell, mit raschen Flügelschlägen und wenig Gleitphasen. Verfolgt Kleinvögel in akrobatisch anmutender, hartnäckiger Jagd.

Wann und wo: In nordischen Hochlanden und Großbritannien selten. Weit verbreitet im Winter über Tieflandmooren, Wiesen, Küstenmarschen.

Baumfalk(e)

Falco subbuteo
32–36 cm

Erster Eindruck: Eleganter, dunkler Falke mit sensenförmigen Flügeln, aktiver Flieger; ausgeprägte Kopfzeichnung.

Von nahem: Kopf und Bärtchen schwarz, Kopfseiten weiß. Oberseite schiefergrau, manchmal am Rumpf brauner; unterseits weiß, aber kräftig längs gefleckt, daher aus der Ferne insgesamt dunkel wirkend; Schenkel und Unterschwanz rostrot.
Erscheinungsbild: Schlank mit langen, dreieckig spitzen Flügeln; kurzer, schmaler Schwanz. Fängt oft Insekten mit den Füßen in der Luft; jagt auch Kleinvögel.

Wann und wo: Weit verbreitet in Ackerland mit Wäldern, Heide. Überwintert in Afrika.

Wanderfalk(e)

Falco peregrinus
40–52 cm

Erster Eindruck: Mittelgroßer Falke mit breitem Rumpf und Schwanz; Flügel spitz, ausgeprägte Kopfzeichnung.

Von nahem: Kopf blaugrau bis schwarz; deutlicher, schwarzer Gesichtsfleck; Halsseiten weiß. Altvögel oberseits schiefergrau, unterseits weiß mit Stich ins Rosa, am Bauch gestreift. Unausgefärbte brauner, kräftig längs gefleckt.
Erscheinungsbild: Kräftig gebauter, schnell fliegender Vogel mit breiten Schultern; Flügelansätze und Schwanz breit. Flügel oft ziemlich gerade, Enden spitz (angelegt noch spitzer). Meist rasche, kräftige Flügelschläge und kurze Gleitphasen, steigt und segelt aber auch; rasante Sturzflüge. Lautes, heiseres Krächzen in Horstnähe.

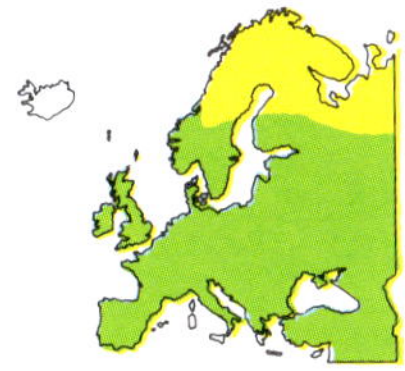

Wann und wo: Weit verbreitet, aber selten, außer in Großbritannien und Teilen Spaniens; Bergregionen, Küstenklippen. Überwiegend Jahresvogel.

Schottisches Moorschneehuhn

Lagopus lagopus scoticus
38 cm

Erster Eindruck: Rebhuhnähnlich, nur runder; kleiner Kopf, kurzer, abwärts zeigender Schwanz; schwirrt plötzlich schnell und tief fliegend ab.

Von nahem: Rotbraun mit dunkler, enger Querwellung; Schwanz dunkel. Kontinentale Vögel haben weiße, auf den Britischen Inseln dunkelbraune Flügel. Roter Überaugenfleck. Im Winter bleiben britische und irische Vögel dunkel, kontinentale werden weiß.
Erscheinungsbild: Runder, pummeliger, scheuer Vogel der hohen Heide; stößt geräuschvoll aus dem Bodengestrüpp und flüchtet auf schwirrenden, kurzzeitig steif gehaltenen, abwärts gebogenen Flügeln. Laute, quakende Stakkatorufe.

Wann und wo: Nordeuropa und Britische Inseln; Heidemoore. Jahresvogel.

Alpenschneehuhn

Lagopus mutus
35 cm

Erster Eindruck: Plumper, rundlicher Vogel, kriecht oder läuft lautlos auf felsigem Grund.

Von nahem: Im Sommer braun oder grau, pfefferfarben mit Schwarzton, nicht rötlich; Flügel weiß; im Winter weiß. Männchen mit schwarzem Gesicht und schwarzem Schwanz. Im Vergleich zum Moorschneehuhn kleiner; Kopf schöner, Schnabel kleiner.
Erscheinungsbild: Kleines, hübsches Rauhfußhuhn, bemerkenswert annäherungsfähig, aber scheu. Flieht bei Gefahr sehr rasch. Kurzer, knarrender Ruf.

Wann und wo: Kahle Gipfelregionen in Schottland, den Pyrenäen und Alpen; in Nord- und Westskandinavien sowie Island in tieferen Regionen. Jahresvogel.

Birkhuhn

Tetrao tetrix
40–53 cm

Erster Eindruck: Längliches, glänzend-schwarzes Rauhfußhuhn (Männchen) oder scheuer, graubrauner Vogel der Moorlandränder, fliegt sehr früh davon.

Von nahem: Männchen unverwechselbar, stahlblau und schwarz mit weißen Flecken, Flügelbinden und »Puderquaste« unter leierförmigem Schwanz. Weibchen wie kleines Auerhuhn oder großes Moorhuhn, schwarz gestreift auf warmbraunem Grund. Schwacher, blasser Flügelstreif; Schwanz auch im Flug leicht gegabelt.
Erscheinungsbild: Körper und Schwanz im Flug gestreckt. Männchen am Boden ziemlich rundlich, lebhaft und sehr scheu; im offenen Gelände gut zu sehen, flieht aber schnell. Weibchen kriecht durchs Unterholz, erheblich schwieriger auszumachen.

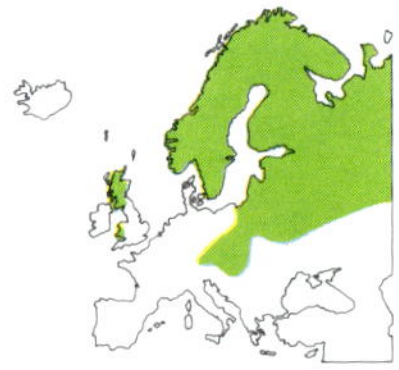

Wann und wo: Nordengland, Mittel- und Nordeuropa, rückläufig, auf Heide, Mooren und am Waldrand. Jahresvogel.

Auerhuhn

Tetrao urogallus
60–80 cm

Erster Eindruck: Großes (Männchen fast truthahngroßes) Rauhfußhuhn der Wälder und Lichtungen, in Baumwipfeln oder durch die Bodenvegetation krauchend.

Von nahem: Männchen dunkelbraun und grau, grüner Schimmer in der Kopfgegend; breiter, schwarzer Schwanz mit weißer Zeichnung, wird beim Balzen gespreizt aufgestellt. Weibchen hell orangebraun, schwarz gestreift, mit orangem Brustband; runder, rotbrauner Schwanz. Bei beiden weißer Schulterfleck.
Erscheinungsbild: Schweres, schwerfälliges Rauhfußhuhn, oft aus Bäumen, Heidekraut oder Wacholder in geräuschvollen, schnellen geraden Tiefflug startend.

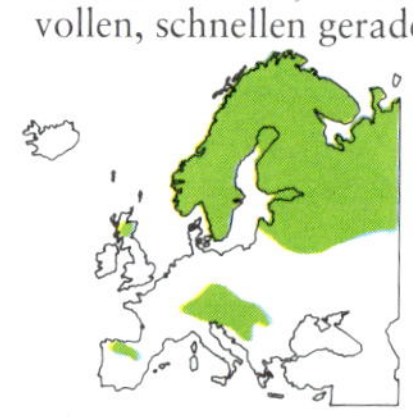

Wann und wo: Schottische Kiefernwälder; alte Wälder in Nordspanien; Alpen, Nordeuropa. Jahresvogel.

Rothuhn

Alectoris rufa
35 cm

Erster Eindruck: Rundlicher, recht großer, ziemlich kräftiger Vogel; rennt viel.

Von nahem: Komplexe Kopfzeichnung mit weißem Kehlfleck, schwarzes Begrenzungsband, in Tüpfel auslaufend; Flanken gestreift; graubrauner Rücken. Beine und Schnabel rot.
Erscheinungsbild: Läuft meist paarweise oder in kleinen Gruppen in offenem Gelände; sitzt auch auf Dächern, Mauern, Heuhaufen, geduckt oder aufrecht. Rhythmisches »Schackern«.

Wann und wo: Südengland, Frankreich und Spanien. Jahresvogel.

Rebhuhn

Perdix perdix
30 cm

Erster Eindruck: Ziemlich kleiner, runder, kükenähnlicher Bodenvogel mit braungestreiftem Gefieder; Gesicht einfarbig.

Von nahem: Gesicht orangebraun; Rücken eng gestreift. Braune Flügel im Flug rund und steif; Schwanz kurz, rostrot.
Erscheinungsbild: Kriechender Vogel auf Grasmatten, Feldrainen; fliegt eher auf als das Rothuhn, mit durchdringendem »Kit-kit«; vom Boden auch knarrendes »Kierr-ik«.

Wann und wo: Grasland, Dünen; weit verbreitet außer im hohen Norden, jedoch abnehmend. Jahresvogel.

Wachtel

Coturnix coturnix
18 cm

Erster Eindruck:
In der Regel eine geisterhafte Stimme; winziger, brauner, runder Vogel in Kornfeldern; selten im Tiefflug zu sehen, gerät danach gleich wieder außer Sicht.

Von nahem: Gestreiftes Gesicht, sonst braun längs gefleckt. Männchen mit schwarzer, Weibchen mit weißer Kehle; rund, pummelig, kurzbeinig. Relativ schmale Flügel im Flug.
Erscheinungsbild: Scheuer Vogel in hohem Gras oder Getreide; flüssiges »Bik-bi-bik« ist bestes Kennzeichen. Sehr schwer zu sehen.

Wann und wo: Im Sommer in fast ganz Europa weit verbreitet. Überwintert in Afrika.

Jagdfasan

Phasianus colchicus
60–85 cm

Erster Eindruck:
Langschwänziger, dunkel- oder blaßbrauner Vogel am Waldrand, auf Feldern und Marschen. Männchen leuchtend bunt, Weibchen unscheinbar braun gefärbt.

Von nahem: Männchen mit rotem Gesicht, dunkelgrünem Kopf, mit oder ohne weißen Kragen; kupfer- oder messingbraun gestreifter Rumpf; langer, gebänderter Schwanz. Weibchen schmucklos; spitzer, brauner Schwanz.
Erscheinungsbild: Bodenvogel, jedoch auch auf Bäumen, mitunter in Schilf zu sehen; läuft gemächlich, rennt aber bei Gefahr. Lautes »Körr-kock«, wummernde Flügelschläge.

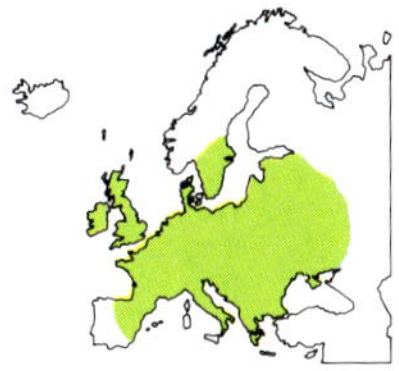

Wann und wo: Eingeführter Jagdvogel, weit verbreitet; in waldreichen Gegenden. Jahresvogel.

Wasserralle

Rallus aquaticus
28 cm

Erster Eindruck:
Tief-, aber plattrumpfiger Vogel der dichten Ufervegetation; schlüpft außer Sicht oder läuft beziehungsweise kriecht am Wasser entlang; langer Schnabel.

Von nahem: Langer Schnabel mit viel Rot; oberseits braun mit dunkler Längsfleckung; unterseits zart hellblaugrau, hintere Flanken mit schwarzweißer Querbänderung; gelbbraun unter aufgestelltem Schwanz.
Erscheinungsbild: Scheuer Vogel in Schilf und an überwachsenen Gräben. Staksiger, meist vornübergebeugter Gang; die langen Zehen bei jedem Schritt vorsichtig angehoben. Lautes, ferkelähnliches Grunzen oder Quicken.

Wann und wo: Weit verbreitet, außer im hohen Norden; in Marschen, feucht-sumpfigen Waldniederungen, Gräben. Teilzieher.

Tüpfelsumpfhuhn (Tüpfelralle)

Porzana porzana
23 cm

Erster Eindruck:
Rundlicher, kleinköpfiger, dunkler Vogel im dichtbewachsenen Uferbereich.

Von nahem: Schnabel kurz, blaß gelblichrot; Beine grünlich; Rumpf großenteils erdbraun mit schwarzen und cremefarbenen Tupfen und Streifen; unterseits grau mit quergebänderten Flanken; gesprenkelte Brust. Im Flug weißer Flügelvorderrand sichtbar. Kurzes »Kwit-kip« im Frühjahr.
Erscheinungsbild: Plumper Vogel mit kurzem Schnabel und kleinem Kopf, sehr scheu und zurückgezogen, rennt wie eine Ratte über Freiflächen an Sumpfrändern.

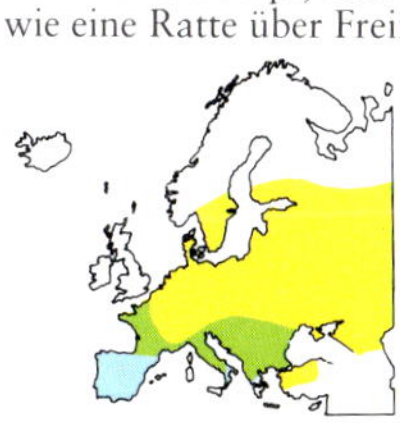

Wann und wo: Seltener Brüter, fast überall auf dem europäischen Festland; zieht größtenteils zum Überwintern nach Süden.

Kleines Sumpfhuhn (Kleine Ralle)

Porzana parva
19 cm

Erster Eindruck: Sehr kleiner Ufervogel mit spitzem Schwanz; sieht aus wie ein Mini-Teichhuhn.

Von nahem: Männchen schön glänzend, oberseits braun gestreift, unterseits heller blaugrau mit schwarzweißer Querbänderung an den hinteren Flanken. Schnabel grünlich mit rotem Ansatz; Beine grün. Weibchen brauner, am Bauch gelblichbraun.
Erscheinungsbild: Sehr klein, rundlich, Flügelenden und Schwanz spitz. Sucht bei Störungen eilig Deckung; kriecht lautlos hervor, wenn die Luft rein ist.

Wann und wo: Südosteuropa, Sommer und Herbst; sehr selten im Norden und Westen. In Schilfzonen, schilfbestandenen Gräben, Marschen.

Wachtelkönig (Wiesenralle)

Crex crex
26 cm

Erster Eindruck: Kleiner, brauner Vogel mit schwirrenden, orangebraunen Flügeln, über Heuwiesen fliegend, oder erdbrauner, gestreifter Vogel, der einem Zwerghuhn gleich über offenen Grund ins schützende Dickicht rennt.

Von nahem: Schnabel kurz mit Stich ins Rosa; Rumpf graubraun mit schwärzlicher Längsfleckung; warmes Orange an Flanken und Flügeln; Gesicht und Brust hellgrau.
Erscheinungsbild: Scheu; nachts von Heuwiesen unverwechselbares, knarrendes »Rerrp-rerrp«; wenn er gesichtet wird, rennt er meist geduckt oder steht mit erhobenem Kopf, mit offenem Schnabel rufend.

Wann und wo: Drastisch dezimiert und noch immer rückläufig im Norden und äußersten Westen. Überwintert in Afrika.

Teichhuhn

Gallinula chloropus
33 cm

Erster Eindruck: Schlanker, dunkel schimmernder Vogel am Ufer oder auf Feuchtwiesen; schwimmt mit ruckendem Kopf, läuft mit rhythmisch-federndem Schritt und stolz erhobenem Schwanz.

Von nahem: Schnabel lebhaft rot und gelb; Rumpf glänzend, oberseits braun, unterseits schiefergrau mit weißer Flankenlinie und großer, weißer Unterschwanzpartie. Jungvogel braun mit grünlichem Schnabel.
Erscheinungsbild: Großer Rumpf, aufgestellter Schwanz; läuft vorgebeugt, schwimmt kopflastig, Schwanz nach oben. Flattert oft hastig im Tiefflug übers Wasser.

Wann und wo: Tümpel, Flüsse, Marschen außer im hohen Norden.

Bleßhuhn (Bläßhuhn, Bleßralle)

Fulica atra
38 cm

Erster Eindruck: Schwärzlicher, runder, geduckter Wasservogel mit weißem Gesicht.

Von nahem: Schnabel und Stirnschild weiß bis rosaweiß; Gefieder schiefergrau bis schwarz mit hellem Flügelhinterrand. Jungvögel am Bauch und im Gesicht weißlich.
Erscheinungsbild: Steht aufrecht, rund, auf großen, plumpen Füßen; schwimmt mit rundem Rücken, Schwanz tief; taucht oft.

Wann und wo: Weit verbreitet an größeren Tümpeln und Seen; zieht im Winter vielfach an westliche Küstenregionen.

Kranich

Grus grus
120 cm

Erster Eindruck: Riesiger, aufrecht stehender, grauer Vogel mit reiherartig langem Hals und kleinem, gestreiftem Kopf.

Von nahem: Kopf schwarz mit nach oben verbreitertem, weißem Streifen seitlich am Hals bis zum Auge; roter Scheitel. Ansonsten grau; büschelig über dem Schwanz herabhängende, schwärzliche Federn. Im Flug helle Flügelmitte sichtbar; Flugfedern mattschwarz.
Erscheinungsbild: Hoher, ruhiger, lang schreitender Vogel im offenen Gelände, zum Fressen vornübergebeugt. Hals und Beine im Flug gestreckt; Flügel sehr lang, breit, rechteckig und gefingert. Trompetende oder klirrende Rufe.

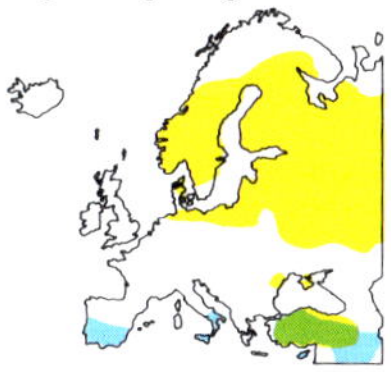

Wann und wo: Brütet in Nord- und Osteuropa; im Winter örtlich in Frankreich und Spanien zu sehen. Sumpfgebiete, Seen, freies Gelände.

Austernfischer

Haematopus ostralegus
43 cm

Erster Eindruck: Markant gescheckter Ufer- oder Wiesenvogel mit langem, leuchtendem Schnabel.

Von nahem: Schnabel leuchtend orangerot, Spitze im Winter dunkler; Beine rosa. Oberseite schwarz, Unterseite großenteils weiß; breite, weiße Flügelstreifen.
Erscheinungsbild: Untersetzter Watvogel, meist langsam laufend, in Schlamm und Schalentierbänken stochernd oder zur Brutzeit auf Feldern am Ufer. Lautfreudig; angenehmes »Klüiit« und schrill gepfiffenes »Kitt-kitt«.

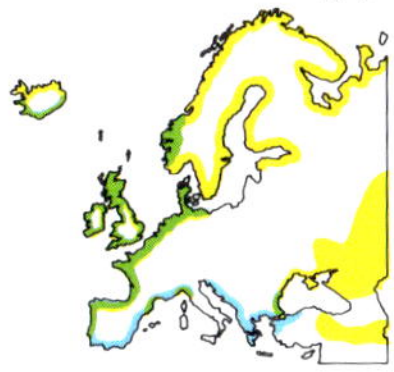

Wann und wo: Brütet in Küstennähe (in Schottland auch im Hinterland); im Winter weit verbreitet an Flußmündungen und Felsküsten.

Stelzenläufer

Himantopus himantopus
38 cm

Erster Eindruck: Grotesk stelzenbeiniger, schlanker, schmalgesichtiger, schwarzweißer Vogel der Uferzonen.

Von nahem: Scheitel und Halsrückseite unterschiedlich schwarz und grau, Kopf und Rumpf ansonsten weiß, Rücken und Flügel jedoch schwarz. Flügel unterseits schwarz mit weißem Dreieck am Ansatz. Schnabel dünn, schwarz; Beine sehr lang, rosarot.
Erscheinungsbild: Außergewöhnlich lange, im Flug gestreckte Beine; watet tief, nimmt Futter von der Wasseroberfläche auf. Lautes, gellend rauhes »Tjüüt«, »Kwip«.

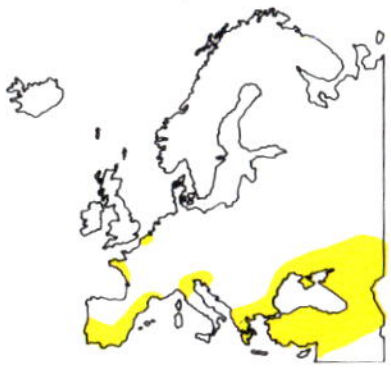

Wann und wo: Südeuropa und französische Küsten; in Salzpfannen, Süß- und Brackwasserlagunen.

Säbelschnäbler

Recurvirostra avosetta
43 cm

Erster Eindruck: Weiß mit schwarzen Partien; unverwechselbarer Schnabel.

Von nahem: Schwarzes Käppchen; doppelter, schwarzer Streifen beiderseits des Rückens, ansonsten schneeweiß (in Möwenschwärmen eventuell zu übersehen). Beine lang, grau; Schnabel nach oben gebogen.
Erscheinungsbild: Lebhaft, oft lautfreudig und aggressiv in Nestnähe, verscheucht Möwen und Brandenten; stochert mit seitlich geschwenktem Schnabel im Wasser nach Futter. Schneller Flug auf leicht stumpfen, fast schwirrenden Flügeln.

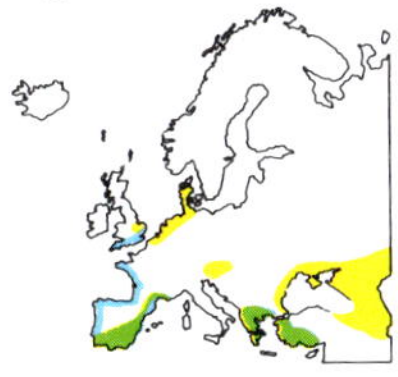

Wann und wo: Selten und ortsfest, zumeist in Küstennähe an seichten, brackigen Lagunen; im Winter an Mündungszonen im Südwesten.

Triel

Burhinus oedicnemus
40 cm

Erster Eindruck: Seltsamer, hellbrauner, langbeiniger, aber kurzschnäbliger Vogel der Trockenheide, Dünen, Kieselfelder.

Von nahem: Gelber Schnabelansatz und helle Gesichtsstreifen deutlicher als die großen, gelben Augen. Rumpf hell sandbraun, längs gefleckt mit hellem, dunkel eingefaßtem Band über geschlossenem Flügel. Beine gelb. Zeigt im Flug überraschende lange, schwärzliche Flügel mit leuchtendweißen Streifen und Flecken.
Erscheinungsbild: Scheu, tagsüber träge; in der Dämmerung aktiv und lautfreudig. Ruht im Schatten, oft sitzend oder still stehend, schwer zu entdecken; fliegt oft bei Dämmerung mit lautem, brachvogelähnlichem »Tröüiit«.

Wann und wo: Südengland, fast ganz Süd- und Mitteleuropa. Überwintert in Afrika.

Flußregenpfeifer

Charadrius dubius
16 cm

Erster Eindruck: Glatter, schlanker, braun-weiß-schwarzer Ufervogel; Schnabel und Beine dunkel.

Altvögel

Von nahem: Schnabel vorwiegend schwarz, Beine dunkel; heller, gelber Augenring. Oberseits braun, unterseits weiß mit schwarzem Brustband. Flügel im Flug schlichtbraun.
Erscheinungsbild: Geschmeidiger als der Sandregenpfeifer, Rücken flacher, Beine länger; ruft mit kurzem, scharfem »Tjüh«.

Wann und wo: Frühjahrsanfang bis Herbst, landeinwärts an Flüssen, Baggerseen, in kiesigen Bereichen mit Wasser. Überwintert in Afrika.

Sandregenpfeifer

Charadrius hiaticula
18 cm

Altvögel

Erster Eindruck: Rundlicher, braun-weiß-schwarzer Ufervogel mit kurzem, leuchtendem Schnabel.

Von nahem: Schnabel orange und schwarz, Beine orangerot. Oberseits braun, unterseits weiß mit schwarzem Brustband. Im Flug weißer Flügelstreif sichtbar.
Erscheinungsbild: Munterer Strandvogel; Aktivitätsmuster »Vorpreschen – Stop – Zustoßen«. Flüssig-melodisches »Tlüieh«.

Wann und wo: Brütet an Sand- oder Kiesstränden sowie landeinwärts im Norden; im Winter weit verbreitet an Küsten.

Seeregenpfeifer

Charadrius alexandrinus
16 cm

Weibchen

Männchen

Erster Eindruck: Heller, dicklicher, kleiner, langbeiniger Wasservogel.

Von nahem: Schnabel und Beine schwarz; dunkler Augenfleck; kleiner Fleck oberhalb der Schulterhöhe (beim Männchen schwarz). Männchen im Frühjahr mit kastanienbraunem Scheitel. Leicht zu verwechseln durch junge Sand- und Flußregenpfeifer mit unausgefärbtem Brustband.
Erscheinungsbild: Oft aufrecht, an heißen Orten jedoch »kompakt« und schlank; eiliger Lauf auf langen Beinen.

Wann und wo: Vorwiegend am Mittelmeer, aber auch an der französischen und holländischen Küste. Überwintert in Afrika.

Mornell-regenpfeifer

Charadrius
Eudromias morinellus
23 cm

Erster Eindruck: Recht plump, jedoch schlanker und höher, wenn er aktiv ist; hellweißer Überaugenstreif, weißes Kropfband.

Von nahem: Männchen zur Brutzeit mit schwarzem Käppchen und weißem »V« über den Augen; weißer Kehllatz; Rücken graubraun; Brust grau, durch weiße Binde vom rotbraun-schwarzen Bauch abgesetzt. Weibchen größer, heller. Im Herbst schlichter, aber komplex gezeichnet mit angedeutetem Brustband; weißes »V« auf braunerem Kopf.
Erscheinungsbild: Im Frühjahr ruhen kleine Scharen wie Gruppen kleiner Rebhühner auf südlichen Feldern; im Sommer auf Hochplateaus, viel schwerer bestimmbar, oft töricht zahm.

Wann und wo: Seltener Zugvogel im Süden; brütet im Norden auf Hochebenen, selten in den Alpen. Überwintert in Nordafrika.

Goldregenpfeifer

Pluvialis apricaria
27 cm

Erster Eindruck: Hübscher Vogel, mittelbraun bis oliv oder (in der Sonne) goldgelblich; runder Kopf, kurzer Schwanz.

Von nahem: Eng goldgelb auf Schwarz marmoriert; im Sommer Gesicht und Unterseite schwarz. Flügelunterseiten blitzen im Flug weiß auf; kein Flügelstreif, dunkler Rumpf.
Erscheinungsbild: Kleinerer Schnabel als der Kiebitzregenpfeifer; oft in dichteren Scharen zusammen mit Kiebitzen auf Wiesen oder frischgepflügten Äckern. Das »Stop-Start«-Verhalten ist für den Regenpfeifer typisch. Spitze Flügel; schneller Flug. Ruft »Tiieh« oder »Tlüoh«.

Wann und wo: Brütet in nördlicher Moor- und Hügellandschaft; im Winter weit verbreitet im Westen, mehr im Tiefland, in küstennahen Salzmarschen.

Kiebitzregenpfeifer

Pluvialis squatarola
29 cm

Erster Eindruck: Gesetzter, dicklicher, grauer Vogel mit großen, dunklen Augen und kurzem, aber kräftigem Schnabel.

Von nahem: Schön grau und weiß marmoriert; im Sommer prächtig schwarz und silbern. Im Flug unverwechselbare »Achselhöhlen«, weiße Flügelbänder, weißer Rumpf.
Erscheinungsbild: Oft dunkel aussehender (außer auf kurze Entfernung oder im Sonnenlicht) Vogel schlammiger Flußmündungen; stolziert gemächlich, beugt sich zum Futterpicken vor. Lose Schwärme bei Flut. Trällernder, klagender Pfiff »Tiiü-ieh«.

Wann und wo: Meist Herbst bis Frühjahr; an Küsten.

Kiebitz

Vanellus vanellus
30 cm

Erster Eindruck: Schwarzweißer oder grünweißer Feldvogel; Kopf und Brust gemustert; im Flug oberseits dunkel schimmernd, unterseits schneeweiß.

Von nahem: Kopf mit langem, aufgestelltem Federschopf, schwarzer Kappe und Gesichtszeichnung; Brust vorwiegend schwarz, Bauch weiß. Rücken grün mit Bronze- und Purpurglanz. Flügelunterseiten schwarz und weiß.
Erscheinungsbild: Kurzschnäbliger Watvogel mit kurzen Beinen und langem Rumpf, vorzugsweise auf trockenem Grund, Winterflutwiesen oder Feuchtmooren; typische »Lauf-Stop-Pick«-Freßmethode. Fliegt auf sehr breiten, rundspitzigen Flügeln, oft in Gruppen.

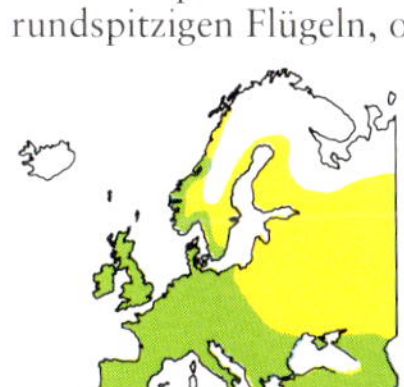

Wann und wo: Sehr weit verbreitet; die Vögel aus Nord und Ost ziehen jedoch im Winter nach Westen.

Knutt (Isländischer Strandläufer)

Calidris canutus
25 cm

Erster Eindruck: Mittelgroßer, gedrungener, kurzbeiniger, grauer Watvogel auf Schlickflächen, oft in dichten Scharen.

Von nahem: Im Winter oberseits grau, am Bauch etwas heller; Beine grünlichgrau. Jungvögel oberseits fein gezeichnet mit spitzenartigen Linien, unterseits leicht pfirsichfarben. Im Flug helle Flügelbinde und schlichter, sehr hellgrauer Rumpf. Zur Brutzeit Gesicht und Rumpf rostrot.
Erscheinungsbild: Größer als Alpenstrandläufer, kleiner als Rotschenkel; geduckt, kurzbeinig, Schnabel recht kurz und gerade; keine hervorstechenden Merkmale; frißt gern in dichten Gruppen. Fliegt in »Rauchwolken«. Pfeift »Witwit«, tiefes »Wuut«.

Wann und wo: Herbst bis Frühjahr, an schlammigen Flußmündungen; an anderen Küstenformen weit seltener; Arktisbrüter.

Sanderling

Calidris alba
18 cm

Erster Eindruck: Kleiner, runder, schnell laufender Strandvogel, meist leuchtend weiß; breiter, weißer Streifen auf schwarzen Flügeln.

Von nahem: Im Winter blaßgrau und hellweiß mit dunklen »Schultern«; Schnabel schwarz, gerade; Beine schwarz. Bei Altvögeln im Herbst Reste des kastanienbraunen Sommergefieders am Hals; im Frühjahr an Kopf, Brust und Rücken rostrot und schwarz gesprenkelt, unterseits weiß.
Erscheinungsbild: Schöner, flinker, kleiner Watvogel, der an Sandstränden entlang der Brandung rennt; auch an schlammigen Flußmündungen. Oft gemeinsame Schlafplätze mit dem dunkleren Alpenstrandläufer. Scharfes, kurzes »Twick«.

Wann und wo: Jahresvogel an Stränden, im Sommer nicht häufig; Arktisbrüter.

Zwergstrandläufer

Calidris minuta
13 cm

Erster Eindruck: Zierlicher, flinker, munterer Watvogel mit farbenkräftigem Gefieder.

Von nahem: Unterseits leuchtend weiß (im Unterschied zum Alpenstrandläufer); im Frühjahr oberseits rostrot, gestrichelt; im Herbst (häufiger) beige, schwarz und rostrot gezeichnet, cremefarbenes »V« oben am Rücken. Beine schwarz, ebenso der kurze, gerade Schnabel.
Erscheinungsbild: Sehr kleiner, aktiver Uferwatschler; oft zusammen mit schmutzigeren, größeren Alpenstrandläufern. Klirrendes »Triit«.

Wann und wo: Vorwiegend im Herbst, an Stauseen und Küstenlagunen; weit verbreitet, jedoch meist selten. Brütet in der Arktis.

Frühjahr/Herbst

Temminckstrandläufer

Calidris temminckii
14 cm

Erster Eindruck: Sehr kleiner Ufervogel mit schlichter Kopf- und Rückenfärbung, dunkler Brust und weißer Unterseite.

Von nahem: Oberseite dunkel oliv- bis erdbraun, bei Herbstvögeln mit spitzenartigen, dunklen Linien, im Frühjahr mit verstreuten, dunklen Flecken. Äußere Schwanzfedern weiß. Beine grünlich-ockergelb (bei Zwerg- oder Alpenstrandläufer schwarz). Kurzes, grillenartig schwirrendes »Dsirr«.
Erscheinungsbild: Lange, spitze Schwanzfedern und Flügelenden; hübsch, unauffällig, stochert beim Picken, fliegt urplötzlich mit grillenartig zirpendem »Dsirr« auf.

Wann und wo: Seltener Brüter in Nordskandinavien. Andernorts Frühjahrs- und Herbstzieher, nie zahlreich; an Süßwasserlagunen und Sümpfen.

Frühjahr/Herbst

Sichelstrandläufer

Calidris ferruginea
19 cm

Erster Eindruck: Wie Alpenstrandläufer, aber eleganter, mit längerem Schnabel; relativ schlichter Herbstwatvogel.

Von nahem: Im Frühjahr (seltener) rostrot mit dunkel geschecktem Rücken; Altvögel zeigen im Herbst etwas Rot, Jungtiere (in der Mehrzahl) oberseits graubraun mit hübschen, hellen Federrändern, unterseits reinweiß mit aprikosenfarbener Brust.
Erscheinungsbild: Watvogel mit sehr langem Bogenschnabel, recht langen Beinen, aufrechter als Alpenstrandläufer, oft tiefer watend und senkrecht mit Schnabel stochernd. Weiches, helles »Tschirrip«.

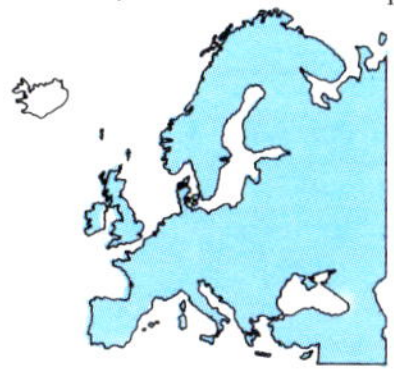

Wann und wo: Hauptsächlich im Herbst an schlammigen Tümpeln, Lagunen, vereinzelt auch im Frühjahr. Brütet in der Arktis, überwintert in Afrika.

Frühjahr/Herbst

Klippenstrandläufer (Meerstrandläufer)

Calidris maritima
20 cm

Erster Eindruck: Kleiner, lebhafter, dunkler Vogel an felsigen Stränden; schwarzer Rumpfstreifen im Flug.

Von nahem: Zart graubraun mit wärmerem, purpurbraunrotem Schimmer; unterseits dezent weiß und braun gesprenkelt, weißes Kinn; im Sommer oberseits ausgeprägte rostbraune Zeichnung. Flügelfedern großenteils weiß gesäumt. Beine mattgelb; Schnabelansatz orange.
Erscheinungsbild: Zahmer, anmutiger Watvotel am Rand der Brandung auf tangbewachsenen Steinen, springt oft vor sich brechenden Wellen hoch. In kleinen Gruppen, gewöhnlich mit Steinwälzern.

Wann und wo: Brütet an Mooren in Skandinavien, Island; sonst weit verbreitet an westlichen Küsten.

Alpenstrandläufer

Calidris alpina
18 cm

Erster Eindruck: Breitschultriger, kleiner Ufervogel mit langem Schnabel, im Winter ziemlich eintönig dunkel, unterseits weiß.

Von nahem: Im Sommer grauweiße Vorderpartie, Rücken in warmem Rotbraun, Bauch schwarz. Im Herbst Jungvögel gelber und oberseits gestreifter; weißer Bauch seitlich schwarz »angeschmutzt«. Wintervögel graubraun, unterseits weiß. Im Flug heller Flügelstreif; Bauchmitte dunkel.
Erscheinungsbild: Recht langer, oft leicht abwärts gebogener Schnabel; sehr kurzbeinig, pummelig wirkend. Im Winter in großen Gruppen, die dicht gedrängt nächtigen, aber auch weit verbreitet in geringerer Zahl. Hohes, quäkendes »Tirr-trii«.

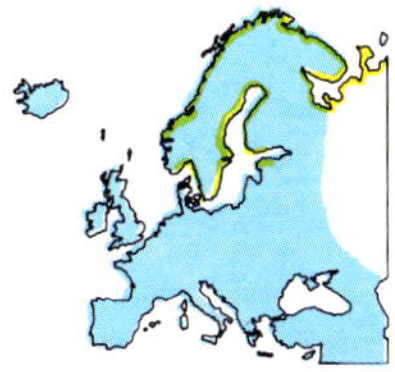

Wann und wo: Brütet im Moorland und der Moostundra des Nordens und Westens; ansonsten weitverbreiteter Zugvogel und im Winter an fast jeder Küste, oft zahlreich.

Sumpfläufer

Limicola falcinellus
16 cm

Erster Eindruck: Grau bis dunkelbraun, an Kopf und Rücken mehr oder weniger gestreift mit schwachem Brustband, aber weißer Unterseite. Langer Schnabel, kurze Beine.

Von nahem: Zwei helle Linien beiderseits des dunklen Scheitels über dunklem Augenstreif (am deutlichsten im Frühjahr und Sommer). Oberseite im Winter und Frühjahr grau, später kräftig schwarz und braun gezeichnet mit langen, cremefarbenen Streifen. Flanken längs gefleckt, Bauch weiß. Schnabelspitze leicht abwärts gebogen.
Erscheinungsbild: Ziemlich kurzbeiniger, schwerfälliger Uferwatvogel; stochert beim Laufen im Schlamm.

Wann und wo: Seltener Brutvogel in Nordskandinavien; ansonsten seltener Zugvogel (in Westeuropa kaum auftretend), meist im Frühjahr an Lagunen, Mündungszonen.

Grasläufer

Tryngites subruficollis
17 cm

Erster Eindruck: Kleiner, heller, rundlicher Vogel im Grasland und in trockeneren Sumpfabschnitten. Runder Kopf, gelbe Beine.

Von nahem: Schuppig gelbbraune Zeichnung oberseits, Kopf ganz schlicht; Unterseite durchgehend warmes Hellbraun. Schnabel kurz und zierlich (feiner als beim Kampfläufer). Rennt oft über kurzes Gras oder getrockneten Schlamm. Im Flug fast uni helle Flügel (kein Weiß), Bauch bräunlich.

Wann und wo: Sehr seltener Gast in Westeuropa; aus Afrika, im Herbst.

Kampfläufer

Philomachus pugnax
23–30 cm

Erster Eindruck: Heller, leuchtend rötlichgelber bis grauer Watvogel mit langen Beinen und imponierendem Kragen. Viele Farbvariationen!

Von nahem: Männchen im Frühjahr mit farbenprächtiger Halskrause; im Herbst und Winter Kopf und Hals oft weiß gefleckt (Ruhekleid). Weibchen braun, schwarzgraue Flecken. Jungvögel hell braungelb, oberseits schwarze Federaugen. Beine unterschiedlich gefärbt, beim Männchen oft rot, bei Herbstvögeln meist ocker. Dünner, weißer Flügelstreif; weiße Rumpfseiten.
Erscheinungsbild: Kleiner Kopf, aber recht langer Hals, oft aufrecht; Jungvögel kleiner als Rotschenkel, Männchen größer und schlaksiger. Ruhig, gesetzt.

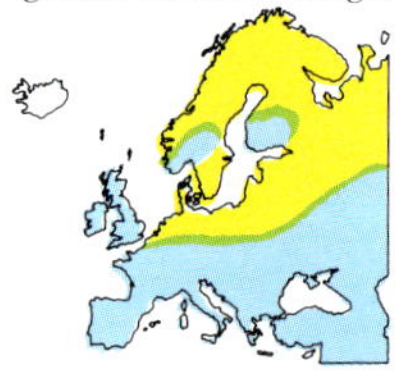

Wann und wo: Brütet im Norden und in den Niederlanden auf sumpfigen Wiesen; rückläufig. Überwintert in der Nähe von Mündungsgebieten im Südwesten (selten); häufiger Zugvogel allerorts.

Zwergschnepfe

Lymnocryptes minimus
20 cm

Erster Eindruck: Kleiner als Sumpfschnepfe, Schnabel kürzer; allgemein schwacher, flattriger Flug.

Von nahem: Dunkler als Sumpfschnepfe, mit kräftigeren, breiteren, cremefarbenen Rückenstreifen; Kopf hell bis dunkel längs gestreift. Flügel schlichter, ohne den hellen Hinterrand der Sumpfschnepfe.
Erscheinungsbild: Sehr zurückgezogen, frißt hüpfend in feuchtem, schützendem Dickicht. Flieht erst in Zickzacklinie, danach ruhiger, halbkreisförmiger Landeanflug. Meist stumm.

Wann und wo: Brütet im hohen Norden Europas; im Winter weit verbreitet an sumpfigen Plätzen, jedoch allgemein selten.

Sumpfschnepfe (Bekassine)

Gallinago gallinago
27 cm

Erster Eindruck: Dreister, untersetzter Vogel mit extrem langem, geradem Schnabel; übermütiger Zickzackflug.

Von nahem: Schön braun, creme und schwarz, Schwanz mehr rostbraun; lange, cremefarbene Rückenstreifen; Kopf hell bis dunkel längs gestreift.
Erscheinungsbild: Frißt unauffällig mit tief stocherndem Schnabel an Gewässerrändern oder in sumpfigem Morast. Flüchtet bei Störungen mit lautem Rätschen auf spitzen, angewinkelten Flügeln in Zickzacklinie. Uhrwerkartiges »Tüke-tüke«, dumpfes Balzgemecker.

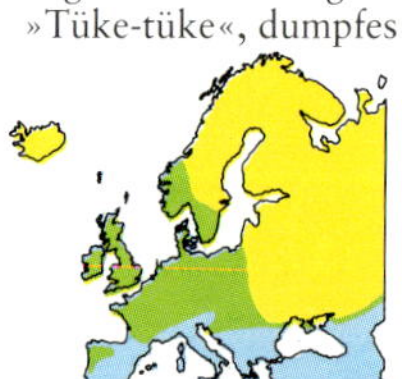

Wann und wo: Weit verbreitet, aber rückläufig in Feuchtregionen (jedoch selten am Meeresufer); zieht im Winter nach Süden und Westen.

Waldschnepfe
Scolopax rusticola
35 cm

Erster Eindruck: Stämmiger, schnepfenähnlicher Vogel (aber massiger) fliegt durch oder über Wälder.

Von nahem: Komplex kastanienbraun gezeichnetes Gefieder, unterseits mit engen Querstreifen; breite, schwarze Querbänder am Hinterkopf.
Erscheinungsbild: Untersetzter, langschnäbliger, kurzbeiniger Waldlandbrüter, am Boden schwer zu sehen; fliegt sommers in der Dämmerung flatternd über Wälder mit dumpfem Quorren und scharfen »Kwitz«-Rufen. Flieht bei Störungen in rasantem Zickzackschwirrflug zwischen Bäumen hindurch aus dem Wald.

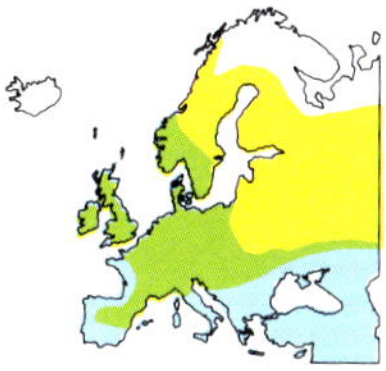

Wann und wo: Weit verbreitet im Sommer in alten Wäldern, an moorigen Plätzen; zieht im Winter größtenteils nach Süd- und Westeuropa.

Uferschnepfe
Limosa limosa
41 cm

Erster Eindruck: Hoher, aufrechter, langschnäbliger Vogel an sumpfigen Wiesen, seichten Lagunen, Flußmündungen; im Flug plötzlich weiß aufblitzende Flügel- und Schwanzfedern.

Von nahem: Im Sommer Kopf und Vorderpartie kupferrotbraun, Flanken quer gebändert; im Winter vorwiegend grau, am Rücken brauner. Flügel unterseits weiß, oberseits breites, weißes Band; weißer Rumpf (Ruhekleid).
Erscheinungsbild: Sehr langer, schwach gebogener Schnabel; lange Beine; der Vogel wirkt dadurch stehend wie auch im Flug sehr gestreckt. Frißt oft im Flachwasser, watet stochernd bis zum Bauch im Wasser.

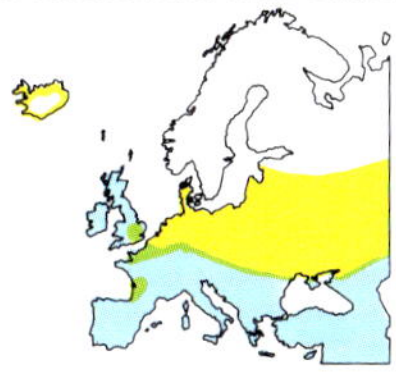

Wann und wo: Brütet örtlich sehr begrenzt auf Feuchtwiesen, meist in Mitteleuropa; im Winter weit verbreitet an Mündungen, jedoch nur an wenigen Orten zahlreich.

Pfuhlschnepfe
Limosa lapponica
38 cm

Erster Eindruck: Hell rostbrauner, gestreifter Watvogel mit langem, leicht aufwärts gebogenem Schnabel; im Flug schlichte Flügelfärbung sichtbar.

Von nahem: Im Frühjahr unterseits ganz rostrot. Im Winter hell graubraun mit gestreiftem Rücken; langes, weißes »V« am Rücken, Flügel braun auf grau gesprenkelt.
Erscheinungsbild: Kleiner als der Große Brachvogel, weniger massig, Ruhekleid heller (vor allem Brust). Stochert mit sehr langem Schnabel; Beine kürzer als bei der Uferschnepfe. Gesellig.

Wann und wo: Westküsten, hauptsächlich Flußmündungen; im Sommer selten. Brütet in der Arktis.

Regenbrachvogel
Numenius phaeopus
40 cm

Erster Eindruck: Dunkel, brachvogelähnlich, Schnabel abwärts gebogen; lachendes »Tüti-tüti«; Balztrillern.

Von nahem: Braun längs gefleckt wie die dunkle Morphe des Großen Brachvogels; großer, heller Überaugenstreif.
Erscheinungsbild: Dicklicher als der Große Brachvogel, schnellerer Flug mit deutlicherer, eckiger Brustwölbung; Schnabel sieht eher »gebogen« als gekrümmt aus.

Wann und wo: Brütet im hohen Norden (einschließlich Shetland-Inseln), im Frühjahr und Herbst weit verbreiteter Küstenzieher. Überwintert in Afrika.

Großer Brachvogel

Numenius arquata
56 cm

Erster Eindruck: Groß, braun; möwenähnlicher Flug; hoch aufgerichteter Vogel am Boden mit langem, gekrümmtem Schnabel.

Von nahem: Längs gestreift braun, auf Schlick gewöhnlich dunkel aussehend, bei gutem Licht jedoch hell; Flügel außen dunkler, innen eng weißlich gesprenkelt; weißer Rumpf.
Erscheinungsbild: Eleganter, langsam schreitender Vogel der Schlickflächen und Salzmarschen oder (im Sommer) Hochlandfelder und Moore. Beugt sich zum Stochern mit dem langen Schnabel vor. Schläft gesellig in geduckter Haltung; fliegt in Linien oder V-Keilen. Laut flötendes, ekstatisches »Tlüiieh«.

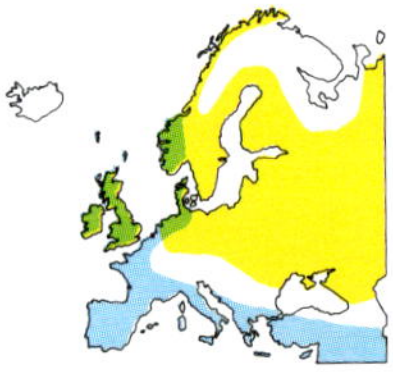

Wann und wo: Weitverbreiteter Brüter an Mooren, auf Grasland; im Winter an Küsten.

Dunkler Wasserläufer

Tringa erythropus
30 cm

Erster Eindruck: Heller oder dunkler, rundlicher, langbeiniger Watvogel mit geradem, nadelförmigem Schnabel.

Von nahem: Im Frühjahr schwarzgrau mit sehr dunkelroten Beinen; im Winter blaßgrau und weiß mit hellroten Beinen. Jungvögel im Herbst brauner. Weißes Karo oder »V« am Rücken; Flügel schlicht.
Erscheinungsbild: Sehr dünner Schnabel, Spitze abwärts gebogen; lange Beine ermöglichen Waten in tiefem und Rennen in flachem Wasser; schwimmt auch, aufgerichtet. Gesellig, aber nur in kleinen Gruppen.

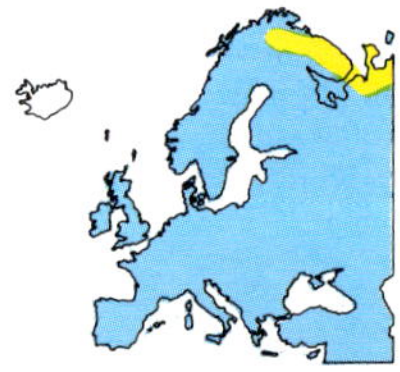

Wann und wo: Brütet im hohen Norden; weit verbreitet zur Zugzeit. Im Winter selten, hält sich dann im Westen und Süden an Küstenlagunen und in Mündungsgebieten auf.

Rotschenkel

Tringa totanus
27 cm

Erster Eindruck: Nervöser, lautfreudiger, brauner Watvogel, im Flug auffällig weiß gezeichnet.

Von nahem: Braun, jedoch rundum mit dunkler Zeichnung; zeigt im Flug breite, weiße Flügelhinterränder und großen, weißen Rumpf. Beine rot (beim Jungvogel gelber).
Erscheinungsbild: Ruckt oft mit dem Kopf, wiegt nervös auf und ab. Fliegt geräuschvoll mit jodelndem »Djühühühü« auf, Ruf schneller und ungleichmäßiger als vom Grünschenkel. Gesellig, mitunter in großer Zahl.

Wann und wo: Weit verbreitet, gewöhnlich in Sumpfregionen, landeinwärts jedoch rasch abnehmend. Im Winter vorwiegend an schlammigen Mündungen.

Grünschenkel

Tringa nebularia
31 cm

Erster Eindruck: Ziemlich heller, schlanker Watvogel mit kleinem Kopf und aufwärts gekrümmtem Schnabel.

Von nahem: Graubraun, am Kopf oft weißlich; Rücken im Frühjahr schwarz gefleckt. Unterseits weiß. Schnabel leicht nach oben gekrümmt, heller Ansatz; Beine hell graugrün, selten gelblich. Im Flug langes, weißes »V« am Rücken, Flügel dunkel.
Erscheinungsbild: Elegant, langbeinig, oft tief watend; aktiver Futtersucher, stößt blitzschnell vorwärts oder seitlich nach Beute. Schallendes »Tütütü«, flötender Balzgesang.

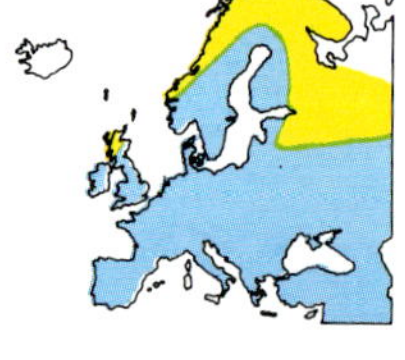

Wann und wo: Brütet im Norden in sumpfigem Moorland; zur Zugzeit an Süßwasser häufig, an Küsten seltener; manche überwintern aber an kleinen Flußmündungen.

Waldwasserläufer

Tringa ochropus
23 cm

Erster Eindruck: Fast schwarzweißer Vogel der Uferzone; unterseits schlichtbraun mit Weiß; ruckend.

Von nahem: Oberseits dunkel grünbraun mit unterschiedlich feiner, weißer Tüpfelung; unterseits weiß, Brust grauer. Sieht im Flug schwarzgrau aus (einschließlich Flügelunterseiten); auffälliger, eckiger, weißer Fleck auf dem Schwanz; Bauch weiß
Erscheinungsbild: Ruckt beim Laufen mit dem Kopf; fliegt hoch und schnell auf spitzen, unterseits schwarz aussehenden Flügeln. Laut flötendes »Tlü-iit-iit«.

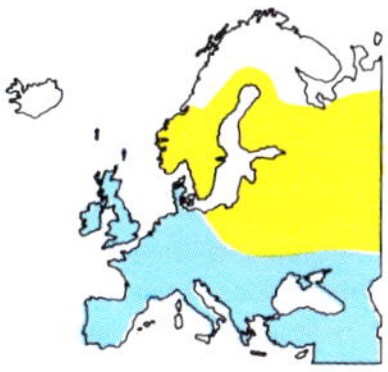

Wann und wo: Brütet im Norden und Osten in feuchten Wäldern und Sümpfen; im Herbst weit verbreitet, im Winter seltener, an Seen, Marschen.

Frühjahr/Herbst

Bruchwasserläufer

Tringa glareola
22 cm

Erster Eindruck: Eleganter, aber recht rundlicher, brauner Watvogel mit langen, gelblichen Beinen.

Von nahem: Oberseits braun mit hellen Flecken; heller Überaugenstreif; weiße Flanken. Brauner als der Waldwasserläufer, Flügel sehen im Flug ober- und unterseits heller aus. Weißer Rumpf; Schwanz dichter quer gebändert.
Erscheinungsbild: Relativ groß, schlank, oft im Flachwasser watend; fliegt wie der Waldwasserläufer hoch und schnell (im Gegensatz zum kurzbeinigen, steifflügeligen Flußuferläufer). Schrilles »Giff-giff-giff« beim Hochfliegen.

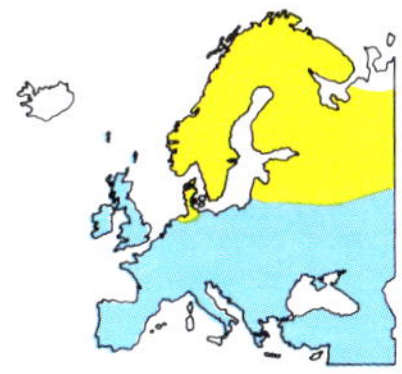

Wann und wo: Brütet im Norden in Sümpfen und Feuchtwald; im Frühjahr und Herbst seltener Zugvogel an Süßwasser (nicht an Küsten). Überwintert in Afrika.

Flußuferläufer

Actitis hypoleucos
20 cm

Erster Eindruck: Mit dem Schwanz wippender, schlanker, braunweißer Vogel der Uferzone.

Von nahem: Brauner, dunkel gebänderter Rücken; Kopf heller; Vorderhals weißlich; weiße Partie unterhalb der angelegten Flügel. Im Flug weißer Flügelstreif sichtbar; Beine blaßgrünlich.
Erscheinungsbild: Schlank; länglicher, gerader Schnabel; spitzer Schwanz reicht bis hinter die Flügelenden; auf und ab wiegende Bewegungen mit dem ganzen Körper beim Laufen am Wasser. Fliegt auf starren, gewölbten Flügeln mit Flattereinlagen.

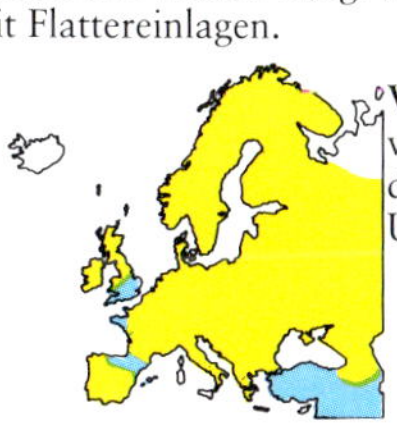

Wann und wo: Brütet sehr weiträumig, meist im Norden, in der Nähe von Flüssen, Seen und Ufern. Überwintert in Afrika.

Steinwälzer

Arenaria interpres
23 cm

Winterkleid

Erster Eindruck: Scheckiger oder dunkler Ufervogel, an Fels- oder Sandstränden, mit kurzen, hellen Beinen.

Altvogel Sommerkleid

Von nahem: Schnabel kurz, gedrungen, ganz leicht nach oben gebogen; Beine kurz, hell gelborange. Oberseite dunkelbraun, Kopf überwiegend dunkel mit weißer Zeichnung; Brust dunkelbraun gebändert, Bauch weiß. Zur Brutzeit Brust großenteils schwarz, Kopfzeichnung mit mehr Weiß, Rücken mit lebhaftem Kastanienbraun.
Erscheinungsbild: Pummeliger, dunkler, umtriebiger Vogel auf Felsen und an der Uferlinie; dreht Tang und Kiesel um. Schrille, gickernde Laute.

Wann und wo: Brütet an Skandinaviens Küsten; ansonsten vorwiegend von Herbst bis Frühjahr, meist an Küsten.

Odinshühnchen (Halsbandwassertreter)

Phalaropus lobatus
16 cm

Erster Eindruck: Zierlicher, dunkler Schwimmvogel; Schultern und Kopf hoch, Schwanz tief gehalten.

Von nahem: Im Sommer dunkel mit cremefarbenen Streifen oberseits, weißes Kinn, rostfarbenes Halsband, Halsseiten grau. Herbstvögel (meist Jungtiere) unterseits weiß mit schwarzer Maske, oberseits dunkel mit langen, orangebeigen Streifen. Markanter weißer Flügelstreif; Schnabel sehr fein, ganz schwarz.
Erscheinungsbild: Klein, jedoch großrumpfig mit kleinem Kopf. Schwimmt und watet; dreht sich auf freiem Wasser oft wie ein Kreisel, um Futter aufzuwirbeln.

Wann und wo: Brütet in Nordeuropa in Marschen nahe Seen; im Herbst andernorts seltener Zugvogel. Überwintert auf dem Meer.

Thorshühnchen (Rostroter Wassertreter)

Phalaropus fulicarius
19 cm

Erster Eindruck: Kleiner, hellgrauer Wasservogel, überraschend aquatische Lebensweise.

Von nahem: Oberseits hellgrau, unterseits weiß; schwarze Maske. Im Sommer Unterseite rostrot (selten in Europa zu sehen). Schwarzer Schnabel, dünn, aber nicht nadelartig; Ansatz oft gelb. Jungvögel oberseits braun und schwarz gefleckt, reingraue Federn schimmern aber durch. Flügel schwarz mit weißer Binde.
Erscheinungsbild: Schwimmt korkleicht, etwas schwanzlastig; watet auch am Wasserrand.

Wann und wo: Oft auf See oder von Stürmen an Land getrieben. Brütet in Island; Zugvögel meist an westlichen Küsten. Überwintert auf dem Meer.

Mittlere oder Spatelraubmöwe

Stercorarius pomarinus
51 cm

Erster Eindruck: Großer, schwerer, dunkler Vogel, ähnlich wie die Möwe mit wuchtigem Schnabel; lange, spitze Flügel.

Von nahem: Gefiedermerkmale wie bei der Schmarotzerraubmöwe, aber oft seitlich längs gestreift; löffelartig verbreiterte Schwanzfedern.
Erscheinungsbild: Schwer; tiefer Bauch bewirkt zentralen Schwerpunkt; weniger Brustvolumen als andere Raubmöwen. Fliegt mit beständigem Schlag, gleitet wenig; kein so hartnäckiger Verfolger.

Wann und wo: Zur Zugzeit an Nordsee und Atlantik, oft im Mai und Spätherbst. Brütet im hohen Norden.

Schmarotzerraubmöwe

Stercorarius parasiticus
46 cm

Erster Eindruck: Mischung aus schlanker, dunkler Möwe und langflügeligem Falken; elegant und bedrohlich wirkend.

Von nahem: Schwarzgraue Kopfplatte; Oberseite tief dunkelbraun. Unterseite entweder weiß mit gelblicher Brust oder ganz dunkel. Jungvögel mit lebhafter, heller Bänderung. Im Flug blitzt Weiß an den Außenflügeln auf. Kleine Schwanzspieße.
Erscheinungsbild: Schöne stromlinienförmige Gestalt; entspannter, direkter Flug mit vielen Gleitphasen; beschleunigt mit raschen, tiefen Schlägen der langen, spitzen Flügel, um Möwen und Seeschwalben in akrobatischer Jagd zu verfolgen. Gackernde und kreischende Laute.

Wann und wo: Brütet in Schottland, Skandinavien, an Küstenmooren und auf Inseln; zur Zugzeit weit verbreitet an Küsten. Überwintert am Atlantik.

Sommergast, auch Herbstzieher

Kleine oder Falkenraubmöwe

Stercorarius longicaudus
53 cm

Erster Eindruck: Klein, schlank, mit sehr langen Schwanzspießen; fast seeschwalbenhafter Flug.

Von nahem: Schwarze Kopfplatte; oberseits braun, unterseits weiß (kein Brustband), in grauen Bauch übergehend. Flügel mit sehr wenig Weiß. Jungvögel sehr unterschiedlich gefärbt.
Erscheinungsbild: Kleine, dickschnäbelige, geschmeidig-elegante Raubmöwe mit (beim Altvogel) langen Schwanzspießen.

Wann und wo: Brütet in Nordskandinavien; seltener Zugvogel vor westlichen Küsten.

Große Raubmöwe

Stercorarius skua
59 cm

Erster Eindruck: Großer, schwerer, dunkler Vogel mit großen, weißen Flecken nahe den Flügelenden; breite, jedoch spitze Flügel.

Von nahem: Überwiegend dunkel graubraun; oft schwache, hellere Zeichnung, dunkle Kopfplatte. Hinterhals mehr orange; manche Jungvögel fast ganz schwarz. Großer, sehr auffälliger, weißer Fleck auf den Handschwingen.
Erscheinungsbild: Am Nest mutig und aggressiv gegenüber menschlichen Eindringlingen und anderen Vögeln; jagt Seevögel, selbst Baßtölpel beim Sturzflug ins Wasser. Direkter, plumper Tiefflug.

Wann und wo: Brütet in Island, Schottland, an Küstenmooren und auf Inseln; zur Zugzeit an der Nordsee. Überwintert am Atlantik.

Schwarzkopfmöwe

Larus melanocephalus
38 cm

Erster Eindruck: Wie die bullige Lachmöwe mit dickerem Schnabel. Altvogel mit geisterhaft weißen Flügelspitzen und Flügelunterseiten.

Von nahem: Altvogel im Sommer prächtig hellgrau und weiß mit tiefschwarzer Haube und weißen Augenlidern; Schnabel und Beine lebhaft rot. Schnabel im Winter dunkel (Beine oft ebenfalls); Kopf weiß mit vom Auge wegführendem Querstreif. Jungvögel mit gleicher Kopfzeichnung, Flügel wie bei junger Sturmmöwe, aber Rücken viel heller.
Erscheinungsbild: Freche, angriffslustige, langbeinige Möwe mit dickem, fast nach unten gekrümmtem Schnabel. Starrer, gerader Flug (bei Sturmmöwe dagegen flüssig).

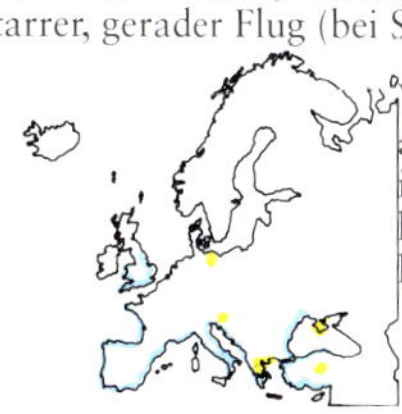

Wann und wo: Seltener Brüter an wenigen verstreuten Orten; im Winter an Küsten von Ärmelkanal und Südeuropa. Im Binnenland selten.

Zwergmöwe

Larus minutus
26 cm

Erster Eindruck: Kleine Möwe, wie die breitflügelige, dümpelnde Seeschwalbe.

Von nahem: Kopf im Sommer tiefschwarz, Schnabel dunkel; im Winter weißes Gesicht, scharf abgesetzt durch dunkle Maske und Kopfplatte. Altvogel ohne Schwarz an Flügelspitzen, jedoch weißer Saum um milchiggraue Ober- und schwarzgraue Unterflügel. Jungvögel im Flug mit ausgeprägter schwarzer »V«-Zeichnung auf Flügeldecken, anfangs auch dunkler Rücken und Rumpf (im Unterschied zur Dreizehenmöwe).
Erscheinungsbild: Hübsche, rundflügelige (Altvogel) oder spitzflügelige (Jungvogel) Möwe, dippt über Wasseroberfläche oder steht auf kurzen Beinen am Strand.

Wann und wo: Brütet in Nordosteuropa an Schilfsümpfen und Seen; im Winter weit verbreitet, jedoch überwiegend selten, insbesondere an Nordsee und Irischer See.

Lachmöwe

Larus ridibundus
37 cm

Erster Eindruck: Kleine, umtriebige, lautfreudige Möwe mit weißen, schwarzgesäumten Handschwingen; Unterflügel grau.

Von nahem: Altvogel im Sommer mit dunkelbrauner Haube und dunkler Bein- und Schnabelfarbe; im Winter Kopf weiß mit schwarzen Ohrdecken; Schnabel und Beine heller rot. Jungvögel haben Braun an Halsseiten, Flügeloberseiten und Schwanzspitze. Bei allen langes, weißes Dreieck an vorderen Handschwingen.
Erscheinungsbild: Hübsche Möwe mit markantem Gesicht, schmalen, spitzen Flügeln und kontraststarkem Gefieder. Folgt Pflug; frißt bei Mündungen an der Küste, sammelt sich im Winter in großen Schwärmen an Stauseen und Stränden.

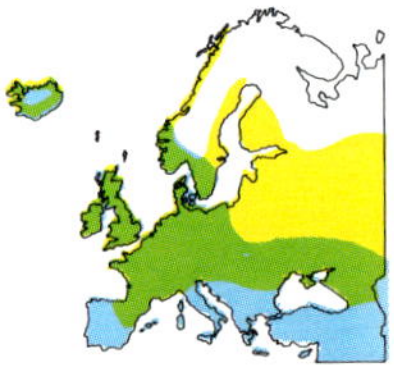

Wann und wo: Brütet an Seen und Sümpfen, sehr weit verbreitet. Oft überaus zahlreich im Winter, an der Küste und im Binnenland.

Ringschnabelmöwe

Larus delawarensis
45 cm

Erster Eindruck: Helle Möwe, in Größe und Eindruck zwischen Sturm- und Silbermöwe, mit schwarzem Band nahe der Schnabelspitze; Beine grünlich oder gelb.

Von nahem: Sehr hellgrau oberseits (heller als Sturmmöwe), mit wenig Weiß zwischen grauem Rücken und schwarzen, geschlossenen Flügelspitzen (bei »Sturm« mehr); helles Auge (dunkel bei »Sturm«). Flügel breiter, gerader; Spitzen mit mehr Schwarz, weniger Weiß als bei »Sturm«. Unausgefärbte schwer zu bestimmen: Schnabel dicker als bei »Sturm«, Schwanz mit schmutzgrauer Binde.
Erscheinungsbild: Ähnlich wie kleine Silber- oder schwere Sturmmöwe; typisches Möwenbild, stets mit hellem Rücken. Langbeinig, aktiv.

Wann und wo: Sehr seltener (aber zunehmender) Gast aus Nordamerika an den Küsten Westeuropas.

Sturmmöwe

Larus canus
43 cm

Erster Eindruck: Hübsche, rundköpfige, sanftmütige Möwe mit langen Flügelspitzen.

Von nahem: Altvogel oberseits grau mit viel Schwarz an den Flügelenden, im übrigen weiß; Kopf im Winter dunkel. Schnabel grünlichgelb (ohne Rot), Beine grün, Augen dunkel. Jungvögel haben weißen Schwanz mit deutlicher, schwarzer Binde, Flügeldecken hübsch braun gemustert.
Erscheinungsbild: Rundköpfig, kurzschnäbelig, langflügelig. Frißt oft friedlich auf Gras, systematisch laufend und pickend. Dünnes, hohes »Giejä« und kreischende Laute.

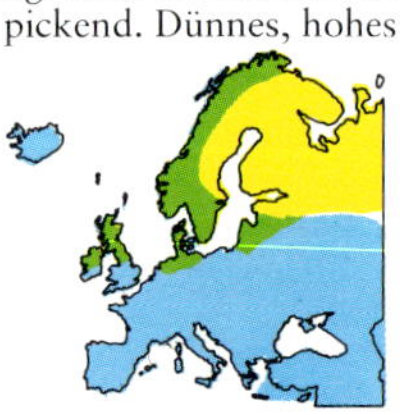

Wann und wo: Brütet zahlreich im Norden und Westen; weit verbreitet im Winter, meist an Küsten, aber auch in Stadtparks, auf Sportplätzen, Ackerland.

Heringsmöwe

Larus fuscus
53 cm

Erster Eindruck: Schlanke, große Möwe, oberseits dunkelbraun bis schwarz; Jungtiere dunkel; langflügelig.

Von nahem: Altvögel oberseits dunkelgrau (Großbritannien) bis schwarzgrau (Skandinavien); die britische Rasse zeigt im Winter dunkle Kopffärbung. Jungvögel braun gesprenkelt mit dunklem Doppelband am Innenflügel; Außenflügel und Schnabel ganz dunkel, sehr dunkler Schwanz. Beine ziemlich kurz, beim Altvogel gelb; Flügel lang und schmal.
Erscheinungsbild: Im Sommer sehr hübsche, zänkische Möwe. Geselliger Jahresvogel.

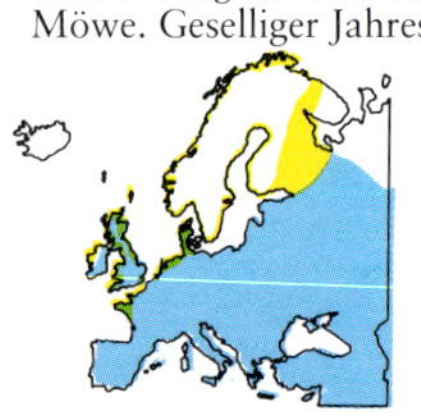

Wann und wo: Brütet auf Inseln, Klippen, in Dünen und Mooren in Großbritannien, an der Nordsee und in Skandinavien. Überwintert meist in Afrika; viele bleiben aber auch im britischen Binnenland oder in Südeuropa.

Silbermöwe

Larus argentatus
55 cm

Erster Eindruck: Große, grau-weiß-schwarze Möwe, klassischer Küstenvogel mit laut kreischenden Rufen; meisterlicher Flieger.

Von nahem: Altvögel oberseits hell- (Großbritannien) bis mittelgrau (Skandinavien), unterseits weiß; Kopf im Winter grau gesprenkelt; Augen hell. Schwarzweiße Flügelspitzen sehr kontrastreich (am wenigsten schwarz bei nördlichen Exemplaren, die im Winter nach Südwesten ziehen). Beine rosa. Unausgefärbte braun mit heller Stelle hinter dem Flügelbug; heller Schwanz- und Schnabelansatz. Relativ lange Beine; breite Flügel.
Erscheinungsbild: Lärmfreudig, aggressiv, jedoch außerhalb der Futtergründe scheu; gesellig, streitet sich oft um Abfälle auf Müllplätzen oder am Strand. Kehlige, jaulende Kreischlaute.

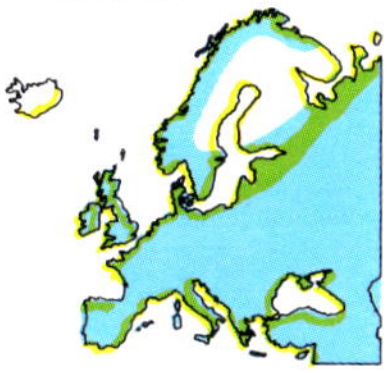

Wann und wo: An allen Küsten zahlreich, im Hinterland hauptsächlich im Winter; alle möglichen Orte, vom Strand über Ackerland bis zur Stadt.

Polarmöwe

Larus glauciodes
57 cm

Erster Eindruck: Recht große, helle Möwe, ähnlich wie die Eismöwe.

Von nahem: Altvögel weiß und grau mit weißen Flügelspitzen und ziemlich dunklen Augen. Unausgefärbte reh- oder haferbraun, braun gebändert, später weißer, dann grau oberseits. Schnabel meist dunkel, zuerst ohne klar abgesetzte Spitze, später weniger schwarz, blaßrosa Ansatz.
Erscheinungsbild: Zeichnung wie bei der Eismöwe, jedoch Schnabel kürzer, Scheitel hoch; Flügelspitzen lang, überdecken geschlossen den Schwanz deutlich; Rumpf ziemlich rund, Beine kurz.

Wann und wo: Brütet in Grönland; seltener Wintergast in Nordwesteuropa an Müllplätzen, Mündungen, Speicherseen.

Eismöwe

Larus hyperboreus
66 cm

Erster Eindruck: Sehr große, geisterhaft helle Möwe; Flügel und Schwanz rundum hell.

Von nahem: Altvögel weiß mit hellgrauem Rücken und weißen Flügelspitzen; Kopf im Winter graubraun; gelblicher Augenring. Jungvögel anfangs beigebraun gebändert, später oberseits grauer; blaßrosa Schnabel mit zunächst scharf abgesetzter schwarzer Spitze, später gelblich mit dunklen Markierungen an der Spitze. Altvögel haben gelben Schnabel mit rotem Fleck.
Erscheinungsbild: Hafer- oder rehbraune Jungvögel und geisterhafte Altvögel im Flug alle schön hell; schwerer Rumpf, großer Kopf mit langem, wuchtigem Schnabel. Flügelspitzen geschlossen recht kurz.

Wann und wo: Brütet in Island; im Winter selten im Süden, an Müllplätzen, Fischerkais, Speicherseen.

Mantelmöwe

Larus marinus
74 cm

Erster Eindruck: Größte Möwe. Großer Kopf, sehr dicker Schnabel; Altvögel schwarz und weiß.

Von nahem: Altvögel Oberseite schwarz, Kopf und Unterseite weiß; Kopf selbst im Winter größtenteils weiß. Beine weißrosa. Jungvögel zuerst unterseits weißlich, oberseits scheckig schwarz und blaßgrau; wuchtiger, schwarzer Schnabel; erlangt seine Schwärze über mehrere Jahre.
Erscheinungsbild: Große, langflügelige, schwere Möwe, jedoch im Flug elegant, vollendeter Gleiter; aggressiv. Ruft rauh »Ouk-ouk«.

Wann und wo: Brütet meistens an Felsküsten; weit verbreitet an Küsten, im Winter auch zunehmend im Binnenland an Müllplätzen und Speicherseen.

Dreizehenmöwe

Rissa tridactyla
40 cm

Erster Eindruck: Traurig aussehende, dunkeläugige, geradflügelige Möwe mit sehr kurzen Beinen.

Von nahem: Schnabel grünlichgelb, nur innen rot; Augen und Beine dunkel. Oberseite grau, zu den Flügelspitzen (wie in Tusche getaucht!) hin heller. Im Winter grauer Hinterkopf, dunkle Ohrdecken. Jungvögel mit dunklem Nackenband und scharfer Zickzacklinie auf Flügeldecken.
Erscheinungsbild: Kann sich selbst auf winzigsten Klippenvorsprüngen festhalten und nisten; auch an Stränden, Felsplateaus an Küsten, vielfach jedoch draußen auf See. Steigt bei Sturm steil hoch und stürzt jäh wieder herab. Am Nest sehr lautfreudig (»Kitti-wääk«).

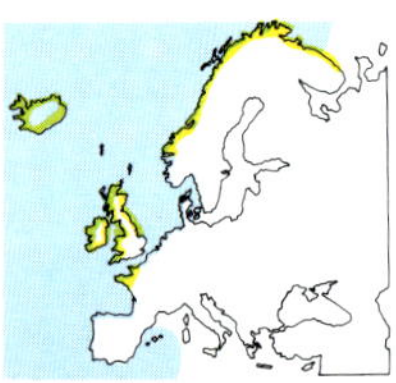

Wann und wo: Brütet in großen Kolonien auf Klippen in Großbritannien, Island, Skandinavien; im Winter vereinzelt in Häfen, meist aber auf See.

Lachseeschwalbe

Gelochelidon nilotica
38 cm

Erster Eindruck: Gedrungene, rundköpfige Seeschwalbe mit dickem Schnabel.

Von nahem: Hübsche, schwarze Kopfplatte, kein Schopf. Flügel hell, oberseits kurzes, dunkles Band an den Spitzen, unterseits längerer, dunkler Hinterrand. Schnabel ganz schwarz. Im Winter Kopf weiß mit dunklem Augenfleck.
Erscheinungsbild: Langflügelige, aber ziemlich dickhalsige, schwere Seeschwalbe mit recht kurzem, kräftigem Schnabel. Tippt zum Fressen auf die Wasseroberfläche, ohne zu tauchen. Ruft »Hähä-heck«.

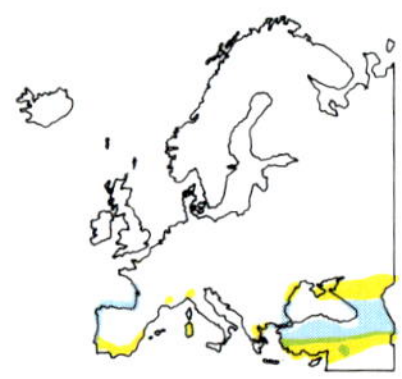

Wann und wo: Südeuropa, selten Ostsee, an anderen Küsten seltener Zugvogel; über Sümpfen, Feuchtwiesen. Überwintert in Afrika.

Raubseeschwalbe

Sterna caspia
53 cm

Erster Eindruck: Sehr große, schwere, breitflügelige Seeschwalbe mit großem, rotem Schnabel.

Von nahem: Schwarze Kopfplatte, aufrichtbare Nackenfedern. Im Winter Käppchen gestreift. Oberseite blaßgrau, Unterseite weiß bis auf schwarzes Dreieck unter den Flügelspitzen. Schnabel dick, lang, tiefrot (nahe der Spitze oft schwarz).
Erscheinungsbild: Sehr große, im Sturzflug tauchende Seeschwalbe, in Größe und Gestalt möwenähnlich.

Wann und wo: Ostseeküsten und Südeuropa, ansonsten selten. Überwintert in Afrika.

Brandseeschwalbe

Sterna sandvicensis
40 cm

Erster Eindruck: Langflügelige, sehr weiß aussehende Seeschwalbe mit relativ kurzem Schwanz und langem Schnabel.

Von nahem: Schnabel schwarz mit gelblichweißer Spitze, Beine schwarz. Oberkopf im Frühsommer ganz schwarz, sonst weiße Stirn. Flügelspitzen im Laufe des Sommers kräftiger dunkel gestreift. Jungvogel hat kürzeren, dunklen Schnabel und gesprenkelte Flügel.
Erscheinungsbild: Langflügelige, schnittige, sehr helle Seeschwalbe. Ziemlich großer Kopf, kräftiger Hals; Nackenschopf (am besten am Boden zu sehen). Taucht im Sturzflug. Lautes »Kirr-ick«.

Wann und wo: Brütet an Küsten von Nord- und Ostsee, Großbritannien. Überwintert in Afrika.

Rosenseeschwalbe (Paradiesseeschwalbe)

Sterna dougallii
38 cm

Erster Eindruck: Sehr helle, langschwänzige Seeschwalbe mit schwarzem Käppchen.

Von nahem: Kopfplatte rund, schwarz; Oberseite sehr hell, Unterseite weiß mit rosa Schimmer. Flügel unterseits ohne schwarze Linie um Spitzen herum, aber oberseits schwarz gestrichelt. Schnabel im Frühjahr vorwiegend schwarz, zeigt später am Ansatz mehr Rot.
Erscheinungsbild: Langer, schlanker Schnabel; längere Beine als die Flußseeschwalbe; Flug nicht so flüssig, auf steiferen, kürzeren Flügeln. Schneller Rüttelflug wie bei der Zwergseeschwalbe.

Wann und wo: Sehr selten; brütet auf einigen wenigen Inseln im Westen. Überwintert in Afrika.

Flußseeschwalbe

Sterna hirundo
35 cm

Erster Eindruck: Hellgrauer, eleganter Ufervogel mit langen Flügeln und gegabeltem Schwanz.

Von nahem: Oberkopf im Sommer schwarz, ansonsten weiße Stirn. Oberseite grau, Flügelspitzen dunkler gestreift. Unterseite ganz hellgrau (nicht weiß); Flügelunterseiten weiß, am Hinterrand rauchgrau; heller Fleck hinterm Bug. Schnabel orangerot mit dunkler Spitze. Bei Jungtieren grauer Streif über Hinterflügeln.
Erscheinungsbild: Schlank; langer Schwanz und Schnabel; spitze Pfeilflügel; rüttelt über dem Wasser, taucht dann nach Fischen. Gickert laut »Kit-kit-kit-kirr«, kreischendes »Ki-ärr«.

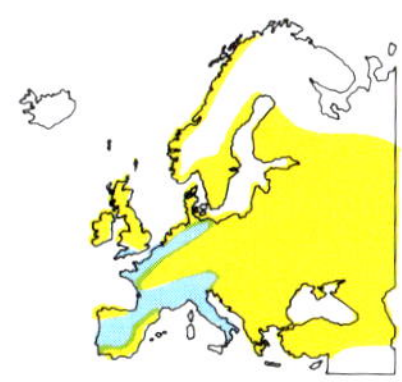

Wann und wo: An den meisten Küsten und vielen Binnenseen und Flüssen; weit verbreitet. Überwintert in Afrika.

Küstenseeschwalbe

Sterna paradisaea
38 cm

Erster Eindruck: Hellgrauer Seevogel mit schwarzem Käppchen und sehr langem Schwanz.

Von nahem: Wie die Flußseeschwalbe, unterseits jedoch etwas grauer; Schnabel ganz und kräftiger rot. Flügel oberseits schlichtgrau, unterseits weißer, durchscheinender mit feinerem, dunklem Rand. Hinterflügel bei Jungvögeln weiß.
Erscheinungsbild: Wie die Flußseeschwalbe, aber heller; Flügel mehr nach vorn gerichtet; Kopf runder, Schwanz länger, Beine kürzer.

Wann und wo: Nördliche Küsten und Inseln; Zugvögel im britischen Binnenland, ansonsten seltener. Überwintert in Afrika.

Zwergseeschwalbe

Sterna albifrons
23 cm

Erster Eindruck: Sehr kleine, schnell fliegende, hellgraue Seeschwalbe mit weißer Stirn.

Von nahem: Schnabel und Beine unverwechselbar gelb. Schwarze Kopfplatte, Stirn jedoch stets weiß. Vordere Handschwingen schwärzlich.
Erscheinungsbild: Zierlich. Schneller, fast schwirrender Flug. Rüttelt oft. Lautes, schnatternd scharfes »Krik-krik«.

Wann und wo: Sand- und Kiesstrände im Westen, Flüsse im Osten; Zugvogel an vielen Küsten. Überwintert in Afrika.

Weißbartseeschwalbe

Chlidonias hybrida hybridus
25 cm

Erster Eindruck: Untersetzte Sumpfseeschwalbe. Im Sommer schwarze Kopfplatte über weißem Gesicht; Bauch grauschwarz. Im Herbst und Winter oberseits schlichtgrau, unterseits weiß; kleines, schwarzes Käppchen am Hinterkopf.

Von nahem: Im Sommer: schwarze Kopfplatte; weiße Kehle und Wangen kontraststark zu rauchgrauer Unterseite. Schnabel dick, dunkelrot. Im Herbst: Jungvögel haben hellgrauen, kleinschuppig braun gemusterten Rücken; Schwanz und Rumpf kurz und grau; Altvögel oberseits eintönig hellgrau, unterseits weiß, deutlich heller als die Trauerseeschwalbe, jedoch der Flußseeschwalbe nicht unähnlich.

Erscheinungsbild: Jagt im direkten, geraden Tiefflug übers Wasser, stößt häufig auf die Oberfläche herab. Kreischendes »Hiäh«, hartes »Kätt-kätt«.

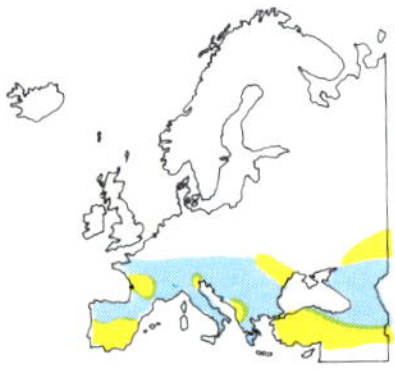

Wann und wo: Brütet in Feuchtgebieten am Mittelmeer und an Sümpfen und Seen in Mitteleuropa. Ansonsten seltener Brüter; fehlt im Winter.

Trauerseeschwalbe

Chlidonias niger
24 cm

Erster Eindruck: Kleine, spitzflügelige Seeschwalbe, im Flug auf die Wasseroberfläche dippend.

Von nahem: Altvögel im Sommer rauchschwarz mit weißem Bürzelfleck unter grauem Schwanz. Im Herbst mittelgrau oberseits (Jungvögel braun getönt) mit hellgrauem Rumpf und Schwanz; weiße Unterseite bis auf dunkle Partie zu beiden Seiten der Brust.

Erscheinungsbild: Schlanke, langflügelige, relativ langschnäbelige Seeschwalbe; fliegt meist gegen den Wind, nimmt Futter von der Wasseroberfläche auf.

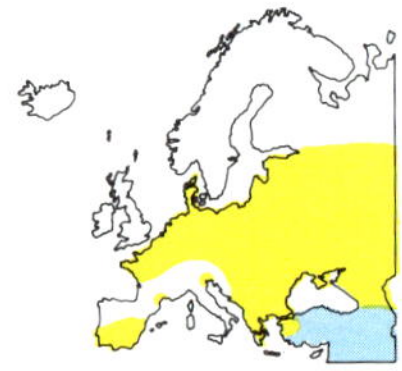

Wann und wo: Brütet fast überall in Mitteleuropa an Seen und in Flutzonen. Weitverbreiteter Zugvogel; manchmal kurze Schwarmbildung bis zu hundert (an einzelnen Küstenabschnitten sogar tausend) Vögeln. Überwintert in Afrika.

Trottellumme

Uria aalge
40 cm

Erster Eindruck: Massiger Seevogel mit spitzem Schnabel und kurzem, geradem Schwanz.

Von nahem: Braun mit weißer Unterseite (nördliche Exemplare schwärzer, Kopf aber noch braun). Im Winter weißes Gesicht mit schwarzem Strich vom Auge bis zur Ohrregion.

Erscheinungsbild: Spitzer Schnabel; schwimmt mit tiefgehaltenem Schwanz. Schwirrender Flug dicht über dem Meer; schwerer Rumpf unter dünnen Flügeln. Lebhafte, lärmende Kolonien auf nackten Klippen (»Arrr-ärrr«).

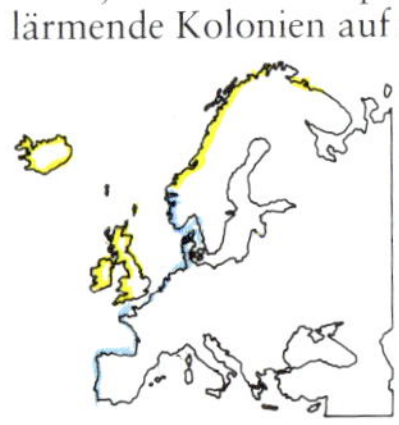

Wann und wo: Klippen und Inseln im Norden und Westen; den Winter über draußen auf dem Meer.

Tordalk

Alca torda
38 cm

Erster Eindruck: Untersetzter Wasservogel mit großem Kopf, stumpfem Schnabel und spitzem Schwanz.

Von nahem: Unterseits schwarz und weiß. Im Sommer weißer Schnabelstrich; im Winter schwarze Kopfplatte; Kehle und Wangen weiß.

Erscheinungsbild: Stämmig, mit eckigem oder flachem Kopf und auffallend breitem, tiefem Schnabel. Schwimmt oft mit aufgestelltem, spitzem Schwanz. Sehr schneller, direkter Schwirrflug. Brütet in lebhaften, buntgemischten Seevogelkolonien.

Wann und wo: Brütet auf Meeresklippen im Norden und Westen. Die meisten ziehen im Winter aufs Meer, manche suchen Flußmündungen oder Binnengewässer auf.

Gryllteiste

Cepphus grylle
33 cm

Erster Eindruck: Hübscher, rauchschwarzer Seevogel mit ovalem, weißem Flügelfleck (im Winter seltsam schwarzweiß gemustertes Ruhekleid).

Von nahem: Im Sommer zart schiefergrau mit großen, weißen Flügelflecken und roten Beinen. Im Winter weiß mit dunkler Bänderung oberseits, Flügel schwarz und weiß gefleckt.
Erscheinungsbild: Relativ gedrungener, rundlicher Wasservogel mit dünnem, spitzem Schnabel; sitzt sogar aufgerichtet mit gesamter Beinlänge auf Felsen. Fliegt tief auf schwirrenden, ovalen Flügeln. Selten mehr als zwei bis drei zusammen. Leises »Ssih«.

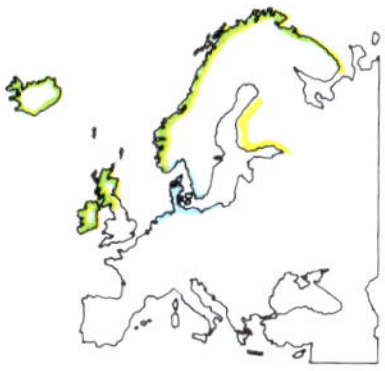

Wann und wo: Nördliche und westliche Felsküsten mit Inselchen, sturmgepeitschte Strände. Weiter südlich sehr selten.

Krabbentaucher

Alle alle
20 cm

Erster Eindruck: Sehr kleiner, gescheckter Seevogel, taucht oft mit schwingenden Flügeln; im Flug ovaler Rumpf zwischen schlanken, schwirrenden Flügeln sichtbar.

Von nahem: Kurzer, dicker Schnabel in froschähnlichem Gesicht. Rücken schwarz, Flügeldecken mit dünnen, weißen Linien; unterseits weiß. Ruhekleid: Kehle und Wangen weiß; schwarzbraunes, in der Mitte unterbrochenes Halsband.
Erscheinungsbild: Rundlich-pummelig, stellt beim Schwimmen oft den Schwanz auf. Wirkt krank und niedergeschlagen, wenn er vom Sturm landeinwärts getrieben wird. Fliegt tief und direkt, stößt aus vollem Flug ins Meer. Schnattert schrill.

Wann und wo: Brütet in der Arktis; im Winter an der Nordsee, von Stürmen südwärts getrieben.

Papageitaucher

Fratercula arctica
30 cm

Erster Eindruck: Rundlicher, gescheckter Vogel; steht aufrecht, läuft watschelnd. Schwimmt rund und geduckt, fliegt schnell und geradlinig auf schwirrenden Flügeln.

Von nahem: Im Sommer unverkennbar mit auffallend buntem, hohem Schnabel; im Winter Gesicht grau, Schnabel kleiner, grauer, aber noch dreieckig. Oberseits schwarz, unterseits weiß; schwarzes Halsband.
Erscheinungsbild: Neugierig, aktiv und munter am Boden, läuft gut (andere Alken sitzen nur). Gewöhnlich in Scharen. Knarrt dumpf.

Wann und wo: Inseln im Norden und Westen, im Winter hauptsächlich auf dem Meer.

Felsentaube (Haustaube)

Columba livia
33 cm

Erster Eindruck: Typische Brief- und Stadttaube, bunt gefärbt, schwärzlich, grau oder weiß.

Von nahem: Gewöhnliche, vertraute Taube. Felsentaubenform mit schwarzen Flügelstreifen, weißem Rumpf; Wachshaut am Schnabel jedoch größer, Flügel oft länger, pfeilförmiger, Kopf im Flug weiter vorgereckt. Andere Formen sehr variabel. Siehe Hohltaube (breitere Flügel, unterseits grau). Augen rot.
Erscheinungsbild: Runder, beim Laufen nickender Kopf; kurze, rote Beine; kurzer Schnabel mit fleischig-blasser Schwellung. Rasanter Flieger.

Wann und wo: Fast überall, von Städten und Parks bis Klippen. Überwiegend Jahresvogel.
Hinweis: Diese Art wird als Stammutter unserer domestizierten Haustaube angesehen; auch verwilderte Feldtaube.

Hohltaube

Columba oenas
33 cm

Erster Eindruck: Hübsche, rundköpfige, bläuliche Taube; recht langer Hals, kurzer Schwanz, ziemlich kurze, rundliche Flügel; kein Weiß.

Von nahem: Bläulich mit schillerndem Nackenfleck; Flügel schwarz gesäumt, in der Mitte hell, unterseits grau. Augen dunkel.
Erscheinungsbild: Typisch taubenartig, runder als Ringeltaube, im Flug weniger gestreckt. Tiefes, hohl rollendes »Hoo-hoorr«.

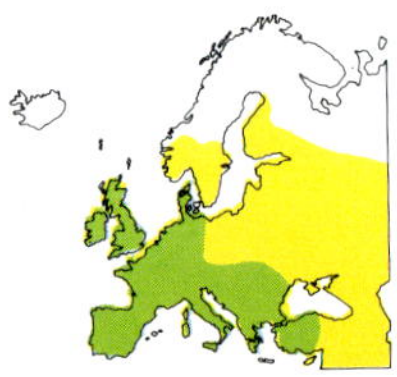

Wann und wo: Alte Bäume und Gebäude auf Kulturland; Parks, Klippen. Teilzieher.

Ringeltaube

Columba palumbus
40 cm

Erster Eindruck: Schwanz und Flügel lang; große, schwere, hübsche Taube mit aufblitzendem Weiß. Balzflug: aufsteigend, Flügelschlagen, Abwärtsgleiten.

Von nahem: Altvögel mit hellem Nackenfleck; im Flug fällt oberseits großer, weißer, halbmondförmiger Flügelstreif auf. Oberseite eher braun, unterseits blauer; hübsche, pflaumrosa Brust; Augen gelb.
Erscheinungsbild: Große, langschwänzige Taube mit großem Rumpf, oft in großen Scharen. Kräftiger als die Felsen- oder Hohltaube; direkterer Flug, fliegt sehr geräuschvoll auf. Rhythmisches »Gru-gruuh-gru-gru«.

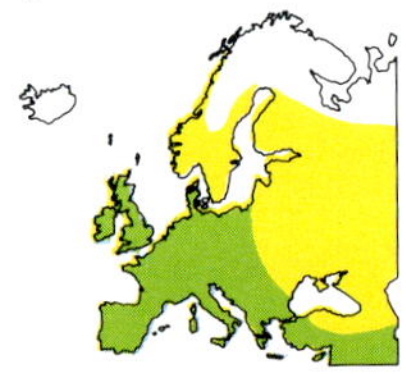

Wann und wo: Weit verbreitet in Wäldern, Kulturland, Parks, großen Gärten. Östliche Exemplare ziehen im Winter nach Westen.

Türkentaube

Streptopelia decaocto
32 cm

Erster Eindruck: Gedrungene, helle Taube mit kleinem Kopf und langem Schwanz.

Von nahem: Hell graubraun, Kopf mehr rosa; schwarzes, oberseits weiß begrenztes Nackenband. Im Flug dunkle Flügelspitzen; Schwanz oberseits mit hellen Ecken, unterseits schwarz mit breiter, weißer Endbinde. Augen tiefrot.
Erscheinungsbild: Vorstadttaube mit schlichtem Gefieder; oft auf Dächern, Telegrafenmasten, Drähten; besucht Gärten. Typisches, plötzliches »Ru-gurr-ku«.

Wann und wo: Weit verbreitet außer im hohen Norden; in Parks, Gärten, Kulturland. Jahresvogel.

Turteltaube

Streptopelia turtur
27 cm

Erster Eindruck: Kleine, hübsche, braune Taube mit dunklem, weißgerandetem Schwanz.

Von nahem: Rosa Brust, schwarz und weiß gestreifte Halsseiten; oberseits hell orangebraun mit dunkler Fleckung. Im Flug blaugrauer Fleck in Flügelmitte und breite, weiße Ecken am langen Schwanz.
Erscheinungsbild: Kurzbeinige Taube mit kleinem Kopf, am Boden lang und flachrückig wirkend, auf Drähten aufrecht sitzend; im Flug Flügel pfeilförmig, hohe Schlagfrequenz; beim Landen Schwanz gespreizt. Anhaltendes, weiches Gurren.

Wann und wo: Weit verbreitet außer in Skandinavien; Waldränder, Kulturland mit dichten Hecken. Überwintert in Afrika.

Kuckuck
Cuculus canorus
33 cm

Erster Eindruck: Seltsamer, grauer Vogel mit lose hängendem Schwanz und hängenden Flügeln; im Flug schlanker Kopf, breiter Schwanz, spitz zulaufende Flügel.

Von nahem: Schiefergrau oder rötlichbraun, Unterseite hell, sperberartig quer gebändert; dunkelgrauer, weißgetupfter Schwanz. Augen, Schnabelansatz und Beine gelb. Jungvögel braun, quer gebändert; weißer Fleck am Hinterkopf.
Erscheinungsbild: Sonderbar; Schwanz wird oft im Sitzen gedreht oder über die hängenden Flügelspitzen aufgestellt. Fliegt mit erhobenem Kopf, Flügel nach unten gewölbt, meist gerade und tief. Unverwechselbares »Kuk-kuu«; Weibchen ruft gellend »Kwik-wik-wik«.

Wann und wo: Weit verbreitet in Wäldern, Sümpfen, auf Feldern und Mooren. Überwintert in Afrika.

Schleiereule
Tyto alba
35 cm

Erster Eindruck: Geisterhafte Eule mit großem Kopf; sitzt aufrecht.

Von nahem: Oberseite schön gelbbraun, grau gefleckt (vor allem bei kontinentalen Vögeln); helle Form (Großbritannien) unterseits weiß, ansonsten dunkle Form mit gelbbraunem, schwarzgepunktetem Bauch. Weißer, herzförmiger, »affenartiger« Gesichtsschleier; schwarze Augen. Wirkt im Flug hell, Flugfedern gebändert.
Erscheinungsbild: Schlanke, X-beinige Eule mit großem Kopf, aufrecht auf Gebäuden oder Pflöcken sitzend; fliegt tief mit raschen Flügelschlägen, stürzt sich von oben auf die Beute.

Wann und wo: Überall weit verbreitet außer in Skandinavien, jedoch rückläufig; in rauhem Grasland, Kulturland, Mooren; an Waldrändern.

Zwergohreule
Otus scops
20 cm

Erster Eindruck: Die charakteristische Stimme lenkt den Blick auf die kleine Gestalt im Baum oder auf dem Dach; Ohrbüschel kaum erkennbar.

Von nahem: Graubraun, eng rindenartig gezeichnet; Augen gelb.
Erscheinungsbild: Aufrecht sitzende Eule mit eckigem Kopf; schlägt die Beute in schnellem Sturzgleitflug. Unverwechselbarer Ruf (tiefes, schallendes »Gjuh«) wird alle drei Sekunden wiederholt.

Wann und wo: Süd- und Osteuropa, in Stadtparks, Gärten, Obstbaumwiesen. Überwintert in Afrika.

Uhu
Bubo bubo
70 cm

Erster Eindruck: Mächtige, erdbraune, geduckt oder aufrecht sitzende Eule mit großem Kopf und langen Ohrbüscheln.

Von nahem: Komplexe, braun-ocker-schwarze Gefiederzeichnung; im Flug breite, gelbbraune Partie auf den Flügeldecken. Ohrbüschel zeigen oft zur Seite (bei Waldohreule aufrechter). Augen feurig orange.
Erscheinungsbild: Gewaltig; bussard- bis adlerartig, mit großem, breitem Kopf und gefingerten Flügelspitzen. Schwerer Flug. Lebt im verborgenen; selten. Dumpfes »Wuoh«, »Hu-huh«.

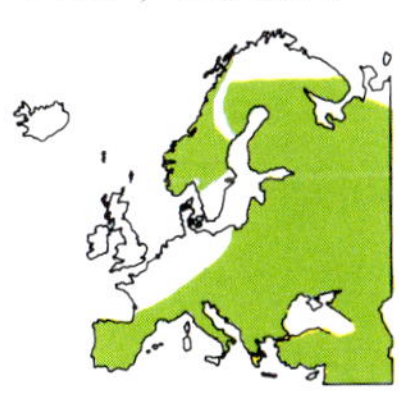

Wann und wo: Weit verbreitet, aber äußerst geringe Populationsdichte, meist selten; Gebirge, schwer zugängliche Waldschluchten, Klippen. Jahresvogel.

Schnee-Eule

Nyctea scandiaca
60 cm

Erster Eindruck: Wuchtige, weiße oder graubraun und weiße, katzenhafte Eule mit rundem Kopf.

Von nahem: Männchen weiß mit schwächer ausgeprägter, dunkler Fleckzeichnung; die gelben Augen können dunkel wirken. Bei Weibchen Rumpf brauner, Fleckung kräftiger, Kopf und Kehle weißer.
Erscheinungsbild: Sehr viel größer als die Schleiereule (die im Autoscheinwerferlicht weiß aussieht); runder, breiter Kopf, Flügel viel größer, breiter, gefingert. Tiefes »Hohoh«, helles »Rik«.

Wann und wo: Offenes Ödland, läßt sich oft am Boden oder auf Felsen nieder. Seltener Brüter im äußersten hohen Norden; ein bis zwei Tiere regelmäßig auf den Shetland-Inseln.

Sperbereule

Surnia ulula
40 cm

Erster Eindruck: Aufrecht sitzende Eule mit langem Schwanz und eckigem Kopf.

Von nahem: Dunkelbraun und weiß mit grau gesprenkeltem Scheitel und sperberartige Unterseite. Eckige, schwarz und weiß gerahmte Gesichtsscheibe; kleine, gelbe Augen. Langer, gebänderter Schwanz.
Erscheinungsbild: Rundliche Flügel und langer Schwanz bewirken im geradlinigen Flug einen greifvogelartigen Eindruck, wozu jedoch der große eckige Kopf nicht paßt. Sitzt kerzengerade oder geduckt auf einem Ast oder Pflock, stürzt im Gleitflug auf die Beute nieder. Gellendes »Kwik-wik-wik«, schrilles »Krrriih«.

Wann und wo: Weit verbreitet in Wäldern, Parks, Gärten mit Bäumen. Jahresvogel.

Steinkauz

Athene noctua
23 cm

Erster Eindruck: Kleine, runde, gedrungene Eule mit flach wirkendem Kopf.

Von nahem: Leberbraun, oberseits hell getupft, unterseits längs gefleckt; Scheitel fein gestreift. Finsterer, tiefbrauiger Gesichtsausdruck; Augen schwefelgelb.
Erscheinungsbild: Neugierige, nickende, aufrechte Eule, oft am Tag rege; wellenförmiger Sturzgleitflug tief und schnell.

Wann und wo: Weit verbreitet außer in Skandinavien; Parks, Ackerland mit Bäumen, alte Scheunen, felsige Stellen.

Waldkauz

Strix aluco
38 cm

Erster Eindruck: Großer, rundlicher, brauner Nachtvogel mit dickem Kopf; hält sich am Tag in Efeu, Eichen, Kiefern versteckt.

Von nahem: Rötlich- bis graubraun; rundes Gesicht mit hellerem Schleier und großen, schwarzen Augen. Beiderseits des Rückens helle Tupfenreihe.
Erscheinungsbild: Relativ kurz- und breitflügelige Eule mit großem Kopf. Wird oft entdeckt, wenn sie tagsüber von Kleinvögeln »angehaßt« wird; ansonsten nachts gewöhnlich eine Silhouette. Schön tremolierendes »Huuh«, scharfes »Kju-wiek«.

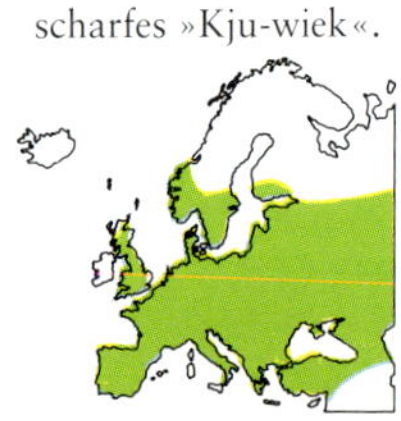

Wann und wo: Weit verbreitet in Wäldern, Parks, Gärten mit Bäumen. Jahresvogel.

Habichtskauz (Uraleule)

Strix uralensis
61 cm

Erster Eindruck: Sehr große, aufrecht sitzende, ziemlich gestreckte Eule.

Von nahem: Überwiegend grau mit langen, dunklen Längsstreifen. Im Flug gelbbraune Handschwingen sichtbar. Kopf dick, rund, mit einfarbigem Gesichtsschleier und kleinen, dunklen Augen (Bartkauz: konzentrisch gestreifter Schleier, gelbe Augen).
Erscheinungsbild: Scheue, zurückhaltende Eule; langer Schwanz. Jagt manchmal am Tag.

Wann und wo: Abgelegene Wälder (wo Nistkästen bereitstehen, auch zunehmend in Dorfnähe) mit alten, verrottenden Bäumen; Skandinavien, Nordosteuropa, Karpaten und (selten) Balkan. Jahresvogel.

Waldohreule

Asio otus
35 cm

Erster Eindruck: Recht große, aufrecht sitzende, braune Eule mit langen Federohren.

Von nahem: Rötlichbraun und grau, eng längs gefleckt und gebändert, Unterseite ganz dunkel; Augen orange; schwarzgraues »V« im Gesicht endet in auffälligen Ohrbüscheln. Im Flug blaßorange Partie nahe den gebänderten Flügelspitzen.
Erscheinungsbild: Gewöhnlich aufrecht; macht sich bei Aufregung sehr dünn. Im Flug recht langflügelig, kurzschwänzig, entspannt. Dumpfes, seufzendes »Huh«, bellendes »Wäg-wäg-wäg«.

Wann und wo: Ziemlich weit verbreitet, aber selten; in Dickichten, Hochlandschutzgürteln, Nadelwäldern. Nächtigt im Winter in Kleingruppen in dichten Hecken, Weiden, Kiefern.

Sumpfohreule

Asio flammeus
38 cm

Erster Eindruck: Große, eher helle Eule; fliegt mitunter am Tag. Lange Flügel, im Flug heller Fleck hinter dunklem »Handgelenk«.

Von nahem: Braungelb, feingestreifte Brust, unterseits weißer, kräftig längs gestreift; leuchtendgelbe Augen. Flügel ober- und unterseits im Flug mit dunklem Fleck, oberseits große, helle Zone vor dunkler Spitze.
Erscheinungsbild: Langflügelige Eule, oft tief fliegend mit kräftigen, gleichmäßigen Schlägen und schwankenden Gleitphasen. Sitzt gewöhnlich mit gebeugtem Rumpf am Boden oder auf Pfosten. Balzt »Bu-bu-bu«; bellende und miauende Rufe.

Wann und wo: Nördliche Moore und Inseln, Schonungen und Lichtungen; im Winter weiter verbreitet, zieht teilweise nach Süden.

Rauhfußkauz

Aegolius funereus
25 cm

Erster Eindruck: Kleine, aufrecht sitzende, braune Eule mit dickem, breitem Kopf; erstaunter oder fragender Gesichtsausdruck.

Von nahem: Kaltbraun und beige, oberseits mit üppigen, hellen Sprenkeln. Helles Gesicht mit hohen Brauen über großen, gelben Augen (Steinkauz deutlich flachere Brauen).
Erscheinungsbild: Seltene, scheue Eule der dichten Wälder; ausnahmslos nachtaktiv. Anschwellendes »Bu-bu-bu«, nasale Schnalzlaute.

Wann und wo: Nord- und Mitteleuropa, im Nadel- und (selten) im Mischwald, Bergregionen. Jahresvogel.

Nachtschwalbe (Ziegenmelker)

Caprimulgus europaeus
28 cm

Erster Eindruck: Sonderbarer, brauner, dämmerungsaktiver Vogel mit kleinem Kopf, langem Schwanz und langen Flügeln.

Von nahem: Braun, eng gebändert und gestreift. Männchen mit weißen Abzeichen an Flügelspitzen und Schwanzseiten. Schnabel und Füße sehr kurz.
Erscheinungsbild: Langer, breiter Schwanz; wird im Flug oft gedreht und gespreizt. Flügel lang, gewinkelt, ziemlich spitz; sehr wendiger, falkenartiger Flug. Erscheint nach Sonnenuntergang. Unverwechselbarer, schnurrender »Gesang« mit nasal gickernden Lauten.

Wann und wo: Im Sommer auf Heide- und Moorland, Waldlichtungen; bis auf Nordskandinavien weit verbreitet, jedoch ortsgebunden. Überwintert in Afrika; sehr selten außerhalb des Brutgebiets zu sehen.

Mauersegler

Apus apus
17 cm

Erster Eindruck: Ganz dunkler, flugakrobatischer Vogel mit sichelförmigen Flügeln.

Von nahem: Rundum dunkel, nur Gesicht und Kinn hell.
Erscheinungsbild: Schlank, gegabelter Schwanz, kurzer Kopf, Pfeilflügel. Schnabel und Beine ganz kurz, niemals sitzend zu sehen. Jagt im Sommer scharenweise in rasantem Flug über oder zwischen Häusern mit gellenden »Srrih«-Rufen.

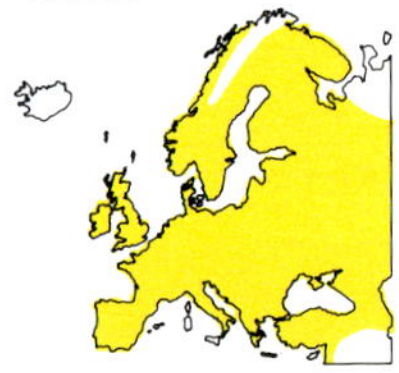

Wann und wo: Fast überall im Sommer, oft über Städten; nistet in Häusern, seltener auf Klippen. Überwintert in Afrika.

Alpensegler

Apus melba
23 cm

Erster Eindruck: Großer, heller, kräftiger Segler; unermüdlicher Flieger.

Von nahem: Oberseite graubraun, unterseits weiß mit graubraunem Kropfband.
Erscheinungsbild: Wie ein großer, untersetzter Mauersegler mit langen, sichelförmigen Flügeln. Kraftvoller Flug; Flügel beim schnellen Gleiten oft leicht nach unten gestellt.

Wann und wo: Berge und Schluchten im Süden, Alpen. Überwintert in Afrika.

Eisvogel

Alcedo atthis
18 cm

Erster Eindruck: Unverwechselbarer, stummelschwänziger, aufrecht sitzender, kleiner Vogel mit langem Schnabel, oder blauer »Blitz«, in raschem Tiefflug übers Wasser jagend.

Von nahem: Oberseite türkisblau, Flügel manchmal grüner, Rücken eisblau; Kopf blau mit weißen und kastanienbraunen Partien. Unterseite orangebraun. Dunkler Schnabel lang, spitz; Beine kurz, rot.
Erscheinungsbild: Sitzt unauffällig überm Wasser; fliegt mit scharfem, kurzem Pfiff auf; erbeutet Fische stoßtauchend vom Ansitz aus oder nach Rütteln.

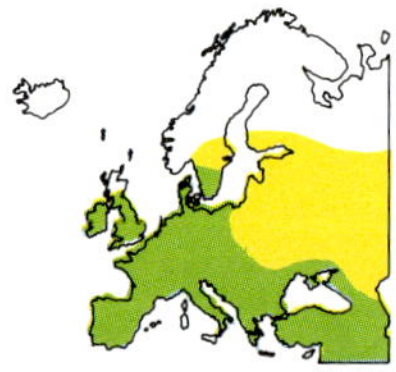

Wann und wo: Bis auf Skandinavien weit verbreitet an Süßgewässern aller Art; im Winter auch an Küsten.

Bienenfresser

Merops apiaster
28 cm

Erster Eindruck: Farbenprächtiger, länglicher Vogel mit langen Flügeln; sitzt auf Drähten oder fängt Insekten im Flug.

Von nahem: Rücken rötlichbraun und golden, Kehle gelb; Unterseite blau, Schwanz und Flügel mit Grün, Unterflügel kupfern. Altvögel mit Schwanzspieß.
Erscheinungsbild: Schlank mit dünnem, spitzem Schnabel. Sitzt auf exponiertem Ansitz, von dem aus er zum Insektenfang losfliegt oder zur Höhle in der Uferböschung herabstößt. Gleitet oft auf geraden Flügeln. Tiefes, rollendes »Trrür«, scharfes »Pitt«.

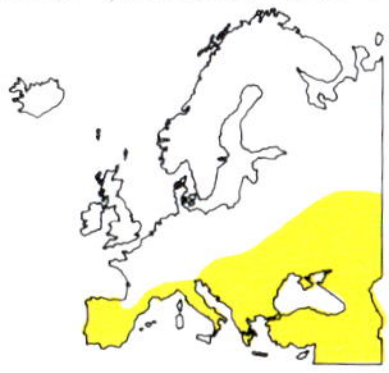

Wann und wo: Südeuropa, selten im mediterranen Hinterland. Überwintert in Afrika.

Blauracke (Mandelkrähe)

Coracias garrulus
31 cm

Erster Eindruck: Wie eine bunte, gedrungene Krähe mit großem Kopf.

Von nahem: Einmalig in Europa: leuchtend grün oder blau mit braunem Rücken; Flügel im Flug türkis und schwarz aufblitzend. Gesicht heller mit dunklem Augenstreif; Schnabel schwarz.
Erscheinungsbild: Oft auf einem Draht oder Zweig geduckt auf Beute lauernd; fliegt mit aufblitzenden Flügeln zu Boden, kehrt zum Fressen zum Sitzplatz zurück. Hartes »Rack«, krähenartiges »Kraah«.

Wann und wo: Offenes Ackerland, Waldränder; in Mittel- und Südeuropa von April bis September.

Wiedehopf

Upupa epops
28 cm

Erster Eindruck: Unverkennbar, schwarzweiß gebändert mit orangebrauner Haube.

Von nahem: Federholle angelegt oder kurz fächerförmig aufgerichtet; Rücken und Unterseite sandig bis orangerosa; Oberseite und Flügel markant schwarzweiß gebändert.
Erscheinungsbild: Langer, flachrückiger Vogel; läuft gemächlich in Ödlandrandzonen, im Schatten von Mauern oder Bäumen (schwer zu entdecken) oder fliegt mit seinen breiten, abgerundeten Flügeln unregelmäßig schlagend. Dumpfes »Hu-wup«.

Wann und wo: Fast ganz Europa außer in Großbritannien und im hohen Norden (hier seltener Gast); in Obstgärten, dörflichen Randgebieten, Parks, lichtem Waldrand. Überwintert in Afrika.

Wendehals

Jynx torquilla
17 cm

Erster Eindruck: Merkwürdiger, hellbrauner Vogel, am Boden oder auf Bäumen fressend, hüpft im Gezweig umher.

Von nahem: Rindenartig braun und grau gemustert, dunkler Mittelstreif am Hinterkopf und Rücken. Schwanz, Kehle und Unterseite quer gebändert.
Erscheinungsbild: Seltsam; spechtartig im Baum sitzend, benutzt jedoch Schwanz nicht als Stütze. Am Boden eher wie die große Grasmücke oder die kleine Drossel mit kurzem, dreieckigem Schnabel und kurzen Beinen. Tiefer, gerader Flug auf breiten Flügeln zeigt den breiten, hellen Schwanz. Nasales »Wiwiwi«.

Wann und wo: Den Sommer über in sehr unterschiedlichen Wäldern, Waldstreifen, Parks, Obstgärten. Fehlt in Großbritannien (hier seltener Gast). Überwintert in Afrika.

Grünspecht
Picus viridis
30 cm

Erster Eindruck: Apfelgrün mit gelbem Bürzel (auffällig im Flug); am Boden oder an Baumstämmen.

Von nahem: Rotes Käppchen, schwarzer Backenbart (beim Männchen mit Rot in der Mitte); Rücken grün, Unterseite hell graugrün; Flügel gebändert.
Erscheinungsbild: Spitzer Schnabel; kurze, kräftige Beine. Klettert an senkrechten Baumstämmen oder -stümpfen oder frißt hüpfend und energisch pickend am Boden. Flug stark wellenförmig. Lach schallend »Gjük-gjük-gjük«.

Wann und wo: Alte Laubwälder, Freiflächen mit Ameisenhaufen; nicht in Irland und Nordskandinavien.

Schwarzspecht
Dryocopos martius
45 cm

Erster Eindruck: Krähengroßer, schwarzer Vogel mit rotem Käppchen (Weibchen nur Hinterkopf); klettert aufrecht an Baumstämmen, auf den Schwanz gestützt.

Von nahem: Rundum glänzend schwarz bis auf rotes Kopfgefieder, Schnabel gelblich.
Erscheinungsbild: Größter Specht; kräftiger Schnabel; langer, steifer Schwanz. Fliegt kräftig mit lautem »Rip-rip-rip«, ruft im Sitzen »Kliööh«. Frißt oft am Boden.

Wann und wo: Weit verbreitet in alten Wäldern und größeren Vorstadtparks mit Buchen, Kiefern, Eichen; meist selten und scheu; nicht in Großbritannien.

Buntspecht
Dendrocopos major
23 cm

Erster Eindruck: Hübscher, schwarzweißer Vogel mit roten Unterschwanzdecken; lebhaft weißer Schulterfleck.

Von nahem: Oberseits schwarz mit weißem Schulterfleck, unterseits gelblichweiß, Flügel schwarz und weiß gebändert. Unterschwanzdecken scharlachrot.
Erscheinungsbild: Hüpft, sich mit dem starren Schwanz stützend, in Bäumen umher; Flug tief wellenförmig mit kurzen Flattereinlagen. Scharfes »Tschick«.

Wann und wo: Alle Waldarten einschließlich Nadelwald, vor allem mit älterem Baumbestand; weit verbreitet.

Weißrückenspecht
Dendrocopos leucotos
25 cm

Erster Eindruck: Recht großer, gesprenkelter Specht mit rotem Käppchen (Männchen) und weißem Hinterrücken.

Von nahem: Vorderrücken schwarz, Flügel schwarz mit weißen Binden; weiße Partie unten an Rücken und Bürzel. Männchen hat rotes, Weibchen schwarzes Käppchen über weißem Gesicht mit schwarzem Bartstreif. Rosarote Unterschwanzdecken.
Erscheinungsbild: Typischer Specht, aber mit schwerfälligem Wellenflug und keckem Wesen; auffälliger als der Buntspecht; scheu. »Güllert« weich.

Wann und wo: Meist selten; in alten Laubwäldern in Südskandinavien, Osteuropa und (selten) den Pyrenäen. Jahresvogel.

Kleinspecht

Dendrocopos minor
15 cm

Erster Eindruck: Sehr kleiner, flatternder Specht mit gebändertem Rücken.

Von nahem: Oberseite schwarz, weiß quer gebändert (verläuft oft in eckigen, weißen Rückenfleck). Gesicht weißlich; Männchen rotes, Weibchen weißes Käppchen. Unterseite gelblichweiß, zart längs gefleckt.
Erscheinungsbild: Klein, oft im dünnen Gezweig der Baumkronen; klettert, sich auf den starren Schwanz stützend, an Stämmen. Kraftloser, wellenförmiger Flug. Helles, dünnes »Ki-ki-kikiki«. Scheu.

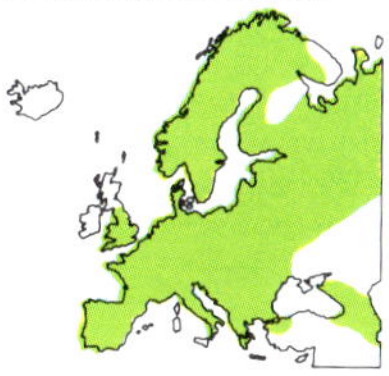

Wann und wo: Weit verbreitet, aber ortsgebunden in Laubwäldern und hohen Hecken.

Dreizehenspecht

Picoïdes tridactylus
22 cm

Erster Eindruck: Ziemlich kleiner Specht, dunkel, mit komplexer, feiner, gräulich-weißer Zeichnung.

Von nahem: Überwiegend schwarz, mit langer, grauweißer Mittellinie am Rücken; unterseits dunkel quer gebändert. Männchen hat gelbes Käppchen (einmalig bei europäischen Spechten!) Gesicht schwarzweiß gestreift.
Erscheinungsbild: Selten und schwer zu sehen; typisch ruckartiges, munteres, scheues Spechtverhalten, klettert an Baumstämmen, verwendet Schwanz als Stütze.

Wann und wo: Selten, in alten Nadelwäldern Nordeuropas; selten auch in den Alpen und auf dem Balkan. Jahresvogel.

Kurzzehenlerche

Calandrella brachydactyla
14 cm

Erster Eindruck: Kleine, sandfarbene, finkenähnliche Lerche mit dunklem Scheitel; helle Unterseite ohne Fleckung.

Von nahem: Oberseite warm- bis graubraun gestreift; langer, heller Überaugenstreif; Käppchen oft rostbraun. Brust gelblichbraun, beiderseits mit mehr oder weniger ausgeprägtem, schmutziggrauem Fleck. Flügel schlichtbraun im Flug, Schwanzseiten weiß. Schnabel hell, kurz, dreieckig spitz.
Erscheinungsbild: Meist flach geduckt laufende Lerche, am Boden oft pieperartig. Hartes Zirpen, tonlos trillernd.

Wann und wo: Süd- und Mitteleuropa, in Dünen, freiem, rauhem Grasland, felsigen oder steinigen Ebenen, auf sandigem Grund. Sommergast.

Haubenlerche

Galerida cristata
17 cm

Erster Eindruck: Kleiner, laufender Landvogel; gestreift, mit abstehendem Federschopf.

Von nahem: Allseits gestreift, unterseits heller; Unterflügel und Schwanzseiten in wärmerem Zimtorange. Spitzer Schopf, oft aufgestellt.
Erscheinungsbild: Hübscher, kleiner Vogel; steht aufrecht, rennt vorgebeugt oder steigt in flatterndem Singflug auf breiten Flügeln auf; auffällig kurzer Schwanz. Melancholisch flötendes »Di-rü-dieh«.

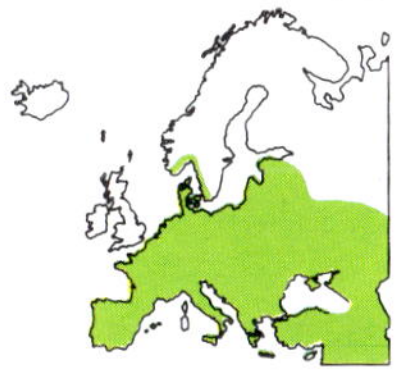

Wann und wo: Ganz Europa ohne Skandinavien und Großbritannien; Kornfelder, Grasland, Dünen, offenes Trockengelände.

Heidelerche
Lullula arborea
15 cm

Erster Eindruck: Kleiner Bodenvogel mit kurzem Schwanz; sitzt auch in Bäumen.

Von nahem: Längs gefleckt; cremefarbener Überaugenstreif, rötlichbraune Wangen; weiß-schwarz-weiße Stelle am Flügelrand. Im Flug erscheinen Flügel schlichtbraun; Schwanz nur an den Ecken weiß.
Erscheinungsbild: Kleine, runde Lerche; kreisender Singflug; Normalflug stark wellenförmig auf breiten, runden Flügeln. Flötender, mehrstrophiger Gesang.

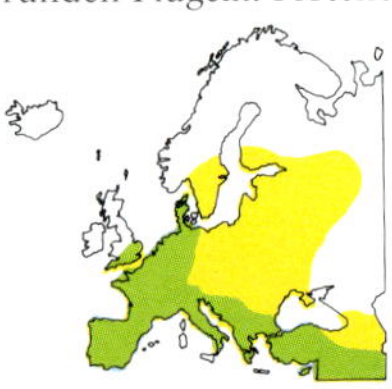

Wann und wo: Weit verbreitet außer in Osteuropa; in lichten Trockenwäldern, Heideland; felsige, buschbewachsene Abhänge.

Feldlerche
Alauda arvensis
18 cm

Erster Eindruck: Brauner, gestreifter Vogel mit kurzem Schopf; läuft am Boden.

Von nahem: Braun längs gefleckt, mit eng gemusterter, rahmfarbener Brust über weißer Unterseite. Flügelhinterrand und Schwanzseiten weiß.
Erscheinungsbild: Rundlicher, bodenbewohnender Vogel mit mäßig langem Schwanz; im Flug auffällig eckige Flügelform mit geradem Hinterrand. Zwitschert laut; sehr ausdauernd und variabel in steil aufsteigendem Rüttelflug.

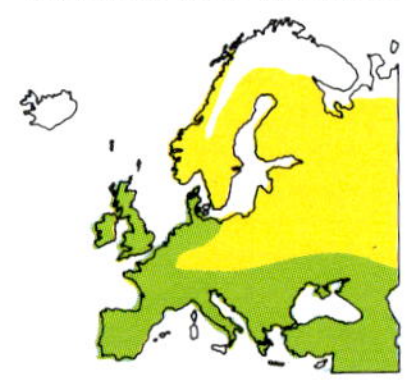

Wann und wo: Sehr weit verbreitet in jedem offenen Gelände von Feld bis Moor; östliche Vögel ziehen im Winter meist nach Süden und Westen.

Ohrenlerche
Eremophila alpestris
17 cm

Erster Eindruck: Unauffälliger Bodenvogel an Flutlinie oder Salzmarschen mit dezenter Gesichtszeichnung.

Von nahem: Oberseite braun, Unterseite weißer; Gesicht gelblichweiß mit schwarzem Wangenstreif; dunkles Halsband; Sommerfärbung schärfer schwarz und gelb abgesetzt.
Erscheinungsbild: Längliche, geduckt laufende Lerche auf Sand, Schlamm oder Salzsumpfvegetation. Piependes »Ti-tih«.

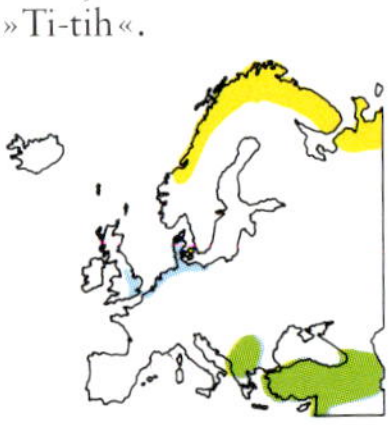

Wann und wo: Brütet im Sommer in Nordskandinavien auf Hochplateaus. Im Winter an Küstenmarschen und Stränden von Nord- und südlicher Ostsee.

Uferschwalbe
Riparia riparia
13 cm

Erster Eindruck: Kleiner, brauner, emsig, aber unstet fliegender Vogel in Gewässernähe.

Von nahem: Oberseite braun, unterseits weißlich mit braunem Kropfband. Schwanz kurz, gegabelt; spitze, recht weit vorn angesetzte Flügel, im Flug nach hinten geschlagen.
Erscheinungsbild: Schwach fliegende Schwalbe, oft über Wasser, vor allem im Frühjahr und Herbst; legt Brutröhren in Uferböschungen, Sand- und Kiesgruben an. Rauh zwitschernder Gesang: »Tschrr«.

Wann und wo: Sehr weit verbreitet, jedoch lokal. Überwintert in Afrika.

Felsenschwalbe

Ptyonoprogne rupestris
15 cm

Erster Eindruck: Gedrungene, kraftvoll fliegende, breitflügelige Schwalbe der Hochregionen und Schluchten.

Von nahem: Oberseite braun, Unterseite heller mit weißlicher Kehle; dunkles Dreieck vorn an den Flügelunterseiten. Im Flug weiße Tupfen auf gespreiztem Schwanz sichtbar.
Erscheinungsbild: Anmutiger Flieger, sehr flüssig und rege, vollführt rasante Flüge vor Klippen, wendet in akrobatischen Schleifen.

Wann und wo: Südeuropa, in Bergregionen. Überwintert in Afrika.

Rauchschwalbe

Hirundo rustica
19 cm

Erster Eindruck: Metallisch blauschwarz und cremefarben; schlanker, akrobatischer Flieger; fliegt tief über Feldern oder Wasser.

Von nahem: Oberseite glänzend blauschwarz; Stirn und Kehle dunkel rostbraun; Unterseite beige bis gelbbraun orange; langer Schwanz gegabelt mit weißer Fleckenreihe.
Erscheinungsbild: Meistens in der Luft, sitzt aber auf Dächern, kahlen Zweigen, Drähten. Im Flug Flügel weit nach vorn ausholend, Schwanz tief gegabelt mit langen Spießen; pendelt in flüssig rollendem Tiefflug hin und her. Markantes »Witt-witt«.

Wann und wo: Scheunen, Schuppen, Ackerland und am Wasser; weit verbreitet; brütet in fast ganz Europa. Überwintert in Afrika.

Mehlschwalbe

Delichon urbica
14 cm

Erster Eindruck: Kleiner, flugfreudiger, schwarzweißer Vogel, oft über Häusern.

Von nahem: Oberseite blauschwarz (Flügel brauner) mit breitem, weißem Bürzel und ganz weißem Bauch.
Erscheinungsbild: Flattrig, starrflügeliger als die Rauchschwalbe, unterseits deutlich weißer; fliegt meist höher, um Dachgiebel oder darüber. Legt unterm Dachgebälk halbkugelförmige Nester aus Lehm und Speichel an (Rauchschwalbe in Gebäuden auf Balken).

Wann und wo: Weit verbreitet und oft zahlreich, über Vororten, Städten, allen offenen Landschaftstypen. Überwintert in Afrika.

Brachpieper

Anthus campestris
17 cm

Erster Eindruck: Sandheller, langschwänziger, stelzenähnlicher Vogel.

Von nahem: Oberseite sandfarben mit dezenter, gerader Längsfleckung; dunkle Tupfenreihe über geschlossenem Flügel. Schwanz dunkel mit weißen Seiten. Unterseite hell gelbbraun oder rahmfarben, ungezeichnet. Lange Beine gelblich oder blaßrosa.
Erscheinungsbild: Stelzenartiger, schlanker Pieper, jedoch bei Erregung aufrecht stehend. Langer Schwanz besonders deutlich im steilen Abwärtsflug. Hohes »Ziäh«, »zi-iep«.

Wann und wo: Süd- und Mitteleuropa, am häufigsten im Mittelmeerraum, auf sandigem Boden, Dünen, trockenen Böschungen mit Gestrüppbewuchs. Frühjahr bis Herbst.

Baumpieper

Anthus trivialis

15 cm

Erster Eindruck: Schlanker, hellbrauner Vogel mit cremeweißen Flanken und recht langem Schwanz; sitzt oft im Baum oder fliegt zum Singen in Wipfel hoch.

Von nahem: Oberseits olivbraun mit dunkler Längsfleckung; unterseits beigegelb mit scharf abgesetzten dunklen Linien; Flanken cremig gelblichbraun; weiße Schwanzkanten. Spitzer Schnabel; Beine dunkelrosa.
Erscheinungsbild: Frißt sorglos am Boden, aber oft in Bäumen, läuft sogar auf Ästen umher. Singflug vom Baum aus, schwebt danach zum Sitzplatz herab. Fliegt bei Störung gerade, schnell und weit davon. Heiseres, hohes »Tsieh«. Gewöhnlich einzeln oder zu zweit.

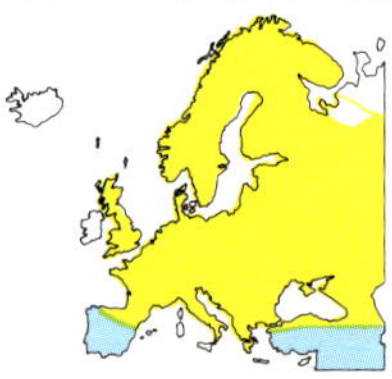

Wann und wo: Weit verbreitet in offenem Waldland aller Art, Heide. Überwintert in Afrika.

Wiesenpieper

Anthus pratensis

14 cm

Erster Eindruck: Kleiner, oliv- bis graubrauner, gestreifter Bodenvogel mit dünnen, nervösen Rufen.

Von nahem: Eng gemustert; unterseits hell mit dunklen Längstupfen an Brust und Flanken. Schwanzseiten weiß. Dünner Schnabel; lange, orangebraune Beine.
Erscheinungsbild: Kriecht und schlurft nervös durchs Gras; fliegt bei Alarm mit erregt zirpendem »Piep-piep« und zögerlichem Flatterflug auf. Singflug beginnt und endet am Boden. Kleine Schwärme im Herbst und Winter.

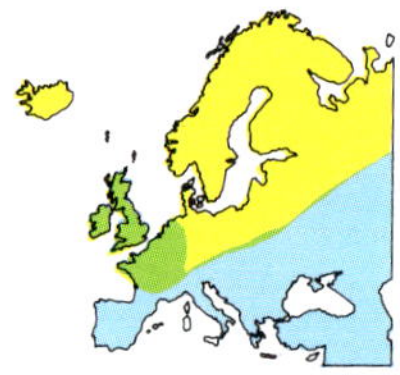

Wann und wo: Weit verbreitet in Nord- und Mitteleuropa; zieht im Winter nach Südeuropa. Moore, Grasland, Heide; im Winter Felder und Sümpfe.

skandinavische Form

atlantische Form

Strandpieper (Felsenpieper)

Anthus spinoletta petrosus

16 cm

Erster Eindruck: Recht großer, dunkler Pieper mit schwärzlicher und olivbrauner Färbung; Beine dunkel.

Von nahem: Oberseite oliv- bis graubraun, dezent längs gestreift; unterseits gelblich mit breiten, grauen Streifen; skandinavische Vögel schwächer gezeichnet und rötlich angehaucht. Schwanzseiten rauchgrau; Beine dunkel rotbraun.
Erscheinungsbild: Ziemlich scheuer Vogel an Felsküsten und (selten auf Wanderung) im Binnenland an Gewässerrändern; im Winter an Salzsümpfen. Volltönendes »Hiist«. Einzelgänger.

Wann und wo: Küsten Großbritanniens und Skandinaviens; Nordwestfrankreich.

Wasserpieper

Anthus spinoleta

16 cm

Altvogel Sommerkleid

Erster Eindruck: Gedrungener, heller Pieper mit dunklen Beinen; weißer Überaugenstreif.

Von nahem: Im Sommer Kopf grau, Rücken braun, Unterseite rosa angehaucht. Im Winter brauner, unterseits trüb grauweiß mit brauner Längsfleckung. Schwanzseiten weiß, Beine dunkelbraun.
Erscheinungsbild: Ruhiger, großer, aber scheuer Pieper, fliegt oft über weite Strecken. Hohes »Psiep«, bei Alarm hartes »Pick«. Einzeln, zu zweit oder zu dritt.

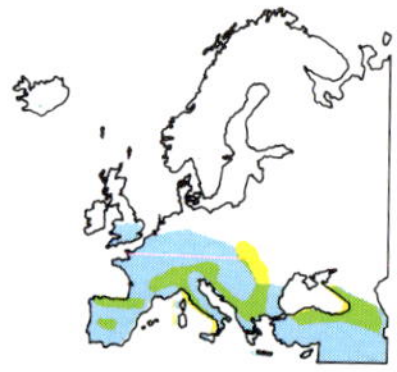

Wann und wo: Brütet auf Grasmatten und Felshängen in den Alpen und Pyrenäen; kommt im Winter (und nach Norden) tiefer an schlammige Gewässerränder an Küste und im Hinterland.

Grünköpfige Schafstelze

Motacilla flava
16 cm

Erster Eindruck: Schlanker, langschwänziger Bodenvogel mit gelber Unterseite; wellenförmiger Flug.

Von nahem: Oberseite olivgrün, mit zwei hellen Querbinden auf den Flügeldecken; Unterseite blaßgelb (Weibchen) bis kräftig gelb (Männchen). Kopf variabel: gelb (Großbritannien) bis blaugrau mit weißem Überaugenstreif (Frankreich) oder ganz grau (Skandinavien). Schwanzseiten weiß.
Erscheinungsbild: Läuft mit nickendem Kopf und wippendem Schwanz durch feuchtes Grasland. Schlank; dünne, schwarze Beine. Klares, gedehntes »Psü-iep«. Oft in Scharen.

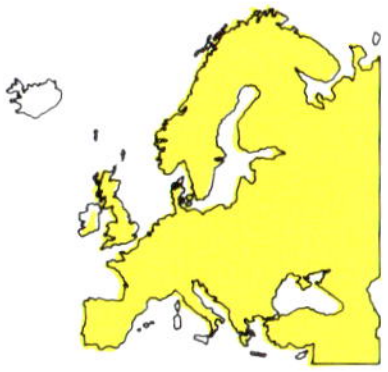

Wann und wo: Feuchtweiden, sumpfige Stellen in ganz Europa. Überwintert in Afrika.

Gebirgsstelze

Motacilla cinerea
18 cm

Erster Eindruck: Sehr langschwänziger, gelbschwarzer Vogel, hüpfend an Flüssen und Tümpeln.

Von nahem: Unterm Schwanz stets gelb. Männchen im Frühjahr unterseits gelb, schwarzer Brustlatz; Weibchen farbschwächer. Unausgefärbte und Wintervögel unterseits bräunlichweiß, oberseits grau mit grüngelbem Bürzel. Weißer Überaugenstreif, weiße Flügelbinden und Schwanzkanten. Beine hell.
Erscheinungsbild: Langschwänzigste Stelze mit sehr auffälligem Schwanzwippen am Boden; stakst zwischen Steinen in Flüssen herum, sucht auch Teiche, Straßenpfützen, Dachgiebel auf. Scharfes, hohes »Zississ«. Einzeln oder paarweise.

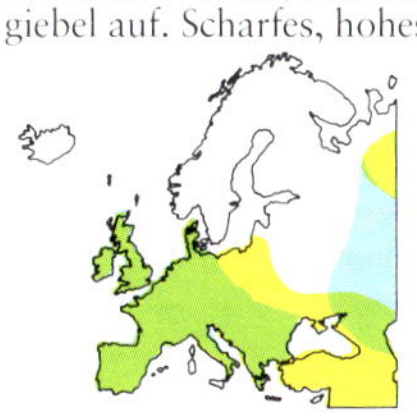

Wann und wo: Weit verbreitet in West- und Südeuropa, selten im Norden und Osten. Hochlandflüsse mit steinigen Stromschnellen, Steilufer. Zieht im Winter meist an Küsten.

Bachstelze

Motacilla alba
18 cm

Erster Eindruck: Schlanker, langschwänziger, schwarz-weiß-grauer Vogel; wellenförmiger Flug.

Von nahem: Schnabel und Beine schwarz; langer Schwanz schwarz mit weißen Kanten. Weißes Gesicht, bei Altvögeln mit schwarzem Latz und schwarzem Käppchen (im Sommer meist vollständig); Jungvögel nur mit dunklem Band auf gelblichbrauner Brust. Oberseite grau, Flügel schwärzer mit weißen Streifen; Unterseite weiß.
Erscheinungsbild: Rennt trippelnd und nickt beim Laufen; fängt auch Insekten im Flug. Ausgeprägter Wellenflug, markantes »Zi-lipp«.

Wann und wo: Weitverbreiteter Jahresvogel; oft nahe am Wasser, aber auf jedem offenen Gelände, Ödland; Freiflächen in Städten.

Seidenschwanz

Bombycilla garrulus
18 cm

Erster Eindruck: Plump oder schlank, aufrecht oder akrobatisch, mit spitzem Federschopf.

Von nahem: Gesicht fuchsrot; Brust hellbraun, Kinn tiefschwarz. Rumpf blaßrosa bis grau, Schwanz mit gelber Endbinde, rostroter Bürzel. Mehrere weiße Flügelquerbinden.
Erscheinungsbild: Sehr zutraulicher, sanfter, reizender, samtiger Vogel mit kurzem Schnabel, kleinem, aber deutlichem Schopf und kurzem, abgeschnittenem Schwanz. Im Flug starenähnlich, jedoch mit breitem, hellem Rumpf und weißen Abzeichen auf Flügeln. Hohes, glockig schwirrendes »Sirrr«.

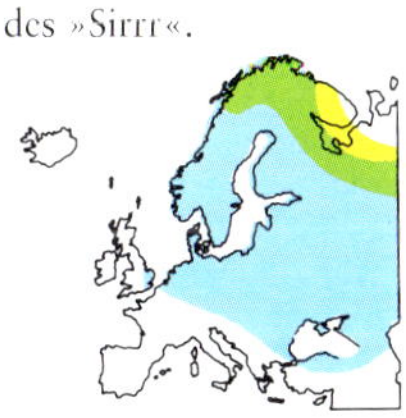

Wann und wo: Brütet in Wäldern des hohen Nordens. Im Winter Anzahl und Verbreitung sehr unterschiedlich; zieht auf der Suche nach Beeren mitunter nach Süd und West.

Wasseramsel (Wasserschwätzer)

Cinclus cinclus
18 cm

Erster Eindruck: Rundlicher, kurzschwänziger und -schnäbliger Vogel an Gebirgsbächen, auf Steinen in Stromschnellen; schwimmt und taucht wider Erwarten!

Von nahem: Oberseite braun, zum Rücken hin schwärzer; große, leuchtendweiße Kehle und Brust, Unterseite schwarz (mancherorts mit kastanienbrauner Binde).
Erscheinungsbild: Dicklich; steht auf Fels, den ganzen Körper in nervöser, sprungbereiter Haltung; läuft in reißendes Wasser, schwimmt und taucht sogar. Rascher Schnurrflug an Bächen mit scharfem »Tschrb«. Außerdem zwitscherndes, trillerndes Schwätzen.

Wann und wo: Flüsse und Bäche, seltener an Küsten oder Seeufern; Hochregionen Großbritanniens, Skandinaviens, Mittel- und Südeuropas.

Zaunkönig

Troglodytes troglodytes
10 cm

Erster Eindruck: Winziger, runder, rostbrauner, stummelschwänziger Vogel in Hecke, Dickicht, Heidemoor.

Von nahem: Rundum braun, mit hellem Überaugenstreif und blasser Querbänderung auf den Flügeln. Schwanz quer gestreift. Schnabel ziemlich lang, dünn, spitz.
Erscheinungsbild: Rundrumpfiges Vögelchen; Schwanz oft aufgestellt, häufig auch flach gehalten. Reizbar; kommt zum Schimpfen aus dichter Vegetation, wippt und verschwindet wieder. Schmetterndes, trockenes „Zirrr« und »Tschick«; Gesang sehr schnell, laut und abwechslungsreich mit tiefem Triller gegen Ende.

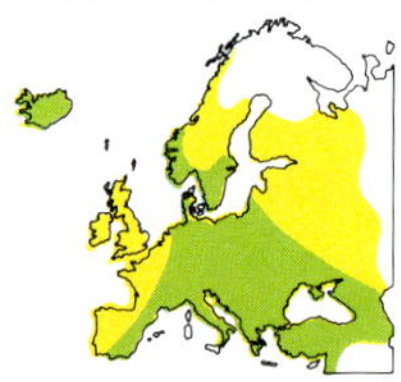

Wann und wo: Fast überall bis auf Nordskandinavien; Vögel aus Nordosten ziehen im Winter nach Süden. Laubwälder, Hecken, Parks, Gärten, auch Moore, Tieflandheide, Steilküsten.

Heckenbraunelle

Prunella modularis
15 cm

Erster Eindruck: Erdbrauner und blaugrauer Vogel, der zwischen Beeten, Rasen und am Grund von Hecken herumhüpft.

Von nahem: Kopf und Brust schiefergrau, mit braunen Abzeichen auf Wangen und längsgefleckten Seiten; Oberseite mittelbraun, dunkel längs gestreift. Dünner Schnabel; Augen und Beine rötlich.
Erscheinungsbild: Nach vorn gebeugter, flachrückiger, geduckt laufender Vogel; schlüpft und hüpft lautlos in schützendem Dickicht oder läßt pfeifendes »Ziet« oder rasches, perlendes »Zi-di-dit« aus dem Busch hören. Oft paarweise oder zu dritt.

Wann und wo: Sehr weit verbreitet, in Parks, Gärten, Wäldern, Mooren, an farnbewachsenen Hängen oberhalb von Klippen. Nördliche Vögel ziehen im Winter fort.

Alpenbraunelle

Prunella collaris
18 cm

Erster Eindruck: Wie die große, stämmige Heckenbraunelle mit dunklen Flügelbinden.

Von nahem: Dunkel längs gestreift; Unterseite grau mit Kastanienbraun an den Flanken. Schwanzspitze mit weißen Sprenkeln; Kehle weiß mit dunkler Querfleckung. Schnabel schlank, an der Basis gelb. Dunkle, weiß eingefaßte Binde auf der Flügeldecke.
Erscheinungsbild: Scharrender, bodenliebender Vogel auf Berghängen, Matten, Geröllfeldern und Klippen. Schwer zu entdecken und unauffällig. Lerchenartig trillernder Gesang.

Wann und wo: Gebirge; Alpen, Pyrenäen. Im Winter verbreiteter auf Hochplateaus.

Rotkehlchen

Erithacus rubecula
14 cm

Erster Eindruck: Rundes, aufrecht sitzendes, keckes, braunes Vögelchen mit orangeroter Brust (Jungvögel erdbraun, gesprenkelt).

Von nahem: Oberseite warm olivbraun, Unterseite weißgrau; Gesicht und Vorderbrust kräftig orangerot, leuchtet sogar im Schatten. Bläulichgrauer Seitenstreif vom Auge abwärts bis zum Bauch.
Erscheinungsbild: Aufrechter, hektischer, schwanzwippender, flügelzuckender und aggressiver Vogel, meist einzeln. Metallisches Tschickern; Gesang vielfältig, ausdauernd, reich und oft melodisch flötend, mit süßen, perlenden Tönen und vielen sehr schnellen, absteigenden Melodiebögen.

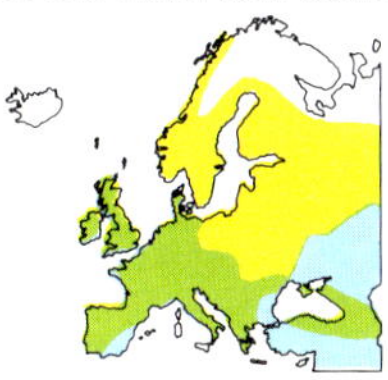

Wann und wo: Häufig und weit verbreitet, in Gärten, Parks, Wäldern, an Schonungsrändern. Östliche Vögel ziehen im Winter westwärts.

Nachtigall

Luscinia megarhynchos
16 cm

Erster Eindruck: Warmbrauner Vogel mit leuchtend rotbraunem Schwanz. Sehr scheu; schwer zu entdecken.

Von nahem: Oberseits einfarbig braun; Schwanz rostbraun. Unterseite bräunlich cremefarben, Gesicht gräulich mit hellem Ring um das große Auge.
Erscheinungsbild: Jungvögel ähnlich wie junge Rotkehlchen, aber stämmiger, Rücken länger. Der berühmte, melodiös flötende Gesang mit abrupten Tempowechseln wird von erhöhter Warte in tiefem Schatten, in Dickichten oder am Waldrand, oft in dichter Vegetation aus Gräben vorgetragen. Singt zur Morgen- und Abenddämmerung auch in lichterer Umgebung.

Wann und wo: Weit verbreitet in Süd- und Mitteleuropa und im Süden Großbritanniens. Überwintert in Afrika. Abseits der Brutgebiete recht seltener Zugvogel.

Blaukehlchen

Luscinia svecica
14 cm

Erster Eindruck: Rotkehlchenähnlicher, dunkler Vogel mit blauer Kehle, oft im Schatten niedriger Büsche oder an Schilfrändern; beim Fliegen blitzt Rot im Schwanz auf.

Von nahem: Männchen im Frühjahr sehr dunkel mit lebhaft blauer Kehle; Weibchen und Herbstvögel mit schwärzlichem Brustband, etwas Blau und Kastanienbraun; Schwanz beiderseits mit rostbraunem Viereck.
Erscheinungsbild: Meist rotkehlchenhaftes Verhalten; hüpft am Boden umher oder versteckt sich in Büschen am Rand von Sümpfen oder Schilf. Schneller, flüssiger, auch zirpender Gesang; Imitationskünstler!

Wann und wo: Fast ganz Nord- und Osteuropa, im Westen weit lokaler. Nichtbrütender Sommervogel in Südskandinavien und Großbritannien. Überwintert in Afrika.

Hausrotschwanz

Phoenicurus ochruros
15 cm

Erster Eindruck: Rauchgrauer bis schwärzlicher Vogel auf Steinen, Klippen, Stadtdächern; wippender, rötlicher Schwanz.

Von nahem: Ältere Männchen mit schwarzer Brust und großem, weißem Flügelfleck; jüngere Männchen grauer (können noch brüten); Weibchen rauchgrau, unterseits braun getönt. Schwanz rotbraun.
Erscheinungsbild: Wie der dickliche Gartenrotschwanz oder das schlanke Rotkehlchen; wippt mit dem Schwanz; huscht oft von Dach zu Dach, von Stein zu Stein. Schwer bestimmbarer Gesang von Geröllhängen, Felsen oder in Großstädten, wo er auf kleineren Gebäuden leicht zu orten ist: kratzig, mit rollendem Triller in der Mitte.

Wann und wo: Fast ganz Süd- und Mitteleuropa. Felsige Landschaften, Gebirge; auch in Ortschaften, Weinbergen, Industrieanlagen. Überwintert zumeist im tiefen Süden.

Gartenrotschwanz

Phoenicurus phoenicurus
14 cm

Erster Eindruck: Männchen bemerkenswert schön; Weibchen schlank, mehr schlichtbraun, mit wippendem, rostrotem Schwanz.

Von nahem: Männchen mit schwarzem Gesicht, weißer Stirn, grauem Rücken; Weibchen eher einfarbig gelblichbraun mit braunerem Rücken. Schwanz hell rostrot.
Erscheinungsbild: Wie schlankes Rotkehlchen, in Waldbäumen; wippt ständig mit dem Schwanz. Schnalzt markant: »Hüit-tek-tek«. Gesang von Baumwipfeln: variables Flöten, danach kurzes Trillern.

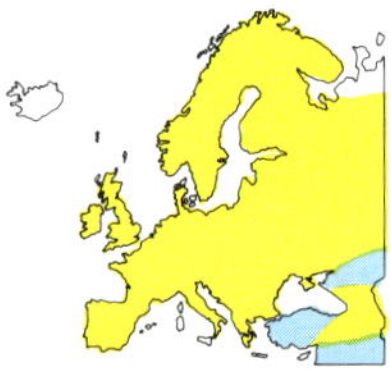

Wann und wo: Sehr weit verbreitet, aber ortsfest, in alten Wäldern, Parks, bisweilen Vororten. Überwintert in Afrika.

Frühjahr/Herbst

Braunkehlchen

Saxicola rubetra
13 cm

Erster Eindruck: Braun gestreift, unterseits heller, mit hellem Überaugenstreif; kleiner, aufrechter Vogel, auf der Spitze hoher Stengel sitzend.

Von nahem: Männchen oberseits kontrastreich braun, unterseits aprikosen- oder cremefarben, mit schwarzgrauer Maske und breitem, weißem Überaugen- und Unterkinnstreif; weiße Kehle. Weibchen schlichter, brauner, Gesichtsstreifung mehr gelbbraun. Schwanzseiten am Ansatz weiß.
Erscheinungsbild: Sitzt auf hohen Grashalmen, Stechginster, Heidekraut; huscht zum Fressen auf den Boden. Pfeifende Laute: »Wiih« und hartes »Tek-wii-tek«.

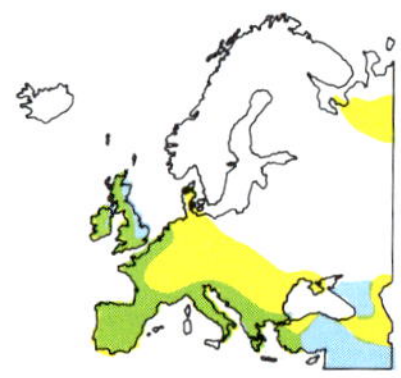

Wann und wo: Fast ganz Europa, in Schonungen, auf Heide; untere Hänge von Heidemooren. Überwintert in Afrika.

Schwarzkehlchen

Saxicola torquata
12 cm

Erster Eindruck: Runder, kurzschwänziger Vogel mit großem Kopf, auf Stechginster, Telegrafendrähten, Steinmauern sitzend.

Von nahem: Männchen auffällig; Kopf und Kehle schwarz, dunkler Rücken mit Weiß auf Flügeln; großer, weißer Fleck am Hals; Unterseite orangebraun. Weibchen unscheinbarer braun; Kinn braun, Halsseiten weißlichgelb. Schwanz dunkel.
Erscheinungsbild: Ähnlich wie das Braunkehlchen; etwas schwerer, noch hektischer. Ruft scharf abgehackt »Wii-tek-tek«.

Wann und wo: Heide, Moorränder, Stellen mit Stechginster oberhalb von Felsküsten; offenes Grasland, im Winter meist in Küstennähe. Mittel-, Süd- und Westeuropa, selten im Norden.

Steinschmätzer

Oenanthe oenanthe
15 cm

Erster Eindruck: Munterer, lebhafter Vogel; Flügel, Maske und Schwanzspitze schwarz; große, weiße Bürzelpartie.

Von nahem: Männchen oberseits grau, Flügel braunschwarz; schwarze Maske; Unterseite cremeweiß oder bräunlichrosa. Weibchen brauner, kontrastärmer, unterseits mehr gelbbraun. Alle haben weißen Bürzel und Schwanz mit schwarzem »T« an der Spitze.
Erscheinungsbild: Bodenvogel, aufrecht und keck auf Steinen oder ebenem Grund sitzend, huscht dann dicht überm Boden entlang, wobei der weiße Bürzel aufblitzt. Abwechselnd pfeifendes »Jiew« und schnalzendes »Täck-täck«.

Wann und wo: Fast ganz Europa, an Hügeln und steinigen Mooren; Heide, steinige Hänge; im Herbst an der Küste. Überwintert in Afrika.

Mittelmeer-Steinschmätzer

Oenanthe hispanica
14 cm

Erster Eindruck: Frecher, kontrastreicher Steinschmätzer mit überwiegend weißem Schwanz.

Von nahem: Männchen hellgrau bis weiß mit rötlich sandfarbenem Rücken oder warm orangebraun mit schwarzen Flügeln. Schwarzer Augenfleck oder ganzes Untergesicht schwarz. Schwanz weiß mit dünnem, schwarzem Mittel-»T«. Weibchen brauner, unscheinbarer, mit braunem, kaum gezeichnetem Gesicht; Schwanz wie Männchen.
Erscheinungsbild: Wie ein schlanker Steinschmätzer, oft katzengleich auf Stengeln sitzend; am Boden aufrecht.

Wann und wo: Sommergast in Südeuropa, in trockenem, steinigem und felsigem Gelände; an warmen, buschigen Hängen, sandigen Plätzen.

Frühjahr/Herbst

Steinrötel

Monticola saxatilis
19 cm

Erster Eindruck: Bunte Drossel mit weißem Rückenfleck und blauem Kopf.

Weibchen

Von nahem: Männchen blau mit auffällig weißem Hinterrücken; unterseits hellorange, rötlicher Schwanz. Weibchen braun mit kurzem, rostbraunem Schwanz; rahmfarbene Streifung.
Erscheinungsbild: Ziemlich untersetzte, kurzschwänzige, beinahe katzenhafte Drossel, am Boden und auf niedrigen Steinen; sitzt auch auf Drähten. Weiches »Jiep« und hartes »Tack«, oft aneinandergereiht.

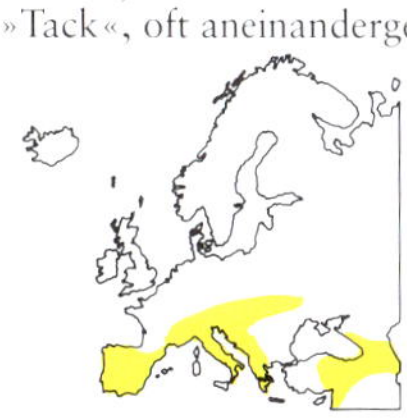

Wann und wo: Sommergast in felsigen Tälern, Schluchten, offenen Bergwiesen und Grasmatten. Südeuropa, Alpen.

Blaumerle

Monticola solitarius
20 cm

Erster Eindruck: Wie eine lange, spitzschnäblige, bläuliche Amsel.

Von nahem: Schlanke Drossel mit langem Schnabel; Männchen am Kopf lebhaft blau, Rumpf dunkler; Weibchen dunkelbraun mit schuppiger Bänderung; länglicher, dunkler Schwanz.
Erscheinungsbild: Scheuer Vogel auf Klippen und Felsen. Das kecke Verhalten erinnert an die Ringdrossel; knickst oft. Laut klagendes »Jiep« und schnarrendes »Rrackr« von erhöhtem Fels aus.

Wann und wo: Warme Felstäler und Schluchten in fast ganz Südeuropa; Jahresvogel.

Ringdrossel

Turdus torquatus
24 cm

Erster Eindruck: Schlanke, freche, aber scheue Drossel; sehr dunkel. Laute, zungenschnalzende Rufe; vielfach in karger Gebirgslandschaft.

Von nahem: Männchen schwarz mit helleren Flügeln und breitem, weißem Kropfband. Weibchen brauner mit wellig schuppigen Federrändern; halbmondförmiges Kropfband unscheinbarer. Schnabel gelb.
Erscheinungsbild: Eher wie eine Misteldrossel als eine Amsel, jedoch oft auf Felsen, Steinmauern, Grasboden an Mooren. Fliegt bei Störung weit weg, geht erst außer Sichtweite nieder. Langflügelige Silhouette in direktem Flug. Rauher, flötiger Gesang: »Trü-trü-trüik«.

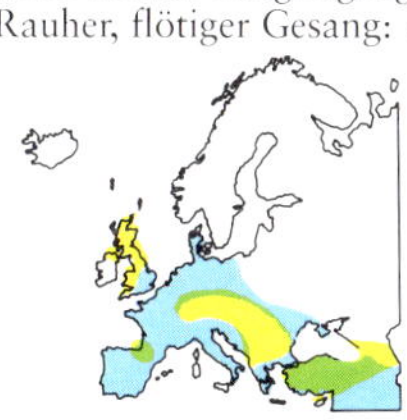

Wann und wo: Skandinavien, Westgroßbritannien, Alpen, Spanien; Gebirge und Moore. Zugvögel an Küsten. Überwintert in Afrika.

Amsel

Turdus merula
24 cm

Erster Eindruck: Rundrumpfiger Vogel unten in Hekken, auf Laubstreu, Blumenbeeten oder schön von hohem Ansitz singend.

Von nahem: Männchen ganz schwarz bis auf gelben Schnabel und Augenring; im Flug hellere Flügelspitzen. Weibchen dunkelbraun, Kehle mitunter weißer und längs gefleckt; Jungvögel heller braun, stärker gesprenkelt.
Erscheinungsbild: Hüpft und rennt munter am Boden, scharrt oft emsig im welken Laub oder hüpft über Rasen. Flug meist tief, kurz, auf runden Flügeln. Gellend zeternder Warnruf; lauter, abwechslungsreich flötender und herrlich melodisch-getragener Gesang.

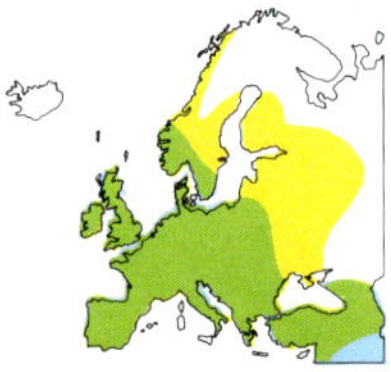

Wann und wo: Weit verbreitet in Wäldern, Gärten, Parks, Vororten.

Wacholderdrossel

Turdus pilaris
25 cm

Erster Eindruck: Großer, kontrastreicher Vogel mit dunklem Rücken und großer, grauer Bürzelpartie.

Von nahem: Kopf grau und schwarz; Schnabel gelb. Rücken dunkelbraun, Bürzel grau, Schwanz schwarz. Unterseite cremefarben und rostgelb mit schwärzlichen Tüpfeln. Unterflügel weiß.
Erscheinungsbild: Große, langflügelige Drossel, oft in Scharen; fliegt hoch mit häufigem, nasalem »Zie-wiep« und rauhem »Schack-schack«. Frißt am Boden oder in Hecken; flieht bei Störung in Baumkronen.

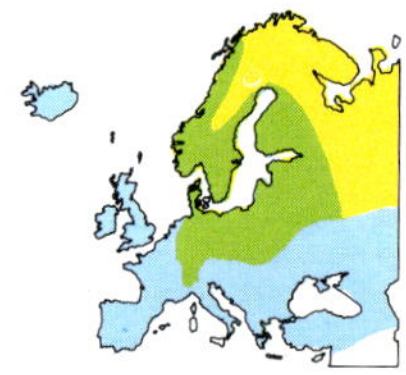

Wann und wo: Brütet in Wäldern des Nordens und Ostens, Waldlichtungen, Parks. Zieht im Winter meist nach Westen und Süden und durchstreift Felder und offenes Gelände mit hohen Bäumen in der Nähe.

Singdrossel

Turdus philomelos
22 cm

Erster Eindruck: Kleiner, brauner Vogel mit cremefarbener, reich gesprenkelter Unterseite.

Von nahem: Oberseite braun; Unterseite weißlichgelb, an Flanken brauner, mit hübschen Reihen dunkler Tüpfel. Unterflügel hellocker.
Erscheinungsbild: Rundlicher, schöner Vogel; hüpft oft quer über Rasen oder Park, hält inne, um zu lauschen und Würmer zu suchen. Herrlicher flötender Gesang, voll, schmetternd und mannigfaltig; Strophen werden meist zwei- bis dreimal wiederholt.

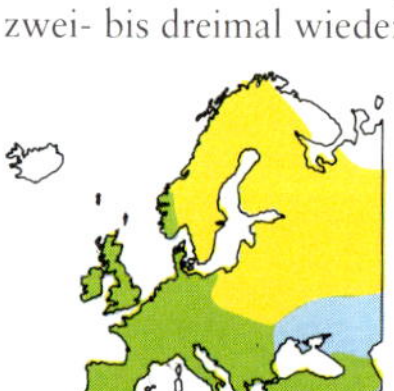

Wann und wo: Sehr weit verbreitet, in Wäldern, Feldgehölzen, Parks und Gärten; Vögel aus Nord- und Osteuropa ziehen im Winter nach Westen.

Rotdrossel

Turdus iliacus
20 cm

Erster Eindruck: Recht dunkle, kleine Drossel mit gestreiftem Kopf; im Flug lerchentypische Schwärme.

Von nahem: Oberseite dunkelbraun; deutlicher, weißer Überaugenstreif; breite, cremefarbene Linie unter der dunklen Maske; Unterseite weißlich mit dunklen Tüpfelreihen; orangeroter Fleck auf Seite und Unterflügel.
Erscheinungsbild: Schlanke, scheue, zurückhaltende Drossel. Oft gesellig, in Gruppen brütend, verbringt den Winter in Scharen, gemeinsam mit Wacholderdrosseln. Markantes, hohes, dünnes »Zieh«.

Wann und wo: Brütet im Norden; zieht im Winter über ganz Westeuropa; Futtersuche auf Feldern, in Hecken mit Beeren, Gärten bei strengem Frost.

Misteldrossel

Turdus viscivorus
28 cm

Erster Eindruck: Große, helle Drossel mit kräftigen, runden Tüpfeln; langer Schwanz und lange Flügel, unterseits im Flug weiß aufblitzend.

Von nahem: Oberseite hell graubraun, Flügelfedern heller gesäumt; große Augen. Unterseite ganz cremefarben mit kräftiger, schwarzer Tropfenfleckung. Langer Schwanz mit weißen Kanten.
Erscheinungsbild: Große, lange Drossel, in weiten Sätzen hüpfend, zu hohem Sitzplatz auffliegend (Singdrossel, schlüpft meist in den nächsten Busch). Im Spätsommer und Herbst oft in Scharen mit laut rätschenden Rufen. Gesang kräftig, fanfarenartig, wild, gellender und rascher als bei der Amsel.

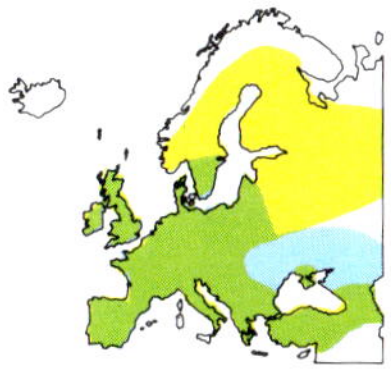

Wann und wo: Ganz Europa, zieht im Winter westwärts. In Wäldern, großen Gärten und Parks, Hochtälern mit Wiesen und beerentragenden Bäumen.

Seidensänger

Cettia cetti
14 cm

Erster Eindruck: Rostbrauner, breitschwänziger, gedrungener Vogel mit sehr lautem, abruptem Gesang.

Von nahem: Oberseits rötlichbraun, mit weißem Überaugenstreif; unterseits weißlichbraun, mit zarter Querbänderung unter breitem, gerundetem Schwanz.
Erscheinungsbild: Schwierig zu beobachten; liebt das dichteste Dickicht am Ufer oder in Gräben; Gesang: plötzlicher, heftiger Ausbruch: »Tschi-tschiwi-tschiwi-tji-tji-tji«.

Wann und wo: Vorwiegend in Frankreich, Südgroßbritannien und den Mittelmeerländern; in Bewässerungsgräben, an Deichen, Sümpfen, Flußufern.

Cistensänger

Cisticola juncidis
10 cm

Erster Eindruck: Winziger, rundlicher Vogel mit kurzem, breitem Schwanz.

Von nahem: Oberseite dunkel und hell gelbbraun gestreift mit feiner Kopfstreifung, Schwanzspitze mit schwarzweißen Tupfen unterseits; Unterseite ganz gelblichweiß.
Erscheinungsbild: Sehr klein; Schnabel und Beine zierlich. Rundlich, mit kurzem, breitem oder fächerig abgerundetem Schwanz. Wellenförmiger Flug, besonders beim »Gesang«, einem metallisch klirrenden »Tsip-tsip-tsip« im Rhythmus der Wellenbewegung – selbst aus dem fahrenden Auto leicht zu hören.

Wann und wo: Jahresvogel in Südeuropa (meist mediterranes Hinterland); Grasland, trockenere Ränder von Sümpfen und Seen.

Feldschwirl

Locustella naevia
13 cm

Erster Eindruck: Schlanker, dezent gestreifter, hell olivbrauner Vogel in Dickicht und Grasland.

Von nahem: Warmbraun mit dezenten, dunkleren Streifen; rundliche Flügel; langer, abgerundeter, gebänderter Schwanz. Unterseits oft gelber.
Erscheinungsbild: Schwer zu sehen; schlüpft mäuschenhaft leicht durch dichtes Gras und Dickicht; versteckt sich oft selbst auf sehr kurze Distanz, statt aufzufliegen. Gesang unverwechselbar: hohes, heuschreckenartiges Schwirren oder Trillern auf einem Ton (»Ssirrr«).

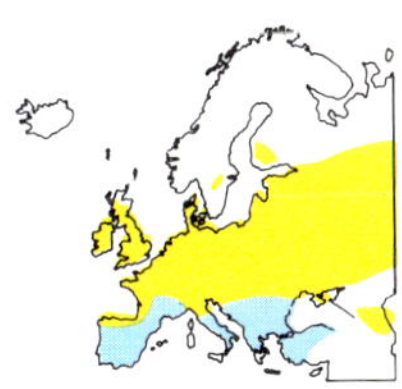

Wann und wo: Weit verbreitet im Sommer, an Sumpfrändern, Mooren, in Buschland und Trockenheide.

Rohrschwirl

Locustella luscinioides
14 cm

Erster Eindruck: Wie ein dunkler Teichrohrsänger mit ziemlich langem Schnabel, flachem Kopf, kurzen Flügeln und langem, abgerundetem Schwanz.

Von nahem: Dunkel erdbraun, unterseits schmutzigweiß. Schwanz schwach gebändert, dunkler. Am Kinn weißer. Schwanz breit, oft leicht fächerig abgerundet.
Erscheinungsbild: Scheuer, schwer zu findender Vogel in Schilfgürteln; singt aber auch auf herausragenden Stengeln mit schnurrenden, schnellen Trillern: »Tek-tek-tektekörrr«.

Wann und wo: Sümpfe, Schilfzonen; weit verbreitet, in Europa aber meist selten; April bis September.

Seggenrohrsänger

Acrocephalus paludicola
13 cm

Erster Eindruck: Gestreifter, hellorange bis gelbbrauner Vogel mit markanter Kopfzeichnung.

Von nahem: Hell gelbbraun oder sandfarben, mit kräftigen, dunklen Streifen. Scheitel schwärzlichbraun mit hellem Mittelstreif; schwarzer Augen-, heller Überaugenstreif. Unterseite ungefleckt rahmweiß.
Erscheinungsbild: Dem Schilfrohrsänger sehr ähnlich, jedoch runder, oft aufrechter und (wenn aktiv) in leicht katzenhafter Haltung. Rhythmischer Gesang: »Err-didi«; schnalzende und schnurrende Laute: »Tschäck«.

Wann und wo: Süßwassersümpfe mit Schilf, Binsen, Büschen; meist an der südlichen Ostsee, inzwischen aber sehr selten. Seltener Herbstzieher im Westen. Fehlt im Winter.

Schilfrohrsänger

Acrocephalus schoenobaenus
12 cm

Erster Eindruck: Kleiner, rostbrauner oder hell gelbbrauner Vogel mit hellem Überaugenstreif und lautem, hektischem Gesang.

Von nahem: Braunes Käppchen, dunkler gerandet, über breitem, cremeweißem Überaugenstreif. Rücken sehr dezent gestreift; Bürzel einfarbig orangebraun; Unterseite weißlichgelb.
Erscheinungsbild: Huscht durch Ufervegetation oder Buschdickicht; singt von Schilfstengeln, aus Büschen oder in kurzem, flatterndem Singflug: »Wüid-wüid«.

Wann und wo: Weit verbreitet, an Sümpfen, Gräben, Uferdickichten. Überwintert in Afrika.

Sumpfrohrsänger

Acrocephalus palustris
13 cm

Erster Eindruck: Heller, olivbrauner, dünnschnäbliger Vogel der Uferbereiche.

Von nahem: Dezent olivbraun, Kinn und Kehle weißer; unterseits cremefarben. Dünner, heller Überaugenstreif. Schnabel hell mit dunkler Spitze, Beine oft blaßrosa bis gelblich.
Erscheinungsbild: Verborgener Vogel in Uferdickichten und Weidenreihen; singt oft im oberen Gebüsch; bemerkenswert vielseitiger, schöner, imitationsreicher Plaudergesang.

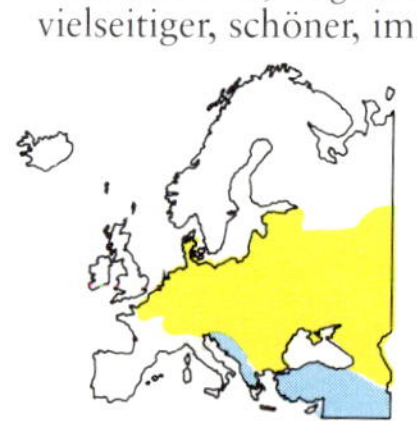

Wann und wo: Mittel -und Osteuropa, meist selten; im Westen sehr selten. Überwintert in Afrika.

Teichrohrsänger

Acrocephalus scirpaceus
13 cm

Erster Eindruck: Schlichter, warmbrauner Vogel in der Ufervegetation.

Von nahem: Oberseite erdbraun, Bürzel mehr rostbraun; Schwanz abgerundet. Zarter, heller Überaugenstreif; Kehle cremeweiß, Unterseite weißlichgelb. Beine dunkel graubraun.
Erscheinungbild: Klammert sich oft an senkrechte Schilfhalme oder schlängelt sich durch Weiden; singt aus Schilf (nicht im Flug) markant und rhythmisch scharrend »Tschirr-tschirr-tschirr-tschi-jägjägjäg«.

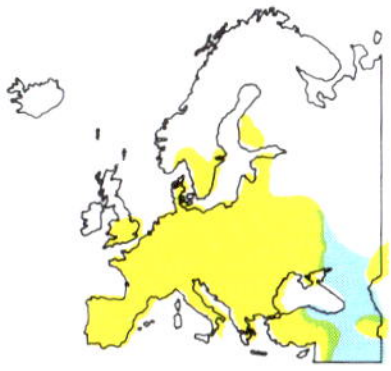

Wann und wo: Weit verbreitet; in Binsen, entlang schilfbewachsener Gräben; im Schilf und auf Weiden an Flüssen. Überwintert in Afrika.

Drosselrohrsänger

Acrocephalus arundinaceus
19 cm

Erster Eindruck: Großer, kräftiger, langschnäbliger Rohrsänger der Uferzone.

Von nahem: Erdbraun; dunkler Augen- und langer, heller Überaugenstreif. Unterseite bräunlichweiß; Schnabelansatz orange.
Erscheinungsbild: Schwerfälliger Vogel im Schilf; Tiefflug endet häufig mit geräuschvoller Landung in der Vegetation. Oft schwer zu sehen, singt jedoch manchmal vom offenen Sitzplatz. Sehr laute, abrupte, froschähnliche Lautfolge mit krächzend-quakendem und schnurrendem »Karre-karre-kiet-kiet-kiet«.

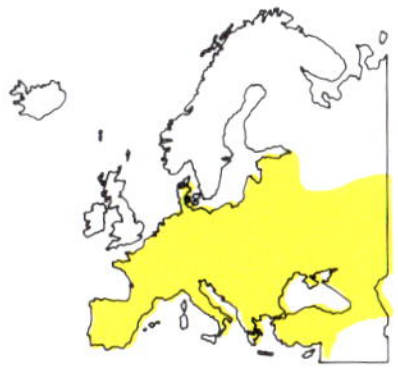

Wann und wo: Fast ganz Mittel- und Südeuropa; in Schilfgürteln, schilfbewachsenen Gräben; gemischte Feuchtdickichte mit Binsen.

Altvogel

Gelbspötter

Hippolais icterina
13 cm

Erster Eindruck: Heller, grüngelber Vogel mit dornenartigem, orangem Schnabel.

Von nahem: Oberseite gelblich bis olivgrün mit heller Partie auf langen, dunklen Flügeln; Brust, Gesicht und Überaugenstreif gelb. Manche heller, brauner. Schnabel lang, breit, orange mit schwarzem Längsstreif.
Erscheinungsbild: Ziemlich schwer; eckiger Schwanz, lange Flügel. Plumpe Bewegungen beim Fressen in Büschen, Waldland. Stellt oft den Schopf auf. Abwechslungsreicher, melodiöser bis nörgelnder Gesang.

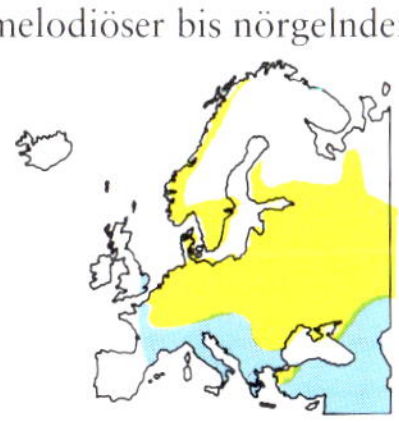

Wann und wo: Ostfrankreich und Osteuropa, skandinavische Küsten; in Wäldern und Parks mit dichtem Unterwuchs. Überwintert in Afrika.

Orpheusspötter

Hippolais polyglotta
13 cm

Altvogel

Erster Eindruck: Bräunlicher und gelber Vogel mit rundem Kopf und langem Schnabel.

Von nahem: Dem Gelbspötter sehr ähnlich, aber oberseits bräunlicher, unterseits gelber oder weißlich; Gesicht und Brust gelber. Schnabel orangerosa mit schwarzem Längsstreif.
Erscheinungsbild: Steile Stirn; breiter, dornig-spitzer Schnabel; Flügel kürzer als bei Gelbspötter. Sperlinghaftes Gezeter, rohrsängerartiger Plaudergesang.

Wann und wo: Frankreich, Italien, Spanien. Überwintert in Afrika.

Sardengrasmücke
Sylvia sarda
12 cm

Erster Eindruck: Langschwänzige, rundrumpfige, graue Grasmücke.

Von nahem: Der Provencegrasmücke sehr ähnlich; rundlicher Rumpf; langer, schlanker Schwanz; spitzer Scheitel. Rundum grau, unterseits heller; roter Augenring, gelblicher Schnabelansatz. Weibchen heller, etwas brauner.
Erscheinungsbild: Scheu, aber zutraulich; flitzt zwischen Büschen umher. Rauher, gepreßter Gesang.

Wann und wo: Selten; spanische Ostküste, Mallorca, Korsika, Sardinien. Dichtes, niedriges Gestrüpp und offenes Buschland. Überwiegend Jahresvogel.

Provencegrasmücke
Sylvia undata
13 cm

Erster Eindruck: Kleine, rundliche, langschwänzige, sehr dunkle Grasmücke der Heide.

Von nahem: Oberseite schiefergraubraun; Schwanz sehr lang, schlank und dunkel. Kopf grau; rötlicher Augenring. Unterseite kastanienrotbraun (Männchen) bis rötlichgelb.
Erscheinungsbild: Munterer, lebhafter, aber schwer zu beobachtender Vogel, oft gut versteckt in dichtem, flachem Gestrüpp. Schwanz flach oder aufgestellt. Der Gesang wird von der Buschkrone oder im Singflug vorgetragen; schnurrendes, hölzernes Rattern, aber auch wohlklingende Strophen.

Wann und wo: Heide mit Stechginster und Heidekraut (keine Hecken und Wälder); im äußersten Süden Großbritanniens; Frankreich, Italien, Spanien. Überwiegend Jahresvogel.

Brillengrasmücke
Sylvia conspicillata
12 cm

Erster Eindruck: Ähnlich wie die kleine, dunkle Dorngrasmücke.

Von nahem: Männchen reich gefärbt mit schiefergrauem Kopf, schwarzem Dreieck vor dem Auge, weißem Augenring; weiße Kehle, am unteren Rand grau; Rücken gräulich, Flügeldecken tief rostbraun, ohne Abzeichen. Schwanzkanten weiß. Beine hell strohgelb. Weibchen grauer, heller, mit kastanienbraunem Flügelfleck.
Erscheinungsbild: Hübsche, emsige Grasmücke, klein und nicht besonders langschwänzig (Schwanz kann jedoch im Flug länger aussehen). Markantes, kurz »Tscherr« schnurrendes Trillern.

Wann und wo: Meist selten, in sehr niedrigem, trockenem Gestrüpp und Dornbüschen. Südspanien, Südfrankreich, Italien; Sommervogel. Überwintert in Nordafrika.

Weißbartgrasmücke
Sylvia cantillans
12 cm

Erster Eindruck: Kleine, geschäftige, käppchentragende, graurückige Grasmücke.

Von nahem: Männchen blaugrau mit brauneren Flügeln; Schwanz dunkler mit weißen Kanten; roter Augenring; weißer »Schnurrbart« über kräftig orangerosa gefärbter Kehle und Brust. Weibchen grauer, heller, nur rosa Schimmer und schwacher, weißer »Bart«; Beine hell.
Erscheinungsbild: Kleine, recht langschwänzige Grasmücke; oft scheu, hüpft aber in die Buschspitze, bevor sie zur nächsten fliegt oder einen kurzen Singflug einlegt. Schnurrende Laute und wohlklingende, plaudernde Strophen.

Wann und wo: Spanien und Mittelmeerregion; an buschigen Hängen, in Dorngestrüpp, Hecken; Sommergast. Überwintert in Afrika.

Samtkopfgrasmücke

Sylvia melanocephala
13 cm

Erster Eindruck: Kontrastreiche Grasmücke mit schwarzem Kopf; langer, dunkler Schwanz mit weißem Rand.

Von nahem: Kopf schwarz bis auf leuchtendweiße Kehle (Weibchen etwas grauer); Oberseite grau, Schwanz schwärzer. Leuchtendroter Augenring.
Erscheinungsbild: Emsige, geräuschvolle, hektische Grasmücke in niedrigem Gestrüpp; Schwanz oft aufgestellt oder verdreht; huscht in schützendes Dickicht. Hölzern ratternde Laute.

Wann und wo: Südspanien, Südfrankreich, Italien, Balkan; Jahresvogel in niedrigem Gestrüpp an felsigen Hängen; Waldränder, Gärten.

Orpheusgrasmücke

Sylvia hortensis
15 cm

Erster Eindruck: Große, graue Grasmücke mit dunklem Kopf.

Von nahem: Oberseite braungrau, unterseits weißer; weißes Kinn unter vorwiegend rußschwarzem Kopf. Augen meist cremefarben, Schwanzseiten weiß. Weibchen brauner, weniger Schwarz am Kopf.
Erscheinungsbild: Große, scheue Grasmücke, größer als die Mönchsgrasmücke, Kopf mit mehr Schwarz. Flötender, wohlklingender Gesang.

Wann und wo: Olivenhaine, Feigenbäume, Hecken in Spanien, Portugal, Südfrankreich, Italien, Griechenland. Seltener Sommergast.

Sperbergrasmücke

Sylvia nisoria
15 cm

Erster Eindruck: Große, helle Grasmücke mit langem Schwanz und kräftigem Schnabel.

Von nahem: Schwer; gedrungener Kopf und dicker, kurzer Schnabel. Langer, oft leicht fächeriger Schwanz mit geradem Ende. Altvogel im Sommer grau mit enger Tüpfel- und Streifenzeichnung, auf die Entfernung schmutzigweiß wirkend; Augen hellgelb. Herbstvogel hellgrau, unterseits blasser bräunlich mit zwei dünnen, weißen Flügelbinden, hellen Schwanzecken und gebänderten Unterschwanzdecken. Dunkle Augen.
Erscheinungsbild: Schwere, plumpe, zweigbiegende Grasmücke in niedrigem Busch- und Strauchwerk, Hecken. Schnarrender, teilweise zeternder Gesang.

Wann und wo: Fast ganz Mittel- und Osteuropa, an Waldrändern, Mischhecken mit Gestrüpp. Sommergast; im Westen seltener Zugvogel.

Klappergrasmücke (Zaungrasmücke)

Sylvia curruca
13 cm

Erster Eindruck: Graubrauner Vogel mit kontrastreichem Gesicht und hübschem Schwanz.

Von nahem: Oberseits graubraun, Schwanz dunkler mit weißen Kanten; Kopf grau mit unterschiedlichem, dunklem Augenstreif, der sich von der leuchtendweißen Kehle abhebt. Beine dunkel.
Erscheinungsbild: Scheuer Vogel in Heckendickichten, hohem Strauchwerk. Gesang tiefes, hölzernes Klappern; leise plauderndes »Tsiti-titi«.

Wann und wo: Fast ganz Europa bis auf den Südwesten und hohen Norden; Hecken, Waldränder. Überwintert in Afrika.

Dorngrasmücke
Sylvia communis
14 cm

Erster Eindruck: Erdbrauner Vogel mit rostbraunen Flügeln; Schwanz recht lang, schlank; oft aufgestellt oder gekippt.

Von nahem: Männchen: Kopf grau, Rücken braun, Flügel deutlich heller, Unterseite bräunlichrosa überhaucht; Weibchen brauner. Beide haben silbrigweiße Kehle. Beine hell.
Erscheinungsbild: Neugierige, zeternde, freche Grasmücke mit spitzem Scheitel und beweglichem Schwanz; turnt oft oben in Büschen und Dickicht. Gesang: schrilles, heiseres Geplapper, oft in kurzem, flatterndem Singflug vorgetragen.

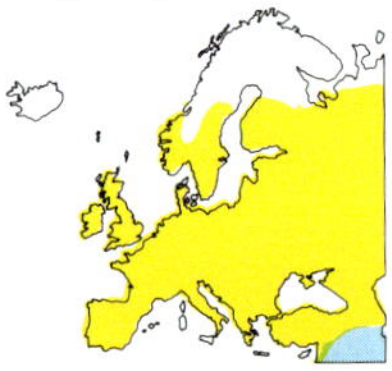

Wann und wo: Rauhes Gelände mit Büschen und Dickicht; Waldränder. Ganz Europa bis auf den hohen Norden. Überwintert in Afrika.

Gartengrasmücke
Sylvia borin
14 cm

Erster Eindruck: Sanfte, hellbraune, kurzschnäblige Grasmücke an Waldrändern.

Von nahem: Schnabel kurz; Kopf rund, nur schwach angedeuteter, gelblicher Überaugenstreif; blaßgraue Partie am Hals. Ansonsten oberseits blaßbraun, unterseits heller.
Erscheinungsbild: Keine auffälligen Merkmale außer hellen Federrändern an den Flügelspitzen. Dunkle Augen in rundem, hellem Gesicht wirken freundlich. Wohltönender, flüssiger Plaudergesang.

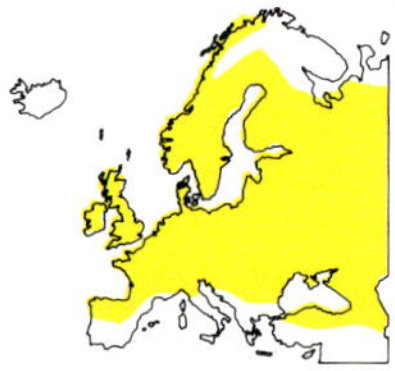

Wann und wo: Laubwald, Dickicht; fast überall in Europa. Überwintert in Afrika.

Mönchsgrasmücke
Sylvia atricapilla
14 cm

Erster Eindruck: Graubräunliche Grasmücke mit ziemlich spitzem, schwarzem Scheitel.

Von nahem: Männchen grau, Rücken brauner; schlankes, schwarzes Käppchen. Weibchen brauner mit rostbrauner, deutlich unauffälligerer Kappe.
Erscheinungsbild: Ziemlich scheue Waldgrasmücke, schlüpft mühelos durchs Laub; meist oben im Baum oder hohem Gebüsch. Hart schnalzendes »Zack«; halblauter Plaudergesang, oft mit plötzlich lauterem Flötenabgang.

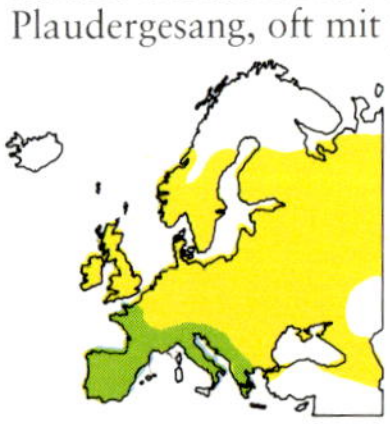

Wann und wo: Ganz Europa bis auf den hohen Norden; in Wäldern, dichten Hecken; überwintert in Afrika, einige wenige auch in Süd- und Westeuropa.

Grüner Laubsänger
Phylloscopus trochiloides
11 cm

Erster Eindruck: Oberseits einfarbig graugrün oder grün, unterseits weißlich; helle Flügelbinde.

Von nahem: Lange, cremefarbene Überaugenstreifen (Berührung über Schnabel), hinten ausfransend; oberseits reingrün oder graugrün, mit kurzer, cremefarbener Flügelbinde. Unterseite weiß oder verwaschen gelb auf der Brust. Schnabel zierlich; Beine dünn, dunkel.
Erscheinungsbild: Schlanke, niedliche Grasmücke, ähnlich wie ein kleiner Fitis, mit klareren Farben. Lauter, zweitöniger Ruf: »Pssi-tjäh«; Gesang: kurze Zwitscher- und Trillerstrophen.

Wann und wo: Nordosteuropa (selten im Westen), in lichten Wäldern; Sommergast. Überwintert in Südasien.

Gelbbrauen-Laubsänger

Phylloscopus inornatus
10 cm

Erster Eindruck: Sehr klein, grün, mit auffälligen Flügelbinden und Kopfstreifen.

Von nahem: Oberseite grün oder graugrün, mit zwei deutlichen, blaßgelben Flügelbinden. Langer, auffällig hellgelber Überaugenstreif.
Erscheinungsbild: Schwer zu entdecken, schlüpft durchs Laub (oft mit Wintergoldhähnchen oder Meisen). Trillerndes Zwitschern: »Tschwip« oder »Tschi-wit«.

Wann und wo: Seltener Gast aus Sibirien, meist an Landspitzen und Küsten im Westen, in Wäldern oder Gestrüpp. September bis Oktober.

Berglaubsänger

Phylloscopus bonelli
11 cm

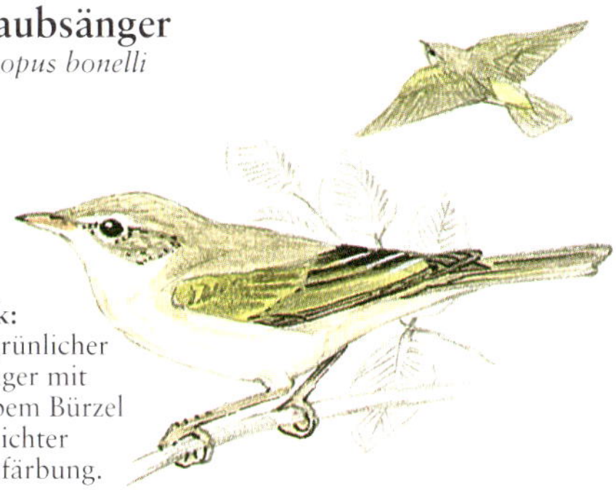

Erster Eindruck: Heller, grünlicher Laubsänger mit grüngelbem Bürzel und schlichter Gesichtsfärbung.

Von nahem: Oberseite graugrün; Flügel, Schwanz und Bürzel grünlich; Kopf mehr grau mit schmalem, hellem Überaugenstreif (aber kein dunkler Augenstreif); Unterseite grauweiß.
Erscheinungsbild: Langflügelig, wie der Waldlaubsänger, jedoch kleiner, mit unscheinbarerem Gesicht. Gesang tiefer, undeutlicher, flüssigerer Triller ohne Stottern.

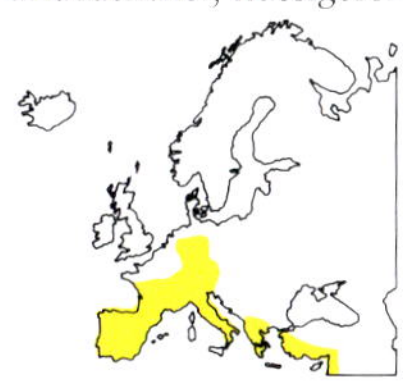

Wann und wo: Mittel- und Südeuropa, in Eichen- und trockenen Kiefernwäldern. Überwintert in Afrika.

Waldlaubsänger

Phylloscopus sibilatrix
12 cm

Erster Eindruck: Hübscher, leuchtend grün, gelb und weiß gefärbter Laubsänger in Baumwipfeln oder auf nacktem Boden unter dichtem Kronendach.

Von nahem: Oberseite grünlich, auf Flügeln gelber leuchtend; brauner Augen- und gelber Überaugenstreif; Brust und Kehle schwefelgelb; Unterseite silbrigweiß.
Erscheinungsbild: In hohen Bäumen, brütet in Laubstreu am Boden. Selten außerhalb des Nistwaldes zu sehen. Gesang entweder weiches »Düüt-düüt« oder dünnes, hartes Stottern, in blechernes, grillenartiges Trillern »Ti-ti-titi-trrrrr« übergehend.

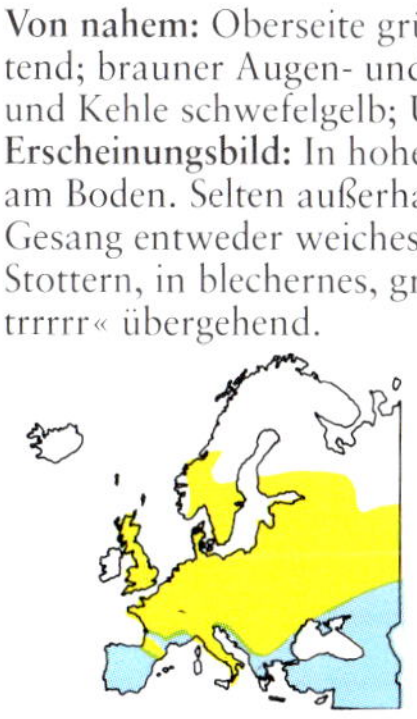

Wann und wo: Weitverbreiteter Waldvogel in Westgroßbritannien, Frankreich, Mittel- und Osteuropa. Überwintert in Afrika.

Zilpzalp

Phylloscopus collybita
11 cm

Erster Eindruck: Kleiner, dicklicher oder schlanker, grünlicher oder olivbrauner Vogel; dünner Schnabel, sehr dünne, schwarze Beine.

Von nahem: Oberseite oliv, schwacher Überaugenstreif; unterseits gelblich oder schmutzig gelbbraun. Herbstvögel mitunter gelber oder brauner mit weißerer Unterseite. Beine, einschließlich Zehen, meist recht dunkel.
Erscheinungsbild: Pummeliger, rundköpfiger als Fitis; wippt oft mit dem Schwanz; Ruf: einzelnes »Wüid«; Gesang: typisch scharfes, monotones Stakkato »Zilp-zalp-zilp-zalp«.

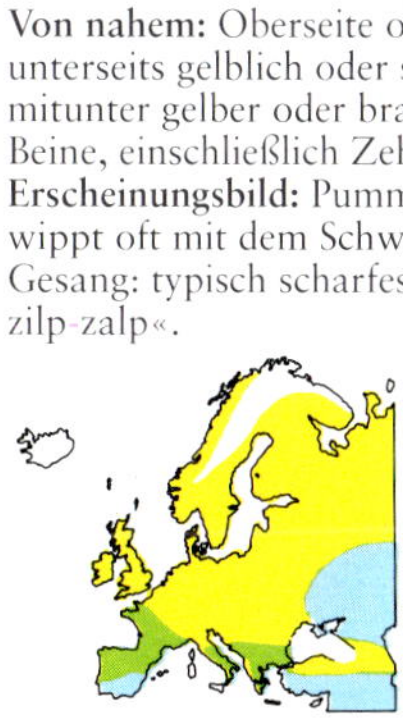

Wann und wo: Fast ganz Europa; in Wäldern, dichtem Unterholz, gelegentlich in Parkgärten. Überwintert meist im Mittelmeerraum oder in Afrika, manche auch in Westeuropa, Großbritannien.

Fitis
Phylloscopus trochilus
12 cm

Erster Eindruck: Unscheinbarer, grünlicher, schmächtiger Vogel, unterseits cremefarben; schöner Sommergesang.

Von nahem: Oberseite olivgrün, unterseits cremeweiß bis gelblich; heller Überaugenstreif (Gesicht bei Jungvögeln im Herbst kräftiger gestreift, Unterseite gelber). Beine hell gelbbraun.
Erscheinungsbild: Winziger Vogel im Laub, schlüpft mühelos durch belaubtes Gezweig; singt oft von Baumwipfeln mit flüssig-leichter, absteigender Tonfolge; weicher, fast zweiteiliger Ruf »Hü-wiid«.

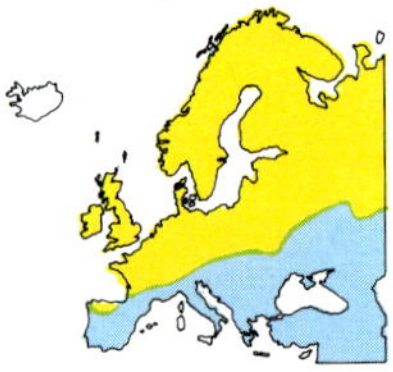

Wann und wo: Überall häufig, in Südeuropa jedoch nur Wintergast; in Wäldern, Buschland, Hecken (gewöhnlich nicht in Gärten). Überwintert in Afrika.

Wintergoldhähnchen
Regulus regulus
9 cm

Erster Eindruck: Winziger, runder Vogel in Nadelbäumen und Sträuchern; hohe, dünne Laute; rhythmischer Gesang.

Von nahem: Grünlich, mit schwarzer und cremeweißer Flügelzeichnung; goldgelber, schwarz eingerahmter Scheitelstreif; Gesicht heller; Knopfäuglein weiß umrandet.
Erscheinungsbild: Winzig, rastlos, sehr zahm. Ruft hoch, aber volltönend »Sisisi«; Gesang: durchdringendes, sehr hohes »Tidli-tidli-tidli« mit Schnörkel am Ende.

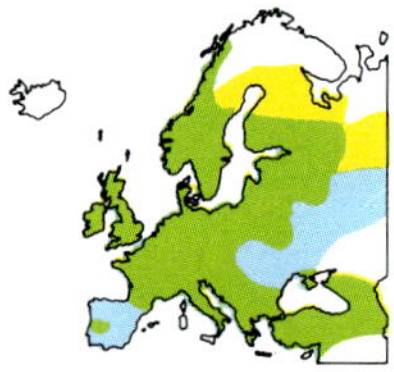

Wann und wo: Weit verbreitet in Mischwäldern, Kiefern, Fichten, Dickichten, Teilzieher.

Sommergoldhähnchen
Regulus ignicapillus
9 cm

Erster Eindruck: Winziger, leuchtend gefärbter Vogel mit gestreiftem Gesicht.

Von nahem: Grüner als das Wintergoldhähnchen mit auffälligerer Kopfzeichnung, grauem Augen- und breitem, weißem Überaugenstreif; gelber Scheitelstreif, beim Männchen in der Mitte kräftig orange.
Erscheinungsbild: Wie das Wintergoldhähnchen; schlüpft durchs Laub, rüttelt oft. Im Herbst beide Arten häufig in viel niedrigerem Wuchs. Gesang hoch, dünn, akzelerierendes »Sisisisi-sia«, nicht so rhythmisch wie das Wintergoldhähnchen.

Wann und wo: Brütet selten in Südengland; häufiger in Mittel- und Südeuropa. Teilzieher.

Herbstzieher

Grauschnäpper
Muscicapa striata
14 cm

Erster Eindruck: Unscheinbarer, aber munterer, schöner, bräunlicher Vogel mit heller Unterseite; fliegt oft zum Startpunkt zurück.

Von nahem: Braungrau mit weißgesäumten Flügelfedern; Scheitel braun längs gefleckt; große, dunkle Augen; Unterseite trüb gelblichweiß, Brust dezent dunkel gestrichelt.
Erscheinungsbild: Sitzt aufrecht oder schräg auf Ast, Draht, Zaun oder Pflock; landet nach Ausflug zum Fliegenfang wieder auf seinem Pfosten. Ruft oft heiser »Striet« oder hart »Zik«.

Wann und wo: Ganz Europa; in Gärten, Parks, lichten, sonnigen Wäldern; Ankunft im Spätfrühjahr. Überwintert in Afrika.

Zwergschnäpper

Ficedula parva
12 cm

Erster Eindruck: Winziger, graubrauner Vogel mit weißen Rechtecken an den Schwanzseiten.

Von nahem: Männchen im Frühjahr mit grauem Oberkopf und rostroter Kehle. Weibchen und Herbstvögel oberseits kräftig braun, unterseits gelblichbraun; Kehle gelber bis dunkel rahmfarben; schwarzer Schwanz mit auffällig weißen Seitenflecken.
Erscheinungsbild: Drolliger, sehr kleiner Fliegenschnäpper; sehr umtriebig; unternimmt vom Sitzplatz kurze Ausflüge zum Fliegenfang. Helles »Tschick«, zeterndes »Trrrt«; Gesang vielseitig, melodiös.

Wann und wo: Ost- und Mitteleuropa; seltener Gast im Herbst an den westlichen Küsten. Lichte Wälder, Parks. Fehlt im Winter.

Bartmeise

Panurus biarmicus
16 cm

Erster Eindruck: Hell orangebrauner, langschwänziger Vogel in Uferdickicht oder dichtem Schilf.

Von nahem: Hellbraun mit auffallend gestreiften Flügeln; Schwanz lang, oft fächerig, orangebraun. Männchen mit grauem Oberkopf und hängendem, schwarzem »Schnurrbart« unter den Augen; Schnabel gelb.
Erscheinungsbild: Umtriebiger Vogel in dichtem Schilf, oft außer Sichtweite oder wie ein winziger Fasan knapp übers Röhricht huschend. Erregt Aufmerksamkeit durch »küssende« oder metallische Rufe; »Tschirr«,»Tsching«.

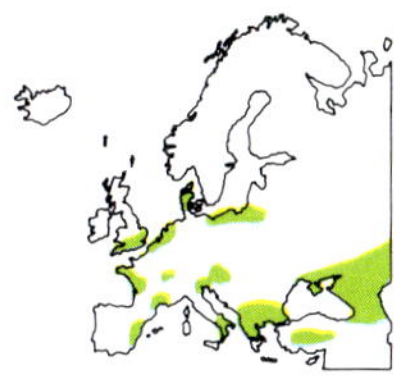

Wann und wo: Schilfwälder, seltener Röhricht im Winter, zuweilen abseits der Brutsümpfe; sehr lokal in West-, Mittel- und Südeuropa auftretend.

Trauerschnäpper

Ficedula hypoleuca
13 cm

Erster Eindruck: Schwarzweißer oder braunweißer, ziemlich aufrechter oder mehr untersetzter Vogel mit auffälliger Flügelzeichnung.

Von nahem: Oberseits schwarz mit breitem, weißem Flügelfleck; Bauch, Brust und Halsseiten weiß. Weibchen und Jungvögel braun und cremeweiß, ähnlich gezeichnet.
Erscheinungsbild: Sehr scheu, auf Bäumen; flitzt zum Insektenfang hinaus, frißt im Laub oder landet am Boden. Schöne, recht langsame Gesangfolge, etwa »Di-witjewitjediplidiplidipli«.

Wann und wo: Fast ganz Nord- und Westeuropa; alte Laubwälder, Mischwald, oft Bachufer; Zugvögel erscheinen an der Küste. Überwintert in Afrika.

Schwanzmeise

Aegithalos caudatus
16 cm

Erster Eindruck: Sehr kleiner, rundlicher Vogel mit auffallend langem, schmalem Schwanz.

Von nahem: Rumpf schwarz, weiß und rosa; Schwanz schwarz mit weißen Kanten. Kopf weiß (Nordrasse); Südrasse mit breitem, schwarzem Überaugenstreif bis zum Hals.
Erscheinungsbild: Huscht von Busch zu Busch oder an Hecken entlang, häufig in kleinen Gruppen. Meist in niedrigem Buschwerk und Hecken. Typische Rufe; feines, hohes »Sisisi« (dünner als beim Wintergoldhähnchen) und gepreßt stotterndes »Tschrrr«.

Wann und wo: Überall außer im äußersten Norden und Osten Europas; in Mischwäldern, Dickichten, Hecken, Büschen.

Sumpfmeise
Parus palustris
12 cm

Erster Eindruck: Kleiner, grauer Vogel mit großem, schwarzem Käppchen und Latz; heller Ruf.

Von nahem: Glänzendschwarze Kappe erstreckt sich bis zum Auge und tief in den Nacken (viel größer als bei der Mönchsgrasmücke); schwarzer Kinnfleck. Rücken graubraun, Unterseite weißlichgrau. Kurzer, kräftiger Schnabel.
Erscheinungsbild: Lebhafter, akrobatisch turnender Vogel in Bäumen und Unterholz, oft am Hauptstamm oder pickend an abgebrochenen Stümpfen. Zeternde und klappernde Laute wie »Tjiptjiptjip« und ganz typisches, hohes, scharfes »Pi-tjäh«. Oft einzeln oder paarweise.

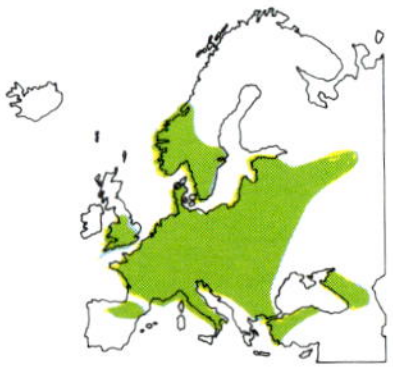

Wann und wo: Fast ganz Europa außer Spanien, Nordskandinavien; in alten Laub- und Auwäldern.

Weidenmeise
Parus montanus
12 cm

Erster Eindruck: Kleiner Vogel mit schwarzem Käppchen, braunem Rumpf und nasalen, verschliffenen Lauten.

Von nahem: Mattschwarze Kappe; großer, schwarzer Kehllatz; Rücken braun, Unterseite grauweiß mit wärmer rostbraunen Flanken. Hellere Stelle auf Flügeldecken oft individuell verschieden.
Erscheinungsbild: Wie die Sumpf- oder Kohlmeise oft in niedrigem Unterwuchs, Hecken, Dickichten und Sumpfland. Gesang unter anderem sehr tiefe, nasal flötende Lautfolge »Züih-züih«, aber kein heller Pfeifruf.

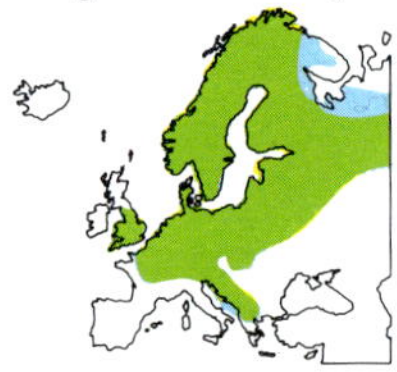

Wann und wo: Weit verbreitet, jedoch viele feine Unterschiede zum Vorkommen der Sumpfmeise; Feuchtwälder, alte Wälder mit Dickicht, überwachsene Hecken, Weiden, Nadelbäume und Birkenwald.

Haubenmeise
Parus cristatus
12 cm

Erster Eindruck: Sehr kleine, gedrungene, schopftragende Meise in Kiefern und Buschheide.

Von nahem: Graubraun, unterseits heller; Kopf weißlich, mit schwarzen Linien und schwarzem Kinn; kurze, spitze, schwarzweiß gefleckte Haube.
Erscheinungsbild: Typisch meisenhaft, nervös-hektisches Verhalten, akrobatisch auf Zweigen alter Kiefern. Charakteristischer, schnurrender Triller »Zizi-gürrr«.

Wann und wo: Alte Kiefernwälder mit vermodernden Stümpfen; frißt auch in verstreuten Kiefern und Büschen auf angrenzender Heide. Schottland, fast ganz Kontinentaleuropa außer Italien. Überwiegend Jahresvogel.

Tannenmeise
Parus ater
11 cm

Erster Eindruck: Sehr kleine, oft schwer zu sehende Meise in Baumkronen; schlicht, aber Kopf schwarzweiß gezeichnet; kein Gelb oder Blau.

Von nahem: Rücken oliv bis grün; zwei weiße Flügelbinden. Unterseite olivgelb bis bräunlichorange. Kopf schwarz, mit großen, weißen Wangen; auffällig weißer Nackenfleck; schwarze Kehle.
Erscheinungsbild: Kurzschwänzige, aber dickköpfige, typische Meise; hält sich mit kräftigen Beinen in jedem Winkel (sogar kopfunter) am Sitzplatz fest. Schlüpft meist durch obere Zweige und Blätter, kommt aber auch auf den Boden. Ruft laut, klar, pfeifend oder quietschend »Ti-juu«; Gesang: rasches, rhythmisches »Sipiti-sipiti«.

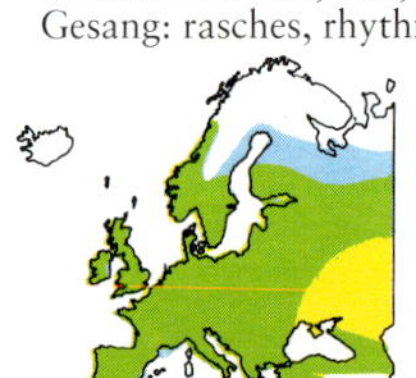

Wann und wo: Nadel- und Mischwälder in fast ganz Europa; in Parks, waldreichen Gärten; überwiegend Jahresvogel.

Blaumeise

Parus caeruleus

12 cm

Erster Eindruck: Sehr kleiner, hellbunter, gedrungener Vogel mit kurzem, geradem, eckigem Schwanz und großem Kopf; viel Grün, Gelb und Blau.

Von nahem: Rücken grün; Unterseite hellgelb. Kopf schwarz und weiß mit leuchtendblauem Käppchen; Flügel und Schwanz blau, oft wenig Kontrast zu ähnlich getöntem Rücken, aber im Frühjahr sehr hell. Gesicht bei Jungvögeln gelber.

Erscheinungsbild: Kleiner Farbtupfer in Baumkronen, Büschen, an Vogelhäuschen; fliegt schnell und tief, huscht über längere Entfernungen, am Landeplatz abrupt bremsend; hängt oft kopfunter. Hohes, dünnes »Sit«, zeterndes »Zerr-etetet« und silbriges »Zizi-zirr«.

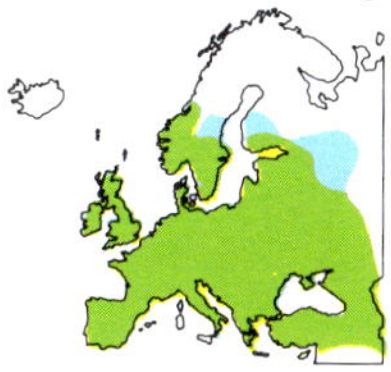

Wann und wo: Mischwald, Parks, Gärten; überall außer im hohen Norden. Überwiegend Jahresvogel.

Kohlmeise

Parus major

14 cm

Erster Eindruck: Kräftig gebauter, kleiner Vogel mit viel Gelb und Schwarz im Gefieder.

Von nahem: Rücken grünlichbraun; Schwanz blauschwarz mit weißen Kanten; Flügel schwarzgrau mit langer, weißer Binde. Unterseite gelb mit breitem, schwarzem Brustlatz bis zum Unterbauch; Kopf schwarz mit weißen Wangen.

Erscheinungsbild: Kecker, aggressiver, aber zutraulicher Vogel in Bäumen, Hecken, Gärten und auf Waldböden; pickt oft hörbar an einer in Rinde eingeklemmten Nuß oder Beere. Viele Laute, vor allem silbriges »Pink«; Gesang: helles »Zizidä-zizidä«.

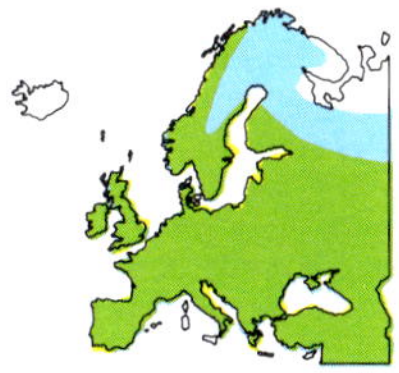

Wann und wo: Mischwald, Parks, Gärten, im Herbst unter (Hain-)Buchen. Fast ganz Europa. Überwiegend Jahresvogel.

Kleiber

Sitta europaea

14 cm

Erster Eindruck: Ovalrumpfiger Vogel mit spitzem Gesicht und kurzem, spitz zulaufendem Schwanz. Stemmt sich mit kräftigen Beinen vom Ast oder Stamm weg.

Von nahem: Oberseite blaugrau, Unterseite rahmfarben mit unterschiedlich rotbraunen Seiten. Weißliche Kehle, schwarzer Augenstreif.

Erscheinungsbild: Ausschließlich baumlebender Vogel (gelegentlich an alten Steinmauern); rutscht und hüpft mit Kopf voraus an Ästen rauf, entlang und runter; umtriebig, jedoch steife Haltung. Pocht oft laut mit dem Schnabel gegen die Rinde. Gesang: pfeifendes »Wiwiwiwi« und trillerndes »Trürrr«, metallisches »Tüit«.

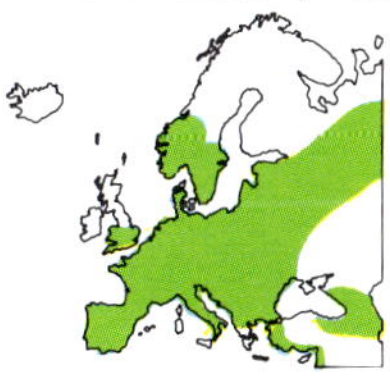

Wann und wo: Überall bis auf Nordengland und Nordskandinavien; in alten Laubwäldern, Parks und Gärten mit großen Bäumen. Überwiegend Jahresvogel.

Mauerläufer

Tichodroma muraria

16 cm

Erster Eindruck: Außergewöhnlicher Vogel, wie ein großer Nachtfalter oder wehendes Blatt, von Fels zu Fels oder an der Steilwand flatternd kletternd.

Sommerkleid

Von nahem: Ausgesprochen schön: hellgrau mit oder ohne schwarzem Latz; Schwanz schwarz mit weißen Ecken; Flügel schwarz mit großen, weißen Tupfen und lebhaft karmesinroten Feldern. Dünner, leicht abwärts gebogener Schnabel.

Erscheinungsbild: Seltsame Mischung aus Spielzeuguhrwerk, sprungfederhaft hüpfendem Körper, fallendem Blatt und zuckenden Flügeln und Schwanz. Auf breiten, gerundeten Flügeln schmetterlingsartig flatternd oder im Aufwind starr segelnd.

Wann und wo: Gebirge; im Winter tiefere Klippen und Felsabbrüche, oft in feucht-schattigen Spalten. Alpen, Pyrenäen.

Waldbaumläufer
Certhia familiaris
13 cm

Erster Eindruck: Schlanker, brauner Vogel, unterseits weiß, wie eine Maus an Bäumen hochkletternd.

Von nahem: Oberseits warmbraun mit weißlicher Längsfleckung, unterseits silbrigweiß; weißer Überaugenstreif. Schnabel dünn, gebogen.
Erscheinungsbild: Ausschließlich baumlebend; klettert meist aufwärts am Hauptstamm, an Ästen oder dünneren Zweigen, fliegt dann zum nächsten herab und beginnt von vorn. Dünnes »Siiep« oder »Srrii«; Gesang fein; abfallende Pfeiflaute, schneller und lauter werdend, mit Triller endend.

Wann und wo: Südskandinavien, Großbritannien sowie weite Teile Nord-, Mittel- und Südeuropas; in Misch-, Laub- und Nadelwäldern, oft höher in Nadelbäumen als der Gartenbaumläufer.

Gartenbaumläufer
Certhia brachydactyla
13 cm

Erster Eindruck: Rundlicher, braunweißer Vogel, an Baumstämmen hochkletternd.

Von nahem: Dem Waldbaumläufer sehr ähnlich, meist jedoch unscheinbarer; Rumpf weniger hell; Bauch oft grauer oder brauner, Brust und Kehle weiß.
Erscheinungsbild: Genau wie der Waldbaumläufer, manchmal etwas runder; ruft wiederholt klar und voll »Ti-üht« und scharf »Tit«. Markanter Gesang mit kurzen, abgehackten Tönen; Schlußstrophe ohne Triller »Dididihdideloidit«.

Wann und wo: Mittel- und Südwesteuropa; oft in älteren Laubwäldern, häufig in geringerer Höhe als der Waldbaumläufer im Süden.

Pirol
Oriolus oriolus
24 cm

Erster Eindruck: Männchen leuchtend gelb und schwarz; Weibchen grüner mit dunklen Flügeln, Bürzel gelb. Oft schlanker, langflügeliger, drosselartiger Vogel; nur kurz beim Flug in Baumwipfeln mit den Blicken zu erhaschen.

Von nahem: Männchen prächtig gelb mit schwarzen Flügeln; Schwanz schwarz mit gelben Ecken. Weibchen oberseits graugrün, unterseits weißlichgelb, dunkel längs gefleckt; Flügel dunkler.
Erscheinungsbild: Lang und schlank mit vollem, rundem Schwanz und großem, spitzem Schnabel. Schwer zu entdecken; oft eine unsichtbare Stimme in dichtem Laub. Unverwechselbarer Ruf: kurzes, lautes, klangvolles »Düdlüoh«.

Wann und wo: Dichte Wälder und Schonungen (insbesondere Pappeln in Flußauen); in ganz Europa außer im Norden; Sommergast. Überwintert in Afrika.

Rotrückenwürger (Neuntöter)
Lanius collurio
18 cm

Erster Eindruck: Aufrechter, stämmiger, warmfarbiger Vogel, still im Busch oder auf Drähten sitzend.

Von nahem: Männchen oberseits rotbraun, aschgrauer Kopf mit auffällig breitem, tintenschwarzem Überaugenstreif; Brust rosa; weiße Schwanzseiten. Weibchen brauner, unterseits mit feiner, dunkler Wellenzeichnung.
Erscheinungsbild: Munterer, klug aussehender Vogel; fliegt zum Insektenfang vom Sitzplatz herab. Allgemein recht still und scheu. Rauhes »Geck«; imitiert plappernd andere Vögel.

Wann und wo: Hecken, Dickichte, Stechginster auf Heide. Im Norden und Westen rückläufig, jedoch weit verbreitet außer in England und Nordskandinavien; Sommervogel. Überwintert in Afrika.

Raubwürger

Lanius excubitor
24 cm

Erster Eindruck: Aufrecht oder geduckt sitzender, grauer und schwarzer Vogel mit langem, oft schwingendem Schwanz.

Von nahem: Rücken perlgrau; Unterseite weiß. Schwanz schwarz mit weißen Kanten; Flügel schwarz mit weißen Flecken; schwarze Maske.
Erscheinungsbild: Wachsam, scheu, aber kecke Erscheinung; oft oben auf Baum oder Busch sitzend, Schwanz seitlich hin und her schwenkend. Fliegt tief, Aufwärtsschlenker beim Landeanflug.

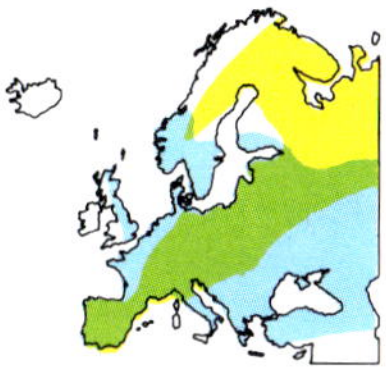

Wann und wo: Brütet weit verbreitet in offenem Gelände, Ackerland, Heide; nördliche Vögel ziehen im Winter süd- und westwärts (seltener Gast in England).

Rotkopfwürger

Lanius senator
19 cm

Erster Eindruck: Stämmiger, aufrechter, langschwänziger, schwarz-weißer Vogel mit kräftig gefärbter Kappe.

Von nahem: Oberkopf und Nacken rotbraun; schwarze Maske; Unterseite weiß, Rücken schwarz mit weißen Flügelflecken. Schwanzkanten deutlich weiß.
Erscheinungsbild: Kontrastreich, aufrecht, meist einzeln in Dickichten, Hecken, Gebüsch oder auf Drähten. Schneller Tiefflug mit Aufschwung beim Landen am Sitzplatz.

Wann und wo: Südeuropa bis Frankreich, Süddeutschland; Sommervogel. Überwintert in Afrika.

Eichelhäher

Garrulus glandarius
35 cm

Erster Eindruck: Breitflügeliger, sehr scheuer Vogel; hüpft übermütig; gerader Flug auf breiten, ruckartig bewegten Flügeln.

Von nahem: Hellrosa bis bräunlichgrau mit schwarzweiß gestreiftem Scheitel (bei einigen kontinentalen Vögeln schwarz); schwarzer Bartstreif. Flügel schwarz und weiß mit leuchtend himmelblau, weiß und schwarz gebänderten Schultern (Weiß – nicht Blau – im Flug markant). Unterbauch schneeweiß.
Erscheinungsbild: Scheuer Waldvogel, manchmal in offenem Gelände am Boden oder über Wälder streichend; springt oder rennt hüpfend; ziemlich ungleichmäßiger, langsamer Flatterflug. Ruf: laut krächzendes Rätschen (warnt Rehwild).

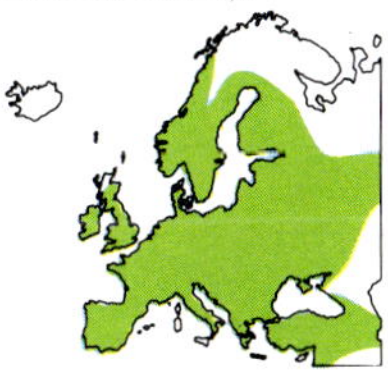

Wann und wo: Weit verbreitet in Wäldern, vorwiegend Eichen- und Mischwald; auch in der Nähe von Lichtungen, Parks, großen Gärten.

Elster

Pica pica
45 cm

Erster Eindruck: Unverwechselbarer, gescheckter Vogel mit sehr langem Schwanz.

Von nahem: Schwarz mit weißem Bauch; weiße Handschwingen und weißer Schulterfleck. Schwanzfedern und Armschwingen grün und purpurn glänzend.
Erscheinungsbild: Neugierig, aggressiv, lautfreudig und klug. Langer Schwanz kann aufgestellt, seitlich geschwenkt oder abgekippt werden. Hüpft in weiten Sätzen. Vielfach in kleinen Gruppen; oft jagen sich mehrere hintereinander von Baum zu Baum. Lautes Schackern und Rätschen.

Wann und wo: Wälder, Ackerland, zunehmend Vorstadtgärten; weit verbreitet und fast überall zahlreich.

Tannenhäher
Nucifraga caryocatactes
33 cm

Erster Eindruck: Braunweißer, flachköpfiger Vogel; mächtiger Schnabel, kurzer Schwanz.

Von nahem: Kappe und Flügel glänzend schwarz; Schwanz mit weißer Endbinde, weißer Bürzel; ober- und unterseits braun mit kräftigen, weißen Tüpfeln.
Erscheinungsbild: Häherartig, jedoch kurzschwänzig; oft auf Baumwipfeln oder zurückgezogen im Nadellaub. Fliegt entweder langsam und flatternd oder gleitet rasant über lange Strecken talwärts.

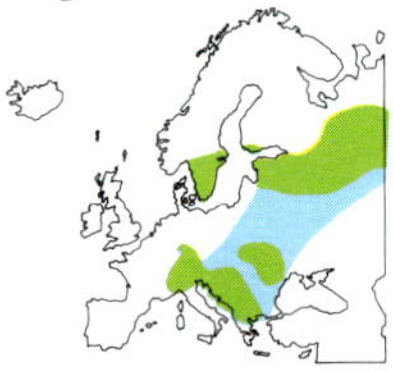

Wann und wo: Vorwiegend Gebirgsbewohner, auch in Osteuropa, Südskandinavien; in Nadelwäldern.

Alpendohle
Pyrrhocorax graculus
38 cm

Erster Eindruck: Wie eine schlanke Saatkrähe mit gefingerten Flügeln und gelbem Schnabel.

Von nahem: Schnabel leuchtend gelb, Beine rot; Gefieder ganz schwarz, glänzend schimmernd.
Erscheinungsbild: Wie die Saatkrähe, jedoch öfter scharenweise in flachen, sich überschneidenden Gleitflügen kreisend. Flügel etwas gerundeter, Schwanz länger, rund endend. Laute, gellende Pfiffe und gerollte, zischende Triller.

Wann und wo: Hochalmen und zerklüftete Felsregionen; Alpen und Pyrenäen.

Alpenkrähe
Pyrrhocorax pyrrhocorax
40 cm

Erster Eindruck: Schlanker, schwarz glänzender Vogel; fliegt »hüpfend« oder läuft flügelschlagend, nach vorn gebeugt, am Boden; roter, gebogener Schnabel.

Von nahem: Rundum schwarz glänzendes Gefieder; Schnabel abwärts gekrümmt, leuchtend rot; Beine ebenfalls rot.
Erscheinungsbild: Lebhafter, akrobatischer, geselliger Vogel; ausgezeichneter Gleitflieger auf tief gefingerten Flügeln, vollführt oft in der Luft Aufschwünge und »Hüpfer«; Schwanz fächerig gespreizt. Unterschiedliche Rufe: rauhes »Tschaff« und gellendes »Tschi-auu«.

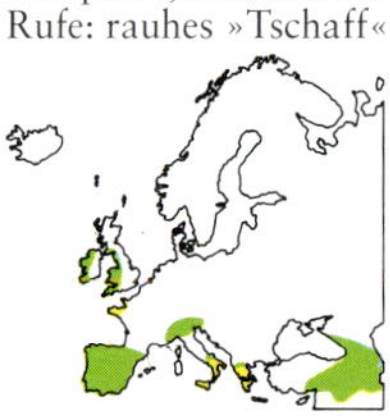

Wann und wo: Steilküsten und meernahe Heide im Westen; Hochalmen der Alpen, Spanien. Jahresvogel.

Dohle
Corvus monedula
33 cm

Erster Eindruck: Taubengroße, flinke, grau und schwarz gefärbte Krähe.

Von nahem: Schwarze Kappe, Nacken hell- bis dunkelgrau, Rumpf grauschwarz. Augen weißlich.
Erscheinungsbild: Aufrechte und leichtfüßige Krähe mit kurzem, derbem Schnabel; oft in Gesellschaft von Saatkrähentrupps. Schneller, direkter Flug mit raschen Schlägen gerundeter Flügel. Ruft schallend kurz »Kjak-jak«.

Wann und wo: Weit verbreitet außer in Nordeuropa; zieht teilweise im Winter west- und südwärts. In alten Wäldern, Parks; an Steilküsten und Inlandsklippen, Steinbrüchen; bei großen Gebäuden, Kirchen.

Saatkrähe
Corvus frugilegus
46 cm

Erster Eindruck: Großer, schwarz glänzender Vogel mit weißlichem Gesicht und struppigen Federhosen; fester oder watschelnder Gang; meist in Gruppen.

Von nahem: Rundum schwarz (mit Purpurschimmer) bis auf weißlichen, schorfigen Schnabelgrund; Schnabel recht spitz und schlank.
Erscheinungsbild: Steile Stirn, Schnabel verglichen mit der Rabenkrähe schlank; auch etwas rundere Flügel und längerer, abgerundeter Schwanz. Gesellig; frißt in Gruppen am Boden; Koloniebrüter in Baumkronen. Lautes, nasal-sonores »Kroah«.

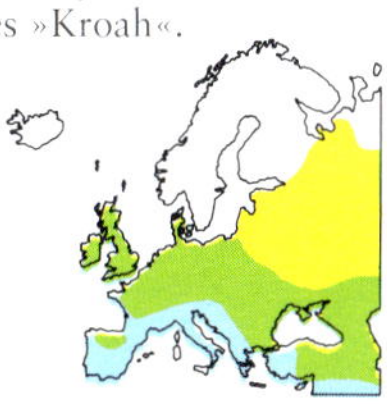

Wann und wo: Weit verbreitet außer in Skandinavien; östliche Vögel ziehen im Winter südwärts. Ackerland mit Büschen; Waldränder, Grasland.

Rabenkrähe und Nebelkrähe
Corvus corone corone und *Corvus corone cornix*
46 cm

Erster Eindruck: Großer, schwarzer Vogel auf Äckern, Feldern, Wiesen.

Von nahem: Schwarz schimmerndes, eng anliegendes Gefieder in fast ganz Westdeutschland, Frankreich, England, Spanien; bei Vögeln in Nord und Ost (Nebelkrähe) grauer Rumpf, Kopf und Flügel schwarz. Schnabel klobig; Stirn flacher als bei der Saatkrähe.
Erscheinungsbild: Frißt nicht so oft in dichten Scharen am Boden wie die Saatkrähe; Einzelbrüter, findet sich aber zum Schlafen zu größeren Gruppen zusammen. Kraftvoller Flug; Flügel und Schwanz eckiges Profil. Lautes, schnarrend-krächzendes, mehrmaliges »Quarrr«.

Wann und wo: Sehr weit verbreitet; die Nebelkrähe zieht im Winter nach Südwesten. In Waldregionen, Mooren, Ackerland, kargem Hochland.

Kolkrabe
Corvus corax
65 cm

Erster Eindruck: Sehr großer, schwarzer Vogel mit großem Kopf, klobigem Schnabel, langen Flügeln und rautenförmigem Schwanz.

Von nahem: Rundum glänzend schwarz befiedert.
Erscheinungsbild: Schnabel wuchtig; schwerer Kopf, bisweilen übersteigert durch zottiges Kehlgefieder. Im Flug Kopf viel weiter vorragend als bei Krähen; Schwanz länger (Form wie die Saatkrähe oder mehr keilspitzig); Flügel lang, deutlich gefingerte Handschwingen. Unverkennbares, lautes, tiefes, abruptes »Korrk«, »Trok« und gutturales »Prruk«.

Wann und wo: Sehr weit verbreitet in Europa mit Ausnahme weiter Teile des mitteleuropäischen Flachlands; gewöhnlich in Hügel- und Bergland, an Mooren oder Steilküsten.

Star
Sturnus vulgaris
21 cm

Erster Eindruck: Kurzschwänziger, munterer, schnellfüßiger Vogel mit rundem Kopf, ganz schwarz oder hell gefleckt; spitze, dreieckige Flügel.

Von nahem: Brutgefieder schwarz mit purpurnem und grünem Glanz; Schnabel gelb, Beine rötlich. Ruhekleid rundum weißlich getüpfelt, Flügelfedern rötlichgelb gesäumt. Jungvögel dunkelbraun mit kleinem, dunklem Augenstreif.
Erscheinungsbild: Lautfreudig, streitlustig; singt oft auf dem Dachgiebel mit lockerem Flügelschlag. Im Winter zuweilen in riesigen, dichten Schwärmen.

Wann und wo: Überall, aber nördliche Vögel ziehen im Winter nach Süden. Wälder, Ackerland. Große Scharen nächtigen in Schilf, Wäldern oder auf Stadthäusern.

Haussperling (Spatz)

Passer domesticus
14 cm

Erster Eindruck: Gestreifter, brauner und grauer oder gelbbrauner Vogel, oft in munteren Gruppen lärmend zwitschernd.

Von nahem: Männchen oberseits kräftig rotbraun, dunkel längs gefleckt; Unterseite hell graubraun. Schwarzer Kehllatz. Oberkopf grau, Seiten rotbraun über den Augen; Wangen weißer. Weiße Flügelbinde. Weibchen oberseits längs gefleckt, unterseits gelblichweiß; breiter, brauner Überaugenstreif. Dicker, dreieckiger Schnabel.
Erscheinungsbild: Zutraulich, stolziert oft mit aufgestelltem Schwanz (Männchen); bildet im Spätsommer und Winter auf Feldern schwirrende Schwärme. Typisches »Schilp«, zeternde Laute; Gesang anspruchslose, jedoch musikalische Folge von Zwitscher- und schwirrenden Piepstönen.

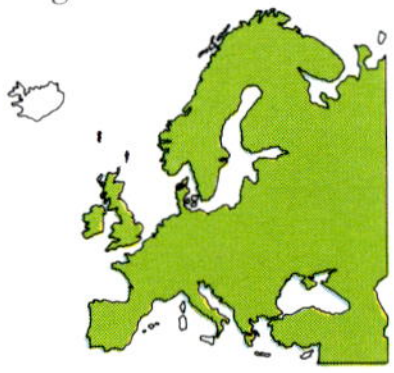

Wann und wo: Sehr weit verbreitet, gewöhnlich in der Nähe von Gehöften, in Dörfern, Städten, Gärten, auf Dachgiebeln; nicht in ausgedehnten Wäldern. Jahresvogel in ganz Europa.

Feldsperling

Passer montanus
14 cm

Erster Eindruck: Hübscher Sperling mit schwarzem Latz und braunem Käppchen.

Von nahem: Oberkopf braun, kein Grau; Wangen weiß mit schwarzem Fleck; schwarzer Kehllatz, weißer Kragen. Oberseite braun, dunkel längs gefleckt mit breitem Flügelstreif; Unterseite weißlichgelb. Beide Geschlechter gleich gefärbt.
Erscheinungsbild: Kesser, kleiner Vogel, oft mit aufgestelltem Schwanz hüpfend; weit weniger vertraut als der ungestümere Haussperling; sitzt oft auf Bäumen oder Drähten und ruft wiederholt monoton »Zep« oder »Trett«; melodisches »Hüit«. Ähnlich harter, sehr typischer Flugruf.

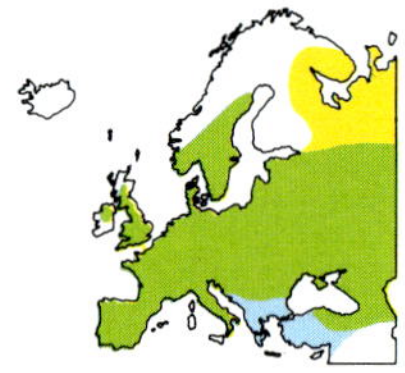

Wann und wo: Parks, Feldgehölze, Hecken, Waldlichtungen, ausgedehnte Wälder. Außer im hohen Norden in ganz Europa; Teilzieher.

Steinsperling

Petronia petronia
14 cm

Erster Eindruck: Heller, gelblicher, recht unscheinbarer Vogel mit kräftigem Schnabel; breiter Schwanz, im Flug mit weißgefleckter Spitze.

Von nahem: Oberseite gelbbraun, kräftig längs gefleckt; Unterseite gräulichgelb, dezent längs gefleckt. Markante Kopfstreifen. Männchen mit zartem, gelbem Kropffleck.
Erscheinungsbild: Sperlingshaft, oft träge oder auf Felskanten und Drähten sitzend, häufig blechern-quäkend »Deooh«, »Peuiieh« oder »Wüiid« rufend.

Wann und wo: Altstadtmauern, Durchstiche von Straßen, trockene Wasserrinnen, felsige Böschungen oder neben umgepflügten, steinigen Äckern. Jahresvogel in Südfrankreich, Italien, Spanien, Griechenland.

Buchfink

Fringilla coelebs
15 cm

Erster Eindruck: Schlicht (Weibchen) oder leuchtend bunt (Männchen), mit aufblitzendem Weiß an Flügeln und Schwanz im Flug.

Von nahem: Brutkleid beim Männchen unterseits blaß weinrot, oberseits rostbraun, Kopf mit blaugrauem Käppchen. Ruhekleid schlichter, brauner. Weibchen olivgrau, unterseits gelblichgrau; Nacken seitlich dunkler, Mitte heller; Schnabel unscheinbar. Beide Geschlechter: Bürzel grüner; zwei deutliche, weiße Flügelbinden; weiße Schwanzkanten.
Erscheinungsbild: Lebhafter Fink mit relativ langem Schwanz; huscht oft mit hängendem Schwanz vom Boden zum Sitzplatz im Busch oder Baum hoch; außerhalb der Brutzeit in Scharen. Typisches, scharfes »Pink«, im Flug leiseres »Güb«; schmetternder Gesang.

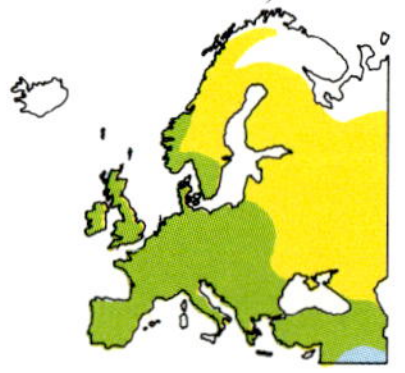

Wann und wo: Ganz Europa, nördliche Vögel ziehen jedoch im Winter nach Süden. In Misch- und Nadelwäldern, Feldern, Hecken, Gärten und Obstwiesen.

Bergfink

Fringilla montifringilla
15 cm

Erster Eindruck: Bunter, kleiner Fink mit viel Weiß; auf Brust und Flügeln etwas Gelborange.

Von nahem: Bei Männchen im Sommer Kopf und Rücken schwarz; im Winter mehr braun. Flügel mit breitem, orangem Fleck (oft versteckt) und weißer Binde. Weibchen heller; Flügel braun mit gelborangem Fleck und Flügelstreif. Helle Wangen, dunkles Käppchen; beiderseits dunkler Nackenstreif; gelber Schnabel. Bauch bei allen weiß.
Erscheinungsbild: In Form und Verhalten dem Buchfinken sehr ähnlich; Winterschwärme oft gemischt. Gelborange Brust, gelber Schnabel und weißer Rumpf helfen bei der Identifizierung.

Wann und wo: Kiefern- und Birkenwälder des Nordens; zieht im Winter in unterschiedlicher Zahl süd- und westwärts über ganz Europa; in Wäldern, Ackerland; in Birken auf Heide.

Girlitz

Serinus serinus
11 cm

Erster Eindruck: Sehr kleiner, rundgesichtiger, kurzschnäbeliger Fink mit Grün und Gelb; tanzender Flug.

Von nahem: Männchen oberseits dunkel längs gefleckt, mit hellgelbem Bürzel; Gesicht und Brust gelb, Bauch weiß; zwei gelbe Flügelbinden. Weibchen schlichter, mehr braun, mit gelblichem Rumpf; Jungvögel noch brauner, enger gefleckt. Winziger Schnabel. Beide Geschlechter haben gelben Überaugenstreif.
Erscheinungsbild: Kleiner, schlanker oder rundlicher Fink, am Boden oder auf Bäumen. Kurze, schnelle Flugeinlagen mit schwirrenden Flügelschlägen. Singt flügelschwenkend auch im Flug. Schnelle, dünne Rufe, Gesang: klirrend-rieselndes »Girr-litt«, wie splitterndes Glas.

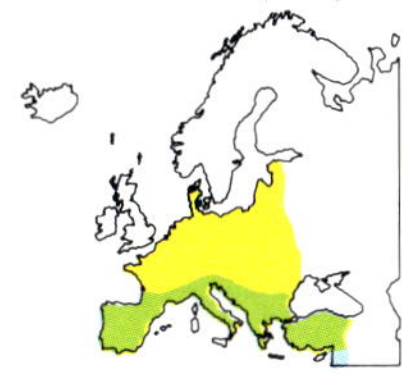

Wann und wo: Süd- und Mitteleuropa; nördliche Vögel ziehen im Winter südwärts. In Obstwiesen, Feldern mit Windbruch, Gärten; an unkrautbewachsenen Straßenrändern.

Zitronengirlitz (Zitronenzeisig)

Serinus Carduelis citrinella
12 cm

Erster Eindruck: Kleiner, hübscher, gelblichgrüner Vogel mit gelben und grauen Partien in Hochwäldern und auf Lichtungen.

Von nahem: Oberseits einfarbig grün, unterseits mehr gelb; zwei gekrümmte, gelbe Flügelbinden. Kopf grauer. Jungvögel längs gefleckt. Kleiner, spitzer Schnabel.
Erscheinungsbild: Wie ein schlanker Zeisig mit viel Grün und gelblichem Rumpf. Meist in kleinen Scharen, oft in Wipfeln, frißt aber auch am Boden. Nasal klirrendes »Dit-dit«.

Wann und wo: Bergwälder (vor allem Kiefer und Fichte) der Alpen, Pyrenäen und Mitteleuropas. Teilzieher.

Grünling

Carduelis chloris
14 cm

Erster Eindruck: Leuchtend grün oder mattgrün, Gelb an Schwanzfedern und Handschwingen aufblitzend.

Von nahem: Männchen einfarbig apfelgrün mit grauen Flügeln; dunklere Maske; leuchtendgelber Fleck auf Handschwingen. Weibchen schlichter, grauer oder brauner grün mit wenig Gelb. Jungvögel schwach längs gefleckt. Am Bauch kein Weiß. Großer Schnabel dreieckig, blaßrosa.
Erscheinungsbild: Geselliger, fröhlicher Fink, Männchen jedoch finster schauend; oft zänkisch, flattert zwitschernd auf, zeigt Gelb an Flügeln und Schwanz. Singt im Flug oder vom Sitzplatz aus: lange, klirrende, rasche Triller, im Flug »Djup« oder schnelles »Tschi-tschi-tschit«.

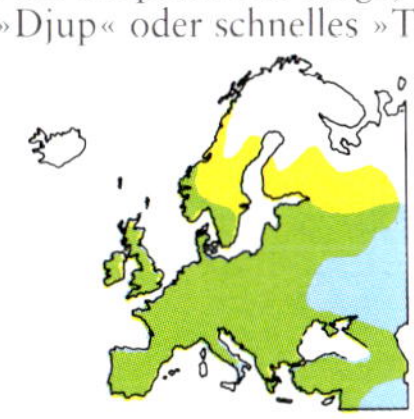

Wann und wo: Nahezu überall in Europa; Vögel aus dem äußersten Norden ziehen im Winter fort. In Feldgehölzen, Hecken; an Waldrändern; in Gärten, Parks mit Zierkoniferen, Sträuchern.

Stieglitz (Distelfink)

Carduelis carduelis
14 cm

Erster Eindruck: Sehr bunter, hübscher, spitzgesichtiger Fink mit kleinem Kopf und auffälliger Flügel- und Kopfzeichnung; luftiger Flatterflug in Scharen.

Von nahem: Kopf schwarz und weiß mit roter Gesichtsmaske; Rücken gelbbraun, Unterseite heller mit orangebraunen Brustflecken. Flügel schwarz mit breitem, gelbem Streif (beim Fressen oft fast versteckt); schwarzer Schwanz. Jungvögel mattschwarze Flügel mit Gelb; Kopf ohne Rot.
Erscheinungsbild: Reizender Fink in niedrigem Krautwuchs oder Baumwipfeln (oft Erlen); huscht von einem Distelstrauch zum nächsten oder über Unkrautfelder, oft in Scharen; lebhaft gelbe Flügelbinden im Flug auffällig. Flüssig-zwitschernder Gesang mit eingeflochtenen »Didelit«-Trillern.

Wann und wo: Ganz Europa bis auf den äußersten Norden; Felder, Hecken, Waldlichtungen, Ödland mit krautigem Bewuchs, Erlen an Flußufern. Teilzieher.

Zeisig (Erlenzeisig)

Carduelis spinus
12 cm

Erster Eindruck: Sehr kleiner, gestrichelter, gelblichgrüner Vogel mit gelben Flügelbinden.

Von nahem: Männchen hellgelb bis limonengrün an Brust und Kopfseiten; Käppchen und Kinn schwarz. Flügel schwarz mit gelben Streifen und Binden. Weibchen grauer, deutlich dunkel längs gefleckt; Flügel schwarz mit gelbbraunem Streif. Unterseite weißlich; Schwanzkanten gelb.
Erscheinungsbild: Kleiner, akrobatischer Fink in Wipfeln; oft in Scharen, die im dichten Pulk den Baum verlassen und laut rufend gemeinsam zurückkehren. Typische Rufe: klagendes »Di-je«, hartes »Tetetetet« oder »Sü-si«; auch eifrig plaudernd.

Wann und wo: Brütet in Nord- und Mitteleuropa; im Winter sehr weit verbreitet. In Nadelwäldern, im Winter oft in Birken, Erlen, Lärchen. Teilzieher.

Hänfling (Bluthänfling)

Carduelis cannabina
13 cm

Erster Eindruck: Kleiner, geselliger, dicklicher Fink; grauer Kopf, erdbrauner Rücken, Weiß auf den Flügeln.

Von nahem: Männchen oberseits rotbraun; grauer Kopf, im Frühjahr Rot an Stirn und Brust. Im Winter brauner, längs gefleckt; Weibchen ebenfalls längs gefleckt, aber unterseits gelblichbraun, am Kopf grauer. Flügelspitzen immer schwarz mit gestrichelt weißem Fleck; äußere Schwanzfedern vorwiegend weißlich.
Erscheinungsbild: Oft am Boden oder zwitschernd in kleinen Gruppen hoch in Büschen sitzend. Aufgeschreckter Schwarm flieht in raschem Schwirrflug, läßt sich wieder gemeinsam nieder. Gesang: klangvolles Zwitschern mit meckernden Lauten (Männchen).

Wann und wo: Ganz Europa, Vögel aus Nord und auch West ziehen jedoch im Winter nach Süden. Ackerland (hier abnehmend), Weinberge, Hecken, Wacholderheide mit Stechginster, Bergmatten, Dornbüsche, Bahndämme.

Berghänfling

Carduelis flavirostris
13 cm

Erster Eindruck: Wie ein kleiner, längsgefleckter, gelbbrauner Hänfling (kein Grau) mit hellem Flügelstreif und hell orangebraunem Kropf.

Von nahem: Oberseite bräunlich, dunkel längs gefleckt; breite, hellbraune Binde auf geschlossenen Flügeldecken; Handschwingen fein weiß gesäumt. Kehle einfarbig orange oder gelblichbraun. Männchen im Sommer mit blaßrosa Bürzel. Schnabel im Sommer grau, im Winter gelblich.
Erscheinungsbild: Oft in Gesellschaft von Hänflingen; etwas kleiner, manchmal mit aufgestelltem Schwanz hüpfend. Frißt im Winter an Uferlinie, in Salzsümpfen oder niedrigem Krautwuchs. Schärferes Zwitschern als der Hänfling: »Tju-iih«.

Wann und wo: Schottland, Westirland, Skandinavien. Im Winter auch in Nordeuropa, vorwiegend an der Küste. Brütet in rauhem, steinigem Ackerland in Hügeln; Moore; im Winter an Salzmarschen.

Birkenzeisig

Carduelis flammea
12 cm

Erster Eindruck: Sehr kleiner, längsgefleckter, brauner Fink in Baumwipfeln; gesellig.

Von nahem: Braun oder gräulich längs gefleckt, unterseits mehr weiß; Flügel mit bräunlicher oder weißer Querbinde, Spitzen jedoch nicht weiß gestrichelt. Schwanz einfarbig dunkel, tief gegabelt. Dunkelrote Stirn, schwarzes Kinn. Männchen im Sommer rosa bis rötlich auf der Brust.
Erscheinungsbild: Gesellig, oft zusammen mit Zeisigen, in dichten, geordneten Schwärmen, springt von Baum zu Baum. Akrobatische Nahrungsaufnahme. Tiefes, metallisches »Schett-schett-schett« und hohes, blechernes Trillern in wippendem Flug.

Wann und wo: Nordeuropa, Großbritannien, Alpen; im Winter viel weiter verbreitet. Brütet in Birkenwäldern, Fichtenschonungen, Sträuchern; im Winter in Lärchen, Birken, Erlen.

Fichtenkreuzschnabel

Loxis curvirostra
16 cm

Erster Eindruck: Großer, stämmiger, aufrechter Fink mit großem Kopf; frißt oft still und bricht dann laut rufend aus dem Baumwipfel hervor.

Von nahem: Männchen ziegelrot mit dunklen Flügeln, hellrotem Rumpf; Weibchen grünlich, Bürzel gelb; Unausgefärbte grün, gelb und bronze; Jungvögel dunkel gestrichelt. Kräftiger Schnabel, Spitze überkreuzt.
Erscheinungsbild: Papageienartige Futteraufnahme; hält Kiefernzapfen mit dem Fuß und pickt darübergebeugt die Samen heraus. Schwärme fressen still oder sitzen in Wipfeln und rufen, bevor sie in schnellem, geradem Flug davonfliegen. Hartes, klingelndes »Tschip-tschip« oder »Gip-Gip«; Warnruf: tiefes »Tschak-tschak«.

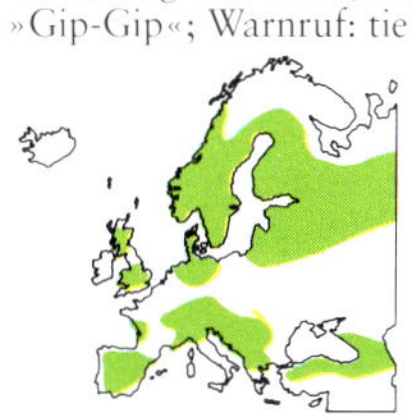

Wann und wo: Zergliedertes Verbreitungsgebiet; in Großbritannien, Nord-, Mittel- und Südeuropa, in mehreren Nadelbäumen. Große Schwärme streunen von Spätsommer bis Winter auf Futtersuche, machen bei Nadelbäumen halt.

Gimpel (Dompfaff)

Pyrrhula pyrrhula
16 cm

Erster Eindruck: Stiller, dicklicher, rot-schwarz-grauer Fink, im Flug mit weißem Bürzel.

Von nahem: Schwarzes Käppchen und Kinn; schwarze Flügel mit breiter, weißer Binde. Schwanz schwarz; Bürzel schneeweiß. Männchen oberseits blaugrau, unterseits rosenrot; Weibchen schlichter, graubraun.
Erscheinungsbild: Plumper, rundgesichtiger Fink mit sehr kurzem, dickem Schnabel; sitzt in Büschen oder Hecken, still an Knospen pickend, fast papageienhaft. Lauter, klarer Einzelpfiff wie flötendes »Piüh«, leises »Bütt«; zarter Plaudergesang.

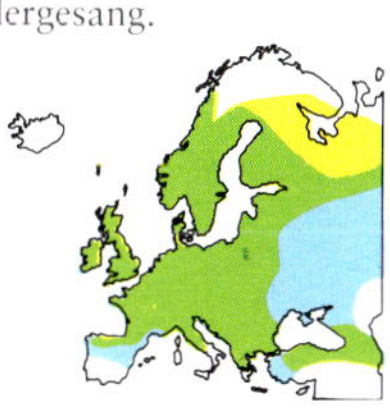

Wann und wo: Fast überall in Europa, in Obstwiesen, Wäldern, Hecken, Gärten.

Kernbeißer

Coccothraustes coccothraustes
18 cm

Erster Eindruck: Gedrungener, bunter Vogel mit großem Kopf, kurzem Schwanz, oft keck aufrecht in Wipfeln sitzend oder schnell vom Waldboden auffliegend.

Von nahem: Schnabel blaugrau (Sommer) oder mehr gelb, klobig dreieckig. Rumpf oberseits bräunlich, Kappe mehr orange; Rücken brauner; breite, weiße Flügelbinde, braun angeschmutzt. Kurzer, gerader Schwanz mit weißer Spitze.
Erscheinungsbild: Kräftiger, sehr kurzbeiniger Finkenvogel; oft am Boden oder hoch oben in dünnem Gezweig (hier sehr scheu). Lange, schwarzweiß gemusterte Flügel im Flug auffallend.

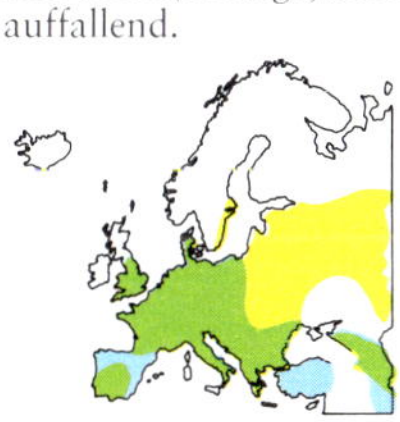

Wann und wo: Fast ganz Europa außer im Norden. In älteren Wäldern, Dickichten, großen Gärten mit Kirschbäumen, Hainbuchen, aber sehr zurückgezogen.

Weibchen

Männchen, Sommerkleid

Spornammer

Calcarius lapponicus
16 cm

Erster Eindruck: Stämmiger, kurzbeiniger, kontrastfarbiger, bodenliebender Vogel.

Von nahem: Männchen im Sommer mit schwarzem Käppchen und Kehllatz, rostbraunem Nackenband und weißgelbem, S-förmigem Wangenstreif. Schwarzes Gesicht und Lätzchen im Winter großenteils von Weiß scheckig verdeckt. Oberseite hellbraun und schwarz, Unterseite sehr weiß mit schwärzlicher Längsfleckung. Weibchen schlichter; Scheitel mit heller Mittellinie zwischen dunklen Seiten; kastanienbrauner Nacken. Jungvögel noch unscheinbarer; kastanienbrauner, von zwei weißen Binden gesäumter Flügelfleck.
Erscheinungsbild: Geduckt umherhuschende Ammer, oft in Gruppen mit Schneeammern. Schnurrendes »Trrrrt«, pfeifendes »Tjüh«; Gesang kurz, melancholisch.

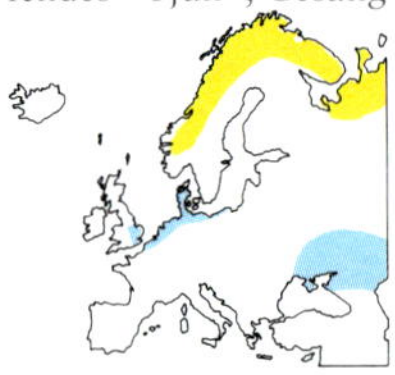

Wann und wo: Tundrabrüter; sucht im Winter Salzmarschen und Strände an Nordsee und südlicher Ostsee auf.

Herbst

Schneeammer

Plectrophenax nivalis
16 cm

Jungvogel

Sommerkleid

Erster Eindruck: Länglich geduckte, kurzbeinige Ammer am Boden oder auf dem Dach. Sehr variable Färbung von Braun mit Cremeweiß bis Schwarzweiß.

Von nahem: Männchen im Sommer schwarz und weiß, weißer Kopf; im Winter überwiegend cremeweiß mit erdbraunem Rücken; Flügel weiß mit schwarzen Spitzen; Oberkopf und Brustseiten mehr oder weniger rötlichbraun. Weibchen brauner, Jungvögel mit noch mehr Braun.
Erscheinungsbild: Seltener, scheuer Brüter; im Winter streunen kleine bis große Schwärme an Stränden und Marschen, huschen mäuseartig beim Fressen, bevor sie plötzlich in tanzendem Flug aufsteigen. Rufe ähnlich wie die Spornammer, Gesang scharf trillernd und zwitschernd.

Wann und wo: Brütet in Schottland (selten), Island, Skandinavien. Im Winter vorwiegend an den Küsten von Südskandinavien, Ost- und Nordsee.

Weibchen

Männchen

Männchen

Goldammer

Emberiza citrinella
16 cm

Erster Eindruck: Gestreckte Ammer mit scharfen »Tick«-Rufen, viel Gelb im Gefieder.

Von nahem: Männchen an Kopf und Brust leuchtend gelb mit grünschwarzer Kopfzeichnung; Weibchen blasser, kräftiger längs gefleckt. Oberseite bei beiden erdbraun, schwarz gestrichelt; weiße Schwanzkanten; Bürzel hell kastanienbraun.
Erscheinungsbild: Im Winter hektische, flugfreudige Ammer bei Futtersuche auf Feldern, offener Heide, in Grasland zwischen Büschen; im Sommer oft ruhiger, oben in Büschen sitzend. Männchen singt Sommer hindurch klagend »Wiwiwiwiwe-zieeh«.

Wann und wo: Ganz Europa; Ackerland, buschbewachsene Hänge, Heide, Gras- oder Stechginsterflächen oberhalb von Steilküsten, junge Nadelbäume.

Zaunammer

Emberiza cirlus
16 cm

Erster Eindruck: Schlanke Ammer in leuchtenden Farben (Männchen) und längs gefleckt oder blasser mit olivbraunem Bürzel.

Weibchen

Männchen

Von nahem: Männchen rotbraun längs gefleckt mit grünlichem Hals und Brustband, gelbem Gesicht mit schwarzem Augenstreif und schwarzem Kehllatz. Weibchen schlichter, olivbraun, fein gestrichelt, mit blaßgelbem Gesichtsschimmer.
Erscheinungsbild: Bis auf den Gesang des Männchens unauffällig; frißt still am Boden unter Büschen und auf Feldern. Ruf: einzelnes, dünnes, hohes »Dsieh«. Gesang: flaches, monotones Trillern »Didididi«, zuweilen »Tok-tok-tok-tok«.

Wann und wo: Süd- und Südwesteuropa. In Kulturland mit Bäumen, Obstwiesen; an warmen, steinigen Hängen mit vereinzelten Büschen.

Zippammer

Emberiza cia
16 cm

Erster Eindruck: Schlanker, kriechender, braungrauer Vogel an felsigen, buschbestandenen Hängen.

Von nahem: Kastanienbrauner Vogel mit deutlicher, schwarzer Längsfleckung, Bürzel hell kastanienbraun; Kopf schwarz gestreift, weiß und grau (Weibchen schwächer). Schnabel grau, Beine rötlich.
Erscheinungsbild: Recht zahmer, aber schwer zu beobachtender, kleiner Vogel an sonnigen Hügelflanken, Felsklippen; meist am Boden, ruft jedoch auch unermüdlich mit sehr dünnem, hohem »Ziep« oder »Siieh« aus Bäumen.

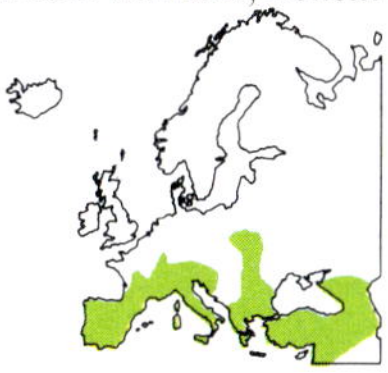

Wann und wo: Alpen, Italien, Spanien; felsige Hänge, offenes bis buschiges, zum Teil bewaldetes Gelände.

Gartenammer (Ortolan)

Emberiza hortulana
16 cm

Erster Eindruck: Schlanke, auch von nahem recht schlicht wirkende Ammer; rosa Schnabel, hellgelber Augenring.

Von nahem: Männchen hellbraun mit grünlichgrauer Kopf- und Brustfärbung, gelber Kehle und rötlichbrauner Unterseite. Weibchen unscheinbarer, blasser und fein längs gefleckt. Weiße Schwanzkanten, Schnabel gelblichrosa.
Erscheinungsbild: Unauffälliger, kleiner Vogel, oft am Boden im Gebüsch oder zwischen Grasbüscheln herumhuschend oder still auf niedrigen Büschen sitzend. In Abständen wiederholt vorgetragener Gesang, meist weiches »Düdüdüdü-diüdiü« (letzte Töne tiefer), manchmal rutscht die ganze Strophe eine Oktave tiefer.

Wann und wo: Fast ganz Europa, aber recht selten; auf Wiesen, aufgelockerten Lichtungen im Hochland, an buschigen Berghängen mit verstreutem Baumbestand; Sommervogel. Überwintert in Afrika.

Frühjahr/Herbst

Rohrammer

Emberiza schoeniclus
15 cm

Erster Eindruck: Helle, kontrastreiche Ammer in Ufervegetation; auffällig schwarzer Kopf mit weißem Nacken; Schwanz unterseits mit viel Weiß.

Von nahem: Männchen im Sommer mit schwarzem Kopf und weißem Kragen; im Winter Kopf bräunlich überdeckt. Oberseite rot- und gelbbraun, dunkel längs gefleckt; Unterseite weißlich mit dunkler Strichelung. Weibchen dunkel längs gefleckt mit weißem Überaugenstreif, dunklen, hell umrahmten Wangen und schwarzem Schnabelstreif.
Erscheinungsbild: Ziemlich gelbbraun (wie trockenes Gras) oder mehr rostbraun mit kräftiger Kopfzeichnung und schwarzen, weißgescheckten Schwanzfedern. Frißt auf nassem Gras dicht am Wasser, in höherer Sumpfvegetation, im Schilf. Ruft gedehnt »Zieh«; Gesang monoton, ziemlich langsame Strophe wie »Tja-ti-tai-zississ«.

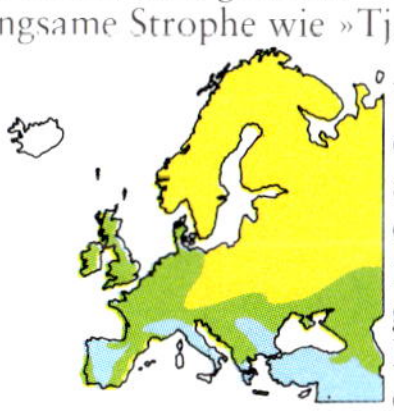

Wann und wo: Überall auf dem europäischen Kontinent; Vögel aus Nord-, Ost- und Mitteleuropa ziehen aber im Winter fort. In Schilfwäldern, Sumpfvegetation, auch an trockeneren Heideböschungen. Im Winter durchstreunen sie in Gruppen Felder oder suchen Gärten auf.

Grauammer

Emberiza calandra
18 cm

Erster Eindruck: Recht großer, bräunlicher, rundum dunkel längs gefleckter Vogel mit im Sitzen »unordentlich« hängendem Schwanz.

Von nahem: Hellbraun, eng gefleckt; Brust rahmweiß, Streifen in der Mitte oft zusammenlaufend. Schwanz einfarbig braun. Schnabel groß, dick, olivbraun.
Erscheinungsbild: Stämmiger, aber langschwänziger Vogel; sitzt auf Drähten, Zaunpfählen, Erdhügeln am Boden, Buschkronen; typisch träges Verhalten. Langsamer Flatterflug, über längere Strecken (etwa zum Schlafplatz) jedoch gerader, höher. Unverwechselbarer Gesang: klirrendes Zirpen »Zick-zick«, zu hohem, plapperndem, eintönigem Sirren anschwellend.

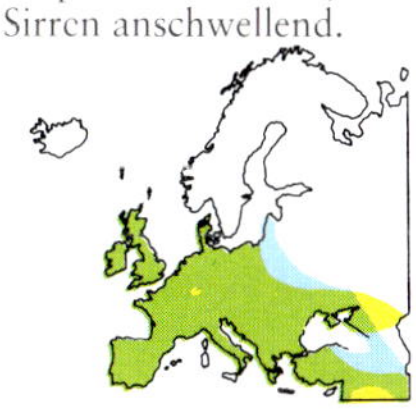

Wann und wo: Ganz Europa außer Skandinavien, in vielen Gegenden selten; in Kulturland, vor allem in Kornfeldern; sehr häufig im Mittelmeerraum. Teilzieher.

Wo man in Europa Vögel beobachten kann: die besten Orte

Eine Gryllteiste.

Seevögel

In Schottland und Irland gibt es viele herrliche Seevogelklippen, etwa die *Cliffs of Moher* (Grafschaft Clare) und auf den *Blasket-* und *Skellig-Inseln* (Grafschaft Kerry); *Saint Kilda* jenseits der Äußeren Hebriden, *Handa Island* und *Cape Wrath* im äußersten Nordwesten Schottlands sowie herrliche Reservate mit großen Kolonien auf den Orkney- und Shetland-Inseln wie *Marwick Head, Hoy, Copinsay, Foula* und *Hermaness.* An der schottischen Ostküste sind *Bass Rock, Troup Head* und *Fowlsheugh* sehenswert, während das weiter südlich gelegene *Bempton-Cliffs* - Naturreservat für seine Dreizehenmöwen und Trottellummen sowie einige Baßtölpel berühmt ist.

Der Südwesten von Wales bietet auf *Skomer, Skokholm* und *Grassholm* schöne Inselreservate mit vielen Seevögeln, wo nicht nur Baßtölpel und Alken bei Tage zu sehen sind, sondern auch Schwarzschnabel-Sturmtaucher, die nachts in riesiger Zahl mit unvorstellbarem Geschrei hereinkommen.

Weitere Seevogelklippen findet man auf den Channel Islands und im Nordwesten Frankreichs, beispielsweise auf *Les Sept-Îles*, und auch Norwegen hat eine Reihe wichtiger Inseln, allen voran *Runde* und *Røst.*

Aufregende Orte zur Seevogelbeobachtung finden sich auf vielen Landzungen im Westen, wo man Hochseearten beobachten kann, wenn sie – vor allem bei Sturm – dicht an die Küste heranfliegen. *Cape Clear Island* und *Brandon Point* in Südwestirland, *Saint Ives* und *Porthgwarra* in Cornwall, *Strumble Head* in Wales, *Ardnamurchan Point* und etliche weitere Landspitzen in Schottland, ebenso *Flamborough Head* und andere in der Nordsee bieten unter den richtigen Bedingungen Gewähr für mannigfaltige Vogelbeobachtung. Gelegenheiten zum Beobachten von Seevögeln gibt es auch in der Bretagne.

Vögel der Flußmündungen und küstennahen Feuchtgebiete (Watten)

Rings um Süd- und Ostirland gibt es eine Reihe bedeutender Mündungs- und Marschreservate mit großen Ansammlungen von Gänsen, Enten und Watvögeln. *Cork Harbour, Bannow Bay, Tacumshin, Wexford Harbour* und *Wexford Slobs, Lough Foyle* und *Strangford Lough* sind schöne Vogelgebiete. Jenseits der Irischen See liegen die *Morecambe Bay,* die *Mündungszone des Alt* sowie die Flüsse *Dee* und *Mersey*, die den Großraum der Liverpool Bay für durchziehende Wasservögel zu einem der wichtigsten Küstenhabitate überhaupt machen. Im Norden ist der *Solway (Firth)*, im Süden der *Severn,* und dann finden sich in Süd- und Ostengland noch eine ganze Reihe Ästuarien – *Exe, Chichester* und *Langstone Harbours,* das ganze Gebiet von *Nordkent, Thames* (Grafschaft) und Essex, der *Wash* und der *Humber* sind alle von überragender Bedeutung.

Die flachen Meere und Meeresarme Dänemarks sind für brütende und überwinternde Mündungsvögel äußerst wichtig. Am leicht salzigen *Ulvedybetsee* halten sich Hunderte brütender Seeschwalben und Säbelschnäbler und im Winter tausende Schwäne, Enten und Watvögel auf. Die *Ålborg Bugt* beherbergt 55 000 Eiderenten und zehntausende Trauer- und andere Meeresenten. *Süd-Læsø* und das angrenzende Meer sind ein Brutrevier für hunderte Säbelschnäbler und Seeschwalben und außerhalb der Brutsaison Heimat für 80 000 Eiderenten, zehntausende Trauer- und Samtenten und hunderte Säbelschnäbler. Dies sind allerdings nur einige der vielen ausgezeichneten Orte in einem für seine Feuchtgebiete berühmten Land.

Auch an der Ostküste der Nordsee liegen viele hervorragende Vogelgebiete. Mit ihren unzähligen Watvögeln, Gänsen und Enten sowie den vielen brütenden Brand-, Fluß- und Zwergseeschwalben gehört die holländische *Waddensee* zu den besten Gezeitenzonen der Erde. Im angrenzenden *Dollart* zählt man bis zu 19 000 Säbelschnäbler (im Vergleich dazu nimmt sich *Minsmere* in England sehr bescheiden aus), 50 000 Alpenstrandläufer und jede Menge Gänse. Im *Nationalpark Niedersächsisches Wattenmeer* zwischen Ems und Elbe leben rund 9000 Ringelgänse, aber auch Saat-, Kurzschnabel- und Graugänse. Zur Zeit ihres gemeinsamen Gefiederwechsels tummeln sich hier 85 000 Brandenten, außerdem 20000 Eiderenten, 42000 Austernfischer, 10000 Säbelschnäbler und 120000 Alpenstrandläufer – nur eine Auswahl aus den ungeheuren Vogelpopulationen dieser weiten, aber ernstlich bedrohten Wildnis aus Schlick, Sand und Meer.

Die flachen, sandigen Küsten Schleswig-Holsteins sind besonders wegen ihrer abertausend Eis-, Eider-, Trauer- und Schellenten geschätzt; im Sommer brüten auch viele Seeschwalben an den schönen Stränden.

In der Gegend des *Ijsselmeers* und der Insel *Texel* gibt es ausgezeichnete Plätze für Wildvögel. Hier findet man einige herrliche Kolonien von Reiher, Eider- und Tafelenten, Gänse- und Zwergsägern und vielen typischen Watvögeln des Wattenmeers. Auf Poldern und älteren Weiden leben unzählige Nonnen-, Bleß- und Saatgänse sowie Sing- und Zwergschwäne. Mit seinen reizenden Naturreservaten und einer Fülle von Gelegenheiten für Vogelbeobachter gilt Texel als eine »Vogelinsel«.

Zu den bemerkenswerten Ästuarien in Frankreich gehören die *Seine*, die *Somme*, die *Baie des Veys* in der Normandie und die *Bucht von Mont-Saint-Michel* – reich an Kiebitzregenpfeifern, Alpenstrandläufern, Pfuhlschnepfen, Austernfischern und Pfeifenten – und eine Anzahl Buchten und Flußmündungen in der Bretagne.

Besondere Feuchtgebiete

Feuchtreservate sind mit die interessantesten Vogelregionen in Europa. In England gibt es die *Ouse Washes*, wo sich gewaltige Ansammlungen von Pfeifenten und große Schwärme überwinternder Zwergschwäne aufhalten. Auf den *Lancashire Mosses* findet man große Ansammlungen von Kurzschnabelgänsen, während die weiter nördlich gelegenen Orte wie *Loch Leven* und der *Loch of Strathbeg* in Schottland einen beeindruckenden Anblick bieten, wenn alljährlich im Herbst und Winter Gänse in großen Schwärmen zum Übernachten einfliegen. *Islay*, eine Insel der Inneren Hebriden, ist im Winter die Heimat von weit über 20000 Weißwangengänsen, aber auch vieler anderer Gänse sowie Wild-, Wat- und Raubvögel.

In Ostengland, insbesondere bei *Leighton Moss* in Lancashire, existieren noch einige geschützte Schilfgürtel mit Großen Rohrdommeln, Rohrweihen und Bartmeisen. *Minsmere*, *Walberswick*, *Cley Marshes* und *Titchwell* sind interessante Beispiele aus dem ostangelsächsischen Raum. Inlandsreservate, wie etwa *Rutland Water*, *Chew Valley Lake* und *Abberton*, haben sich ausnahmslos zu prächtigen Orten für Wildvögel entwickelt und versprechen viele beglückende Tage der Beobachtung quer durch die Vogelwelt.

Zu den nordeuropäischen Feuchtgebieten zählen die wichtige Brutvogelregion bei *Havmyran*, die *Jæren-Feuchtlandschaft* mit vielen Wildvögeln und überwinternden Lappen- und Seetauchern und auch *Nordre Øyeren* in Norwegen. Schweden hat sehr schöne Seen im Süden, so zum Beispiel den *Krankesjönsee* und den bei *Kristianstad*, wo Rohrdommeln, Weihen, Sumpfhühner, Kampfläufer, Uferschnepfen und Trauerseeschwalben nisten. Der *Åsnensee* bei Kronoberg ist mit seinen brütenden Seetauchern und Fischadlern ein herrliches Refugium, und am *Kävsjönsee* bei Jönköping leben See- und Lappentaucher, Schwäne und andere Wildvögel, Kraniche und viele brütende Watvögel. Doch es gibt in Skandinavien noch eine Menge weiterer Seen- und Feuchtwiesengebiete, die eine Erkundung wert sind.

In den Niederlanden sind die ausgedehnten Schilfreservate in den Poldern das ganze Jahr über ein Erlebnis für den Vogelfreund; hier sieht man Säbelschnäbler, Blaukehlchen, große Kormorankolonien und viele weitere Arten im Sommer, dazu Weihen, Rauhfußbussarde und Gänse im Winter und eine Fülle von durchziehenden Seeschwalben, Möwen und Watvögeln. Besonders schön sind *Oostvardersplassen* und *Harderbroek* unweit Lelystad, und auf den nahen Kanälen tummeln sich im Winter zahlreiche Zwerg- und Gänsesäger sowie andere Tauchenten.

Auch das *Lauwersmeer* im Norden beherbergt Enten und Watvögel; es ist jedoch vor allem für seine Weißwangengänse bekannt, die hier winters in großen Schwärmen einfallen. Am *Nardermeer*, einem Süßwassersee mit Sumpfwäldern, leben unzählige nistende Kormorane sowie einzelne Große Rohrdommeln sowie etliche Grau- und Purpurreiher, Löffler und Trauerseeschwalben. Besondere Feuchtwiesenschutzgebiete auf Texel und bei Lelystad zeigen mit ihren brütenden Uferschnepfen und Kampfläufern, wie reich die Niederlande früher weitenteils waren.

Im Hinterland der schleswig-holsteinischen Küstenzonen mit ihren eindrucksvollen Wasservogelpopulationen liegen auch Seen, wo Große Rohrdommeln, Weißstörche, Rohr- und Wiesenweihen, Tüpfelsumpfhühner, Pfuhlschnepfen und Seeschwalben brüten und etliche Zugvögel rasten. Entlang des Rheins gibt es viele Schilfgürtel, Seen und Untiefen, wo feuchtlandbewohnende Vögel noch zahlreich und mannigfaltig auftreten, so etwa am *Lampertheimer Altrhein*. Auch an der Donau in Bayern gibt es noch einige solcher Stellen.

Frankreichs bekanntestes Feuchtgebiet ist natürlich die *Camargue* mit ihren herrlichen Flamingos und einer wundervollen Auswahl an Feuchtland- und mediterranen Arten, darunter Besonderheiten des Südens wie Seiden- und Rallenreiher, Weißbartseeschwalben und Stelzenläufer. Spanien darf mit der nicht weniger berühmten *Coto Doñana* aufwarten; hier kann man Flamingos,

Purpurhühner, Löffler und Reiher sowie eine Fülle von Arten wie Spießflughühner, Kaiseradler, Rote und Schwarze Milane, Bienenfresser sowie Stummel-, Kurzzehen-, Hauben- und Theklalerchen beobachten. Spanien besitzt noch viele weitere bedeutende Feuchtlandschaften, von denen mehrere leider stark bedroht sind; hier findet man eine merklich andere Vogelvielfalt als sonst in Nordwesteuropa vor – eigentlich verdient die Iberische Halbinsel einen eigenen Band!

Die Wälder

In Schottland ist eine Waldregion von besonderer Bedeutung: die uralten kaledonischen Kiefernwälder von *Speyside* und *Deeside*. Hier ist mit dem Schottischen Fichtenkreuzschnabel Großbritanniens einzige endemische Art beheimatet, außerdem leben hier Fisch- und Steinadler, Auer- und Birkhühner sowie Haubenmeisen. Ansonsten beherbergen Englands Wälder Grasmücken, Spechte, Waldbaumläufer, im Süden auch Kleiber, mit wichtigen Zonen für Standvogelarten wie Trauerschnäpper, Waldlaubsänger und andere. Der *New Forest* vereint Wald mit Heide und Moor und ist ideal für Baumfalken, Schlüpfgrasmücken und Nachtschwalben sowie die eigentlichen Waldvögel.

Die borealen Wälder Skandinaviens bieten oft ein völlig anderes Bild. Die Berge des *Vindelfjällen* in Schweden haben große Kiefern- und Birkenwälder mit Adlern, Gerfalken, Uhus und Nördlichen Laubsängern. In Finnland gibt es Bart- und Habichtskäuze, Weißrücken- und Dreizehenspechte, aber die unberührten Urwälder, die diese Vögel brauchen, sind mittlerweile selten geworden und liegen räumlich weit auseinander.

In weiten Teilen Europas sind Eichen und Buchen die vorherrschenden Waldbäume. Hier findet man Schwarz-, Bunt-, Mittel-, Grün- und Grauspechte, Kleiber, Wald- und Gartenbaumläufer, Winter- und Sommergoldhähnchen. Typische Raubvögel sind Habicht, Sperber, Mäuse- und Wespenbussard. Rote und Schwarze Milane streunen an Waldrändern und auf Lichtungen. Vereinzelt brüten noch Schwarzstörche und Haselhühner.

In den Wäldern des Mittelmeerraumes und in vielen Wäldern Süd- und Westfrankreichs leben Arten, die ein warmes Trockenklima bevorzugen: Berglaubsänger, Orpheus-, Samtkopf- und Weißbartgrasmücke, Wiedehopf, Roter und Schwarzer Milan, Zwerg- und Schlangenadler, Girlitz und Heidelerche. Auch die Wälder im Hochgebirge haben ihre eigenen Vögel, unter anderem Zitronenzeisig und Tannenhäher.

Eigens eine Reise wert

Der größte Teil dieses Buches behandelt ausgedehnte, weitverbreitete Habitate; viele ergiebige Vogelbeobachtungen bieten indes speziell eingerichtete Naturreservate. Eine Auswahl unter den sehr zahlreichen Beobachtungsplätzen in Westeuropa zu treffen ist in mancherlei Hinsicht abwegig, jedoch sind einige so schön, daß sie eigens eine Reise wert sind – oder wenigstens im Traum. Die folgende Liste ist daher ein Versuch, die lohnendsten Ziele für den Vogelfreund in Europa aufzuführen. Die mit einem Sternchen markierten Orte sind die *Crème de la crème*.

Seevögel

* Grassholm, Skomer (Wales); * Saint Kilda, * Hermaness, Fetlar, Fair Isle, * Fowlsheugh, * Bass Rock (Schottland); Bempton Cliffs (England); Cliffs of Moher, Blasket Islands, Puffin Island, * Skellig-Inseln (Irland); Les Sept-Îles (Frankreich); * Varangerfjord, Røst, Runde (Norwegen).

Meeresvögel, Gänse

Dornoch Firth, Moray Firth, Solway, * Islay, * Loch of Strathbeg, * Loch Leven (Schottland); Martin Mere, Lindisfarne, Slimbridge (England); * Wexford Slobs, Strangford Lough (Irland); * Ålborg Bugt, * Süd-Læsø, * Randersfjord, * Horsensfjord, * Stavnsfjord, Ringkøbing Fjord, Sejerø Bugt, Roskildefjord, Lillebælt (Dänemark); Bucht von Mont-Saint-Michel, * Golf von Morbihan (Frankreich); * schleswig-holsteinisches Wattenmeer, * Nationalpark Niedersächsisches Wattenmeer, Küste der Probstei, Traveförde und Dassower See, Westrügen, * Hiddensee, * Greifswalder Bodden, Niederrhein (Deutschland); * Waddensee, * Ijsselmeer, * Texel, Sneekermeer, Grevelingen, Oosterschelde (Niederlande).

Mündungsgebiete

* Morecambe Bay, * The Wash, * Ribble, * Alt, Dee, Humber, Thames (England); * Solway, Forth (Schottland); * Seine, Bucht von Mont-Saint-Michel, Loire, Bucht von l'Aiguillon, Golf von Morbihan, Etier de Penerf, Île d'Oleron (Frankreich); Beneden Schelde (Belgien); * Wattenmeer, Dollart, * Greifswalder Bodden (Deutschland); * Waddensee, * Oosterschelde, Westerschelde (Niederlande).

Besondere Feuchtgebiete

Ouse Washes, Somerset Levels, Minsmere, Leighton Moss (England); * Camargue, * Lac du Der-Chantecoq, * Lac de la Forêt d'Orient, La Brenne, Sologne des étangs forêt de Bruadan, Etang de Galetas, Baie des Veys, Val d'Allier,

Vallée de la Scarpe, La Chaussée, Lac de la Madine, La Dombes, Etangs de Bages, Etangs du Languedoc (Frankreich); Het Zwin, Westflandern (Belgien); * Nardermeer, * Oostvardersplassen, Lauwersmeer, De Wieden, Van Oordts Mersken, Ijsseldelta, * südliches Poldergebiet (Niederlande); Ostufer Müritzsee, Galenbecker See, untere Havelniederung, unterer Inn, Untersee, Rheinauen (Deutschland); Vejlerne, Maribo-Seen, Tystrup, Tissø, Arresø (Dänemark).

Gebirge

* Cairngorms (Schottland); Rhône-Alpes, Auvergne, Provence-Alpes, Gavarnie (Pyrenäen) (Frankreich); bayerische Alpen, Nationalpark Berchtesgaden (Deutschland); Haute Fagnes, Eifel (Belgien); * Hardangervidda, Dovrefjell (Norwegen); * Vindelfjällen, Påkketan (Schweden); Alpen, Jura (Schweiz).

Wälder und Heidemoore

Arne Heath, Studland Heath, New Forest, Thetford Forest, Forest of Dean (England); * Speyside, * Deeside (Schottland); Gwenffrwd/Dinas, Mawddach Valley (Wales); Forêt d'Orient, Forêt d'Iraty, Forêt d'Issaux, Pyrénées-Orientales, Midi-Pyrénées, Auvergne, Corbières, Montagne Sainte-Victoire (Frankreich); Nationalpark Berchtesgaden, Karwendelgebirge, Elbsandsteingebirge (Deutschland); Meynweg, Fochteloerveen, Vennen van Oisterijk, Holterberg (Niederlande); * Ovre Pasvik (Norwegen); Falsterbo, Ottenby, Påkketan, Sjaunja (Schweden).

Beobachtungsplätze für den Vogelzug

* Falsterbo, Öland (Schweden); * Fair Isle (Schottland); * Isles of Scilly, Flamborough Head, Cley/Blakeney/Wells, Dungeness, Portland Bill (England); Bardsey, Skokholm (Wales); Cape Clear Island, Tacumshin, Ballycotton (Irland); Texel, Vlieland, Terschelling (Niederlande); Flagbakken, Skagen, Råbjerg Mile (Dänemark); Île d'Ouessant (Frankreich); Helgoland (Deutschland).

Anatomie des Vogels

Register